Ulf Mohrlok

Bilanzmodelle in der Grundwasserhydraulik

Quantitative Beschreibung von Strömung und Transport im Untergrund

Titelbild: Aachquelle (Hegau). Foto: Ulf Mohrlok

Bilanzmodelle in der Grundwasserhydraulik

Quantitative Beschreibung von Strömung und Transport im Untergrund

von
Ulf Mohrlok

universitätsverlag karlsruhe

Bei der vorliegenden Publikation handelt es sich um die überarbeitete Habilitationsschrift des Autors, die zur Habilitation im Fach Grundwasserhydraulik an der Fakultät für Bauingenieur-, Geo- und Umweltwissenschaften, Universität Karlsruhe (TH), angefertigt wurde.

Impressum

Universitätsverlag Karlsruhe
c/o Universitätsbibliothek
Straße am Forum 2
D-76131 Karlsruhe
www.uvka.de

Universitätsverlag Karlsruhe 2009
Print on Demand

ISBN: 978-3-86644-397-6

Mache die Dinge so einfach wie möglich – aber nicht einfacher.

Albert Einstein

Kurzfassung

Grundwasservorkommen stehen weltweit unter zunehmendem Nutzungsdruck. Sie dienen in vielen Gebieten der Wasserversorgung der Bevölkerung und der Bewässerung in der Landwirtschaft. Daneben sind sie geogenen sowie anthropogenen Belastungen ausgesetzt, die eine Nutzung einschränken oder unmöglich machen. Zur nachhaltigen Sicherung und Nutzung der Grundwasserressourcen bei steigendem Wasserbedarf durch die wachsende Weltbevölkerung sind Werkzeuge erforderlich, die notwendige Maßnahmen planen und bewerten können. Diese Werkzeuge müssen in der Lage sein, sowohl die ablaufenden Strömungs- und Transportvorgänge mit ausreichender Genauigkeit beschreiben als auch verlässliche Prognosen über mögliche, zukünftige Entwicklungen bereit stellen zu können.

Um diese Anforderungen, insbesondere die Prognosefähigkeit an die Bilanzierung der relevanten Strömungs- und Transportprozesse erfüllen zu können, müssen die notwendigen Werkzeuge auf physikalischen Prozessbeschreibungen beruhen. Die Komplexität der Verhältnisse im Untergrund sowie die Kopplungen zwischen einzelnen Prozessen und die Anwendbarkeit in der Praxis erfordern daher, die Prozesse und die Verhältnisse vereinfacht abzubilden. Die so entwickelten Modelle basieren dann meist auf einem äquivalenten Kontinuumansatz für ein poröses Medium und werden vereinfacht als *Äquivalenzmodelle* bezeichnet. Im einfachsten Fall liegen ihnen analytische Lösungen zu Grunde oder konzeptionellen Vereinfachungen, wie z.B. bei Doppel-Kontinuum-Modellen, ermöglichen die Anwendung numerischer Modelle.

In diesem Buch sind die für die Entwicklung solcher Äquivalenzmodelle erforderlichen Grundlagen und möglichen Lösungsansätze dargestellt. Die Anwendungsbeispiele sind den Forschungsarbeiten des Autors entnommen und in den betrachteten Anwendungsbereichen um einige Beispiele aus der Literatur ergänzt. Diese Anwendungsbereiche umfassen die Bilanzierung der Infiltrationsvorgänge, die zu Grundwasserneubildung führen, und der damit assoziierten Stofftransportvorgänge, die als bedeutendste Eintragsquelle von Schadstoffen ins Grundwasser gelten. Ein weiterer Bereich sind die Grundwasserströmungen in geklüftet-porösen Aquiferen, wie Kluft- und Karstaquifere, die in vielen, z.B. semiariden Gebieten die einzige Wasserressource darstellen. Weitere Beispiele betrachten den Stofftransport in nicht-gleichförmigen Strömungen und den Stoffübergang zwischen zwei Phasen, z.B. die Auflösung einer flüssigen Schadstoffphase im Grundwasser, die im Zusammenhang mit Grundwasserverunreinigungen und deren Sanierung von großer Bedeutung sind. Alle vorgestellten Modelle sind allerdings auf die Anwendung in einfachen Teilsystemen beschränkt, können jedoch teilweise die Heterogenität und Instationarität der Systeme abbilden. In weiteren wichtigen Anwendungsbereichen, wie die Betrachtung von reaktiven Prozessen und gekoppelten Prozessen, existieren derzeit nur einfache Äquivalenzmodelle. Die Entwicklung von Äquivalenzmodellen für die Anwendung auf Fragestellungen aus der Praxis definiert in vielen Bereichen immer noch einen großen Forschungsbedarf.

Vorwort

Der Ausgangspunkt für die in meiner Habilitationsschrift zusammengefassten Arbeiten geht auf meinem Einstieg in das Fachgebiet der Grundwasserhydraulik am Institut für Wasserbau, Universität Stuttgart, im Jahr 1991 zurück. Unter der Leitung von Herrn Prof. Helmut Kobus und Herrn Prof. Georg Teutsch lernte ich die Notwendigkeit kennen, Bilanzmodelle für Planungsfragen in der Praxis anzuwenden, mit denen eine für die Fragestellung ausreichend genau Beschreibung der Prozesse möglich ist. Die Fortführung der Beschäftigung mit Äquivalenzmodellen bot sich mir im Rahmen meiner Promotionstätigkeit am Geologisch-Paläontologischen Institut, Universität Tübingen. Das Thema meiner im Jahr 1996 fertig gestellten Dissertation, die Parameter-Identifikation in Doppel-Kontinuum-Modellen, betreut von Prof. Georg Teutsch, war ein wichtiger Schritt im Hinblick auf das Verständnis und damit die Anwendbarkeit von Äquivalenzmodellen in der Praxis. Mit Übernahme der Leitung der Abteilung Grundwasser am Institut für Hydromechanik, Universität Karlsruhe, im Jahr 1997 erhielt ich, unterstützt von Herrn Prof. Gerhard Jirka, die Möglichkeit zur eigenständigen Beantragung und Bearbeitung der Forschungsprojekte. Daraus resultieren ein Großteil der in meiner Habilitationsschrift zusammengestellten, vielfältigen Anwendungen von Äquivalenzmodellen.

Mein herzlichster Dank gilt hier den Herren Professoren Helmut Kobus, Georg Teutsch und Gerhard Jirka, die mich bei meiner beruflichen Entwicklung begleiteten und immer wieder ermunternd unterstützten. Mein besonderer Dank gilt allen meinen Mitarbeitern, die mit ihren Arbeiten wesentliche Beiträge zu den vorgestellten Entwicklungen und Anwendungen lieferten, sowie auch allen weiteren Fachkollegen für die vielfältigen Diskussionen und Anregungen.

Ganz besonders herzlich möchte ich an dieser Stelle meiner Frau Daniela und unserer Tochter Paulina für die Geduld und das Verständnis danken, die sie mir während der Fertigstellung meiner Habilitationsschrift entgegen brachten und somit diese ermöglichten.

Inhaltsverzeichnis

Abbildungsverzeichnis

Tabellenverzeichnis

Symbolverzeichnis

Symbol	**Einheit**	**Bedeutung**
A	$[m^2]$	Fläche, Fließquerschnitt
A_0	$[m^2]$	Querschnitt des REV
A_R	$[m^2]$	Fläche eines Reservoirs
A_n	$[1/m]$	(volumen-)spezifische Oberfläche einer Schadstoffphase
A_m	$[1/s]$	Massenaustragskoeffizient
A_o	$[mm/d]$	oberirdischer Abfluss
A_{out}	$[m^2]$	Fläche des Reservoir Auslasses
a	$[1/\sqrt{s}]$	Parameter in Matrixdiffusionsmodellen (Maloszewski & Zuber, 1985, 1990)
$\vec{a}$	$[m/s^2]$	Beschleunigung
a_i	$[-]$	relative Querschnittsfläche eines Porenkanals
B	$[m]$	horizontale Breite eines Aquifers, Kluftöffnungsweite
BW	$[mm]$	Bodenwassermenge
b	$[m]$	charakteristische Längeneinheit der Anströmfläche im generalisierten Radialströmungsmodell
$C()$	$[kg\,s/m^3]$	Laplace-Transformierte der Konzentration c
Co	$[-]$	Courant-Zahl
c	$[kg/m^3]$	Stoffkonzentration
c'	$[kg/m^3]$	Konzentrationsschwankungen
c_0	$[kg/m^3]$	Anfangskonzentration
c_G	$[kg/m^3]$	Konzentration in der Gasphase
c_S	$[kg/kg]$	Konzentration an der Feststoffphase
$c_{S,max}$	$[kg/kg]$	maximale Beladung einer Feststoffoberfläche
c_W	$[kg/m^3]$	Konzentration in der Wasserphase
$c_{W,sat}$	$[kg/m^3]$	Wasserlöslichkeit, Wassersättigung, Sättigungskonzentration
c_{ges}	$[kg/m^3]$	gesamte Stoffkonzentration in allen Phasen
c_{in}	$[kg/m^3]$	Konzentration im Zufluss
$\hat{c}_k$	$[kg/m^3]$	Wert der Konzentration c am Knoten k
c_{out}	$[kg/m^3]$	Konzentration im Ausfluss
D	$[m^2/s]$	(molekularer) Diffusionskoeffizient
$\underline{\mathbf{D}}$	$[m^2/s]$	Tensor der Dispersion
D_L	$[m^2/s]$	longitudinaler Dispersionskoeffizient
D_T	$[m^2/s]$	transversaler Dispersionskoeffizient
D_a	$[m^2/s]$	scheinbarer Diffusionskoeffizient in porösen Medien
D_{aq}	$[m^2/s]$	Diffusionskoeffizient in Wasser

Symbol	Einheit	Bedeutung
$\underline{\mathbf{D_c}}$	$[m^2/s]$	Tensor der kapillaren Diffusivität
D_e	$[m^2/s]$	effektiver Diffusionskoeffizient in porösen Medien
D_g	$[m^2/s]$	Diffusionskoeffizient in Gasen
$D_i^{(1)}$	$[m/s]$	Komponente des Vektors der Geschwindigkeiten in der Fokker-Planck-Gleichung
$D_{ij}^{(2)}$	$[m^2/s]$	Komponente des Tensors der Dispersion in der Fokker-Planck-Gleichung
$\underline{\mathbf{D_t}}$	$[m^2/s]$	Tensor der turbulenten Diffusion
DOC	$[kg/m^3]$	gelöster organischer Kohlenstoff ("dissolved organic carbon")
d	$[m]$	Röhrendurchmesser, Kluftabstände, Schichtmächtigkeit
d_c	$[m]$	charakteristische Porengröße
d_m	$[m]$	mittlerer/repräsentativer Korndurchmesser
d_p	$[m]$	Porengröße
E	$[J]$	Energie
ET_{akt}	$[mm/d]$	aktuelle Evapotranspiration
ET_{pot}	$[mm/d]$	potenzielle Evapotranspiration
$\vec{e}_z$	[m]	Einheitsvektor in z-Richtung
erf()		Gauß'sche Fehlerfunktion
erfc()		komplementäre Fehlerfunktion
$F()$		Laplace-Transformierte einer Funktion $f()$
F_{14}	$[K]$	relative Luftfeuchte um 14 Uhr
FK	$[-]$	Feldkapazität
f_s	$[-]$	Anteil der Sorptionsplätze in einer mobilen Wasserphase
$f()$		beliebige Funktion
f_k	$[-]$	Anteil der Verdrängung in Modellzellen beim advektiven Austausch im Doppel-Kontinuum-Transportmodell
G	[ ]	beliebige physikalische Größe
$\overline{G}$	[ ]	Erwartungswert einer beliebigen physikalischen Größe
g	$[m/s^2]$	Gravitationskonstante
$g()$		Potenzialfunktion
H	$[m]$	Klufthöhe, Höhe eines Bodenwasserspeichers, Ausgangswasserstand
$H()$	$[m\,s]$	Laplace-Transformierte der Piezometerhöhe h
$\hat{H}_k$	[m]	Piezometerhöhe h als Dirichlet-Randbedingung am Knoten k
He	$[-]$	Henry-Konstante
h	$[m]$	Piezometer-/Standrohrspiegelhöhe
$\tilde{h}$	$[m]$	Grundwasserspiegel
h^*	$[-]$	dimensionslose Piezometerhöhe, Fundamentallösung beim Randelemente-Verfahren
$\hat{h}_k$	[m]	Wert der Piezometerhöhe h am Knoten k
h_{out}	$[m]$	Höhe des Reservoirauslasses
$h_{ü}$	$[m]$	Überstauhöhe
I	$[-]$	hydraulischer Gradient
$Im()$		Imaginärteil einer komplexen Zahl

Symbol	Einheit	Bedeutung
$\underline{\mathbf{J}}$		Jakobi-Matrix
J_A	$[kg/s]$	Massenfluss über Oberfläche
j	$[kg/(s\,m^2)]$	spezifischer Massenfluss
j_A	$[kg/(s\,m^2)]$	spezifischer advektiver Stoffstrom
j_D	$[kg/(s\,m^2)]$	spezifischer dispersiver Stoffstrom
j_P	$[kg/(m\,s^2)]$	spezifischer Impulsstrom
j_d	$[kg/(s\,m^2)]$	spezifischer diffusiver Stoffstrom
j_{ex}	$[kg/(m^3\,s)]$	spezifischer Massenaustausch
K	$[m/s]$	hydraulische Leitfähigkeit
$\underline{\mathbf{K}}$	$[m/s]$	Tensor der hydraulischen Leitfähigkeit
K_{Gr}	$[N]$	Grenzflächenkraft
K_c	$[-]$	chemische Gleichgewichtskonstante
K_d	$[m^3/kg]$	Verteilungskoeffizient der Sorption
K_{eff}	$[m/s]$	effektive hydraulische Leitfähigkeit
K_{Fr}	$[m^3/kg]$	Freundlich-Koeffizient
K_L	$[m^3/kg]$	Langmuir-Koeffizient
K_i	$[N]$	Resultierende der Kräftebilanz an einem Massepunkt
K_{lk}	$[m^2/s]$	Komponente der Koeffizientenmatrix des algebraischen Gleichungssystem
K_s	$[m/s]$	hydraulische Leitfähigkeit bei Sättigung
k	$[1/s]$	Zerfallskonstante, Abbaurate
$\vec{k}$	$[N/m^3]$	Kraftdichte äußerer Kräfte
k_0	$[m^2]$	intrinsische Permeabilität
k_B	$[J/K]$	Boltzmann-Konstante
k_c	$[kg/m^3]$	Reaktionskonstante nach Monod (1949)
k_m	$[kg/m^3]$	Reaktionskonstante nach Michaelis-Menton (1913)
k_{max}	$[1/s]$	maximale Abbaurate
k_r	$[-]$	relative Permeabilität
k_s	$[m]$	Wandrauheit (Rohr, Kluft)
L	$[m]$	Größe des Betrachtungsgebiets
L_0	$[m]$	Länge des repräsentativen Elementarvolumens
L_G	$[m]$	Größenskala des Betrachtungsgebiets
L_K	$[m]$	Kontaktlänge einer residualen Schadstoffphase in Fließrichtung
L_S	$[m]$	Skala der maßgeblichen Aquiferstrukturen (Heterogenitäten)
L_c	$[m]$	charakteristische Längenskala des Stofftransports
$\overline{L}_i$	$[m]$	mittlere Länge der Porenkanäle
L_{sat}	$[m]$	Sättigungslänge
l	$[m]$	Länge der Berandung der Grenzfläche zweier Fluidphasen an einer festen Oberfläche
l_0	$[m]$	mittlere freie Weglänge eines Teilchens
M	$[kg]$	Masse, Stoffmasse
M	$[m]$	Aquifermächtigkeit
$\overline{M}$	$[m]$	mittlere Aquifermächtigkeit

Symbol	**Einheit**	**Bedeutung**
m	$[kg]$	Teilchenmasse, Massepunkt
m_{vG}	$[-]$	Parameter der Retentionsbeziehung nach van Genuchten (1980)
N	$[mm/d]$	Niederschlag
NAPL		nicht mit Wasser mischbare Flüssigkeit ("non aqueous phase liquid")
n	$[m]$	Normal-Koordinate
n	$[-]$	Porosität
n'	$[-]$	lokale Porosität
n_0	$[1/m^3]$	Teilchendichte eines Gases
n_{Fr}	$[-]$	Freundlich-Exponent
n_e	$[-]$	effektive Porosität
n_f	$[-]$	filterwirksame Porosität
n_g	$[-]$	luftgefüllter Anteil des Porenraums
n_{sp}	$[-]$	speicherwirksame Porosität
n_{vG}	$[-]$	Parameter der Retentionsbeziehung nach van Genuchten (1980)
nFK	$[-]$	nutzbare Feldkapazität
P	$[kg\,m/s]$	Impuls
$P_t(x)$	$[\ ]$	Wahrscheinlichkeitsfunktion Teilchen zur Zeit t am Ort x zu finden
PCE		Per-/Tetrachlorethen
PFDM		Parallelkluft-Dispersionsmodell ("parallel fissure dispersion model"; Maloszewski & Zuber, 1985)
PFPFM		Parallelkluft-Propfenströmungsmodell ("parallel fissure piston flow model"; Maloszewski & Zuber, 1984)
PWP	$[-]$	permanenter Welkepunkt
Pe	$[-]$	Peclet-Zahl
Pe^*	$[-]$	Gitter-Peclet-Zahl
p	$[Pa]$	Druck
p	$[\sqrt{s}]$	Parameter in Matrixdiffusionsmodellen (Maloszewski & Zuber, 1985, 1990)
pF	$[-]$	Logarithmus der Wasserspannung
p_{GWS}	$[Pa]$	Druck am Grundwasserspiegel
p_{atm}	$[Pa]$	Atmosphärendruck
p_c	$[Pa]$	Kapillardruck
p_s	$[mm\,HG]$	Sättigungsdampfdruck
Q	$[m^3/s]$	Durchfluss
$\tilde{Q}$	$[m^2/s]$	Durchfluss pro Breiteneinheit
$\tilde{Q}^*$	$[-]$	dimensionsloser Durchfluss pro Breiteneinheit
Q_0	$[m^3/s]$	Anfangsausfluss aus einem Reservoir
Q_{in}	$[m^3/s]$	Zufluss zu einem Reservoir
Q_l	$[m^3/s]$	Komponente des Vektors der Durchflüsse des algebraischen Gleichungssystem
Q_M	$[kg/s]$	Quell-/Senkenterm des Massenflusses
$\tilde{Q}_N$	$[-]$	dimensionslose Grundwasserneubildungsrate

Symbol	**Einheit**	**Bedeutung**
Q_{out}	$[m^3/s]$	Ausfluss aus einem Reservoir
$q, \vec{q}$	$[m/s]$	(flächen-)spezifischer Durchfluss
q_N	$[m/s]$	Grundwasserneubildungsrate
q_{eff}	$[m/s]$	effektive Infiltrationsrate
q_{ex}	$[1/s]$	spezifischer Volumenaustausch
q_n	$[m/s]$	spezifischer Randfluss
q_n^*	$[-]$	spezifischer Randfluss zur Fundamentallösung beim Randelemente-Verfahren
R	$[m]$	Rohrradius, Porenradius
R_f	$[-]$	Retardationsfaktor
R_i		Restglied der Ordnung i einer Taylorreihenentwicklung
REV		repräsentatives Elementarvolumen
Re	$[-]$	Reynolds-Zahl
$Re()$		Realteil einer komplexen Zahl
r	$[m]$	Radius, Radial-Koordinate, Teilchenradius
r_{Br}	$[m]$	Brunnenradius
S	$[-]$	Speicherkoeffizient
S_0	$[1/m]$	spezifischer Speicherkoeffizient
S_W	$[-]$	Wassersättigung
SFDM		Einzelkluft-Dispersionsmodell ("single fissure dispersion model"; Maloszewski & Zuber, 1984)
SW	$[mm/d]$	Sickerwassermenge
s	$[1/s]$	Variable im Laplace-Raum
s	$[m]$	Parameter der Charakteristik, Bahnlinie
T	$[K]$	Temperatur
T	$[m^2/s]$	Aquifertransmissivität
T_0	$[s]$	Dauer einer Stoffzugabe
T_{14}	$[K]$	Lufttemperatur um 14 Uhr
T_R	$[s]$	Austauschzeit in durchströmtem Reservoir
TCE		Trichlorethen
t	$[s]$	Zeitkoordinate
$u, \vec{u}$	$[m/s]$	Strömungsgeschwindigkeit
u'	$[m/s]$	Geschwindigkeitsfluktuationen
$\overline{u}$	$[m/s]$	mittlere Strömungsgeschwindigkeit
V	$[m^3]$	Volumen
V_0	$[m^3]$	Kontrollvolumen
V_E	$[m^3]$	Volumen eines finiten Elements
V_R	$[m^3]$	Volumen eines Reservoirs
V_W	$[m^3]$	Wasservolumen
V_p	$[m^3]$	Porenvolumen
V_t	$[m^3]$	gesamtes Bodenvolumen
$\overline{v}$	$[m/s]$	mittlere Teilchengeschwindigkeit
v_a	$[m/s]$	Transportgeschwindigkeit

Symbol	Einheit	Bedeutung
$v_{b,i}$	$[m/s]$	Bahngeschwindigkeit z.B. eines Fluidmoleküls
v_s	$[m/s]$	Schallgeschwindigkeit
$W()$	$[-]$	statistische Verteilungsfunktion
$W(u)$		Theis'sche Brunnenfunktion
W_0	$[1/s]$	volumenbezogener Quell-/Senkenterm
W_M	$[kg/(m^3\,s)]$	Quell-/Senkenterm
W_c	$[kg/(m^3\,s)]$	stofflicher Quell-/Senkenterm
X	$[1/m^3]$	Populationsdichte von Mirkoorganismen
X_M	$[mm/mm\,HG]$	Monatskoeffizient nach Haude (1955)
x	$[m]$	x-Koordinate
$\vec{x}, \vec{x}', \vec{\xi}, \vec{r}$	$[m]$	Ortsvektor
$\vec{x}_p$	$[m]$	Partikelposition
x^*	$[-]$	dimensionslose x-Koordinate
Y	$[m]$	flächenbezogene kumulative Sickerwassermenge
Y_0	$[m]$	zugegebene flächenbezogene kumulative Sickerwassermenge
Y_K	$[-]$	natürlicher Logarithmus der hydraulischen Leitfähigkeit
$\overline{Y}_K$	$[-]$	Mittelwert des natürlichen Logarithmus der hydraulischen Leitfähigkeit
Y_X	$[1/kg]$	stoff-spezifischer Ertragskoeffizient
Y_a, Y_d	$[m]$	scheinbare Wassergehalte
y	$[m]$	y-Koordinate
z	$[m]$	geodätische Höhe, z-Koordinate
z_e	$[m]$	effektive Durchwurzelungstiefe
α	$[1/s]$	Leerlaufkoeffizient
α_0	$[1/s]$	spezifischer Volumenaustauschkoeffizient
α_K	$[1/Pa]$	Kompressibiltät des Korngerüsts
α_L	$[m]$	longitudinale Dispersivität
α_T	$[m]$	transversale Dispersivität
α_c	$[1/s]$	spezifischer Stoffaustauschkoeffizient
α_s	$[m]$	scheinbare Dispersivität
α_{vG}	$[-]$	Parameter der Retentionsbeziehung nach van Genuchten (1980)
α_W	$[-]$	Verteilungskoeffizient zwischen mobiler und immobiler Wasserphase
β	$[m/s]$	Stoffübergangskoeffizient
β_W	$[1/Pa]$	Kompressibilität des Wassers
Γ	$[m^2]$	Rand-/Oberfläche eines Volumens V
$\Gamma()$		Gamma-Funktion
Γ_0	$[m^2]$	Oberfläche eines Kontrollvolumens
Γ_E	$[m^2]$	Oberfläche eines finiten Elements
γ	$[N/m^3]$	spezifisches Gewicht
γ	$[°]$	Winkel zwischen mittlerer Strömungsrichtung und hydraulischem Gradient
$\Delta n_i, (dn)$	$[m]$	(infinitesimale) Breite eines Fließquerschnitts/Stromröhre

Symbol	Einheit	Bedeutung
$\Delta s_i, (ds)$	$[m]$	(infinitesimale) Wegstrecke
$\Delta t, (dt)$	$[m]$	(infinitesimale) Diskretisierungseinheit in der Zeit, Zeitschrittlänge
$\Delta x, (dx)$	$[m]$	(infinitesimale) Diskretisierungseinheit in x-Richtung
$\Delta y, (dy)$	$[m]$	(infinitesimale) Diskretisierungseinheit in y-Richtung
$\Delta z, (dz)$	$[m]$	(infinitesimale) Diskretisierungseinheit in z-Richtung
δ	$[m]$	Film-/Grenzschichtdicke
$\delta()$		Dirac'sche Delta-Funktion
δ_{ij}	$[-]$	Kronecker-Symbol
ε	$[1/s]$	Austauschrate der schnellen Abflusskomponente im Grundwasserspeichermodell
η	$[kg/(m\,s)]$	dynamische Zähigkeit
η_{BC}	$[-]$	Parameter der Retentionsbeziehung nach Brooks & Corey (1966)
Θ	$[-]$	Parameter zur Definition des Zeitschemas bei der Zeitdiskretisierung
θ	$[-]$	Wassergehalt
θ_e	$[-]$	effektiver Wassergehalt
θ_r	$[-]$	residualer Wassergehalt
θ_s	$[-]$	Wassergehalt bei Sättigung
ϑ	$[°]$	Winkel eines Kreisbogens
κ	$[1/s]$	Leakage-Koeffizient
κ_{eff}	$[1/s]$	effektiver Leakage-Koeffizient
λ	$[-]$	Reibungsbeiwert
λ_{BC}	$[-]$	Parameter der Retentionsbeziehung nach Brooks & Corey (1966)
λ_L	$[m]$	Leakage-Faktor
λ_L^*	$[-]$	dimensionaler Leakage-Faktor
λ_c	$[m]$	Korrelationslänge
μ		Mittelwert einer Gaußverteilung
μ_+	$[1/s]$	spezifische Wachstumsrate von Mikroorganismen
μ_-	$[1/s]$	spezifische Sterberate von Mikroorganismen
μ_{max}	$[1/s]$	maximale Wachstumsrate von Mikroorganismen
ν	$[m^2/s]$	kinematische Zähigkeit
Ω	$[1/m]$	volumenspezifische Austauschfläche beim regionalen Kluft-Matrix-Austausch
$\omega_l()$		Wichtungsfunktion beim finite Elemente-Verfahren
$\mathbf{\Pi}$	$[kg\,m/s^2]$	Tensor der Impulsflussdichte
ϱ	$[kg/m^3]$	Fluiddichte
ϱ'	$[kg/m^3]$	Störung in der Massendichte
ϱ_0	$[kg/m^3]$	konstante mittlere Massendichte
ϱ_M	$[kg/m^3]$	Massendichte
ϱ_P	$[kg/(m^2\,s)]$	Impulsdichte
ϱ_S	$[kg/m^3]$	Feststoff-/Korndichte
σ		Standardabweichung einer Gaußverteilung
σ	$[N/m]$	Grenzflächenspannung

Symbol	Einheit	Bedeutung
σ	$[1/m^2]$	Stoßquerschnitt eines Teilchens
σ_Y	$[-]$	Standardabweichung des natürlichen Logarithmus der hydraulischen Leitfähigkeit
τ	$[N/m^2]$	Scherspannung
τ_f	$[-]$	Tortuositätsfaktor
τ_r	$[s]$	Relaxationszeit
Φ	$[-]$	Parameter zur Definition der Raumdiskretisierung bei der finite Differenzen-Näherung
ϕ	$[°]$	Benetzungswinkel
ϕ	$[°]$	Winkel zwischen Kluftschar und hydraulischem Gradient
$\phi_k()$		Interpolationsfunktion beim finite Elemente-Verfahren
$\Psi()$		Stromfunktion
ψ	$[cm\,WS]$	Wasser-/Saugspannung
ψ	$[°]$	Winkel zwischen zwei Kluftscharen
ψ_0	$[m]$	Lufteindringdruck in ungesättigten Böden
$\vec{\nabla}$	$[1/m]$	Nabla-Operator

Kapitel 1

Einführung

Der natürliche Untergrund wird aus geologischer Sicht von der Lithosphäre gebildet. Die Hohlräume der Lithosphäre stellen das größte und bedeutendste Vorkommen von Trinkwasser auf der Erde dar. Diese Vorkommen werden seit Jahrtausenden von Menschen zur Wasserversorgung als Trinkwasser, Wasser zur Bewässerung und Prozesswasser zur Herstellung von handwerklichen und industriellen Produkten genutzt. Diese Nutzungen haben die Vorkommen vor allem in ihrer Quantität in manchen Gegenden sehr stark verändert. Seit einigen Jahrzehnten wird die Wasserqualität in diesen Vorkommen zudem durch eine intensive anthropogene Nutzung der Landoberfläche in Form von Landwirtschaft, industrieller Produktion, dichte Besiedlung sowie Verkehr beeinträchtigt, indem Schadstoffe vorwiegend mit dem natürlichen Sickerwasser in den Untergrund eindringen.

Die Entwicklung der Quantität und Qualität der Grundwasserressourcen zu bewerten und eine zukünftige Nutzung nachhaltig sicherzustellen, stellt weltweit eine große Herausforderung dar. Grundlage für diese Aufgaben bilden Werkzeuge, mit denen die Beschreibung dieser Entwicklungen aber auch Prognosen der Auswirkung von Maßnahmen zur Sicherstellung der Nutzung zuverlässig durchgeführt werden können. Die dazu erforderliche Quantifizierung der Strömungs- und Transportprozesse im Untergrund ist auf die Weiter- und Neuentwicklung von Bilanzmodellen angewiesen, die zunehmend komplexere Verhältnisse und auch gekoppelte Prozesse abbilden können.

Das *Grundwasser – das unterirdische Wasser, das Hohlräume der Lithosphäre zusammenhängend ausfüllt und dessen Bewegungsmöglichkeit ausschließlich durch die Schwerkraft bestimmt wird* (DIN 4049, Teil 3) – stellt die bedeutendste Wasserressource im Untergrund dar. Es liegt natürlicherweise in Abhängigkeit des Aufbaus des Untergrundes, der Geologie, in unterschiedlicher Verfügbarkeit und Qualität vor. *Ein Gesteinskörper, der geeignet ist, Grundwasser weiterzuleiten* wird als *Grundwasserleiter* oder *Aquifer* bezeichnet (DIN 4049, Teil 3). Das Grundwasser bildet als unterirdischer Abfluss einen wesentlichen Teil des hydrologischen Wasserkreislaufs. Vorwiegend aus Niederschlagswasser entstehendes Sickerwasser führt als Grundwasserneubildung zur Speisung der Grundwasservorkommen. Der Grundwasserabstrom mündet in einen Vorfluter, ein Oberflächengewässer, wie etwa einen Fluss, See oder einen Ozean.

Hinsichtlich der Wasservorkommen und deren Bedeutung für ihre Nutzung kann der Untergrund in drei Bereiche unterteilt werden, die durch ihre unterschiedliche, relative Tiefe charakterisiert sind. *Tiefe Grundwasserleiter* findet man üblicherweise in Tiefen größer 100 m. Das Grundwasser kann von dort aufgrund der Tiefe und einer meist geringen Durchlässigkeit der tiefen Gesteinsschichten nur mit hohem technischen Aufwand gefördert und damit genutzt werden. Die Verweilzeit des *tiefen Grundwassers* im Untergrund beträgt daher häufig mehrere tausend bis zehntausend Jahre, weswegen seine Qualität nur in seltenen Fällen anthropogen beeinflusst ist.

Oberflächennahe Grundwasserleiter sind auf Tiefen bis zu wenigen 10 m beschränkt und durch eine gute Durchlässigkeit gekennzeichnet. Das Grundwasser kann meist mit geringem technischen Aufwand gefördert werden. An Quellen, in manchen Sumpfgebieten und Baggerseen tritt es direkt an der Erdoberfläche aus. Die Verweildauer *oberflächennahen Grundwassers* im Untergrund beträgt daher oft nur wenige Jahre. Daher wird in sehr vielen Fällen eine anthropogene Beeinflussung angetroffen, die immer häufiger eine weitere Nutzung nicht mehr erlaubt.

Reicht das Grundwasser nicht bis an die Erdoberfläche, wird der Bereich des Untergrundes über dem obersten Grundwasserleiter als *ungesättigte (Boden-)Zone* bezeichnet, da dort die Hohlräume nur teilweise mit Wasser gefüllt sind. Die Mächtigkeit der *ungesättigten Zone* kann von wenigen dm bis zu 100 m reichen. Mächtige *ungesättigte Zonen* finden sich vor allem in ariden Gebieten oder Karstgebieten. Die Verweildauer des *Sickerwassers* variiert daher sehr stark und liegt zwischen wenigen Stunden und mehreren Jahren. Der Transport von Schadstoffen mit dem Sickerwasser sowie die Versickerung von Schadstoffen als flüssige Phase durch die *ungesättigte Zone* stellt den wesentlichsten Transportpfad von Schadstoffen ins Grundwasser dar.

Die Bilanzierung von Strömungs- und Transportvorgängen beruht auch im Untergrund auf der Grundlage physikalischer, speziell hydromechanischer Gesetzmäßigkeiten. Um diese anwenden zu können, ist eine detaillierte Beschreibung der Fließgeometrien, das sind die Hohlräume des Untergrunds, erforderlich. Die Hohlräume im natürlichen Untergrund sind allerdings, bedingt durch ihre Entstehung, durch eine hohe Komplexität in der Geometrie gekennzeichnet. Diese Hohlräume lassen sich hinsichtlich ihrer Bildung in den jeweiligen Gesteinen klassifizieren. In sedimentären Locker- oder Festgesteinen oder Böden bilden die Porenräume zwischen den Sedimentkörnern die *primäre Porosität.* In tektonisch beanspruchten Festgesteinen oder durch Austrocknung geschrumpften tonigen bzw. bindigen Böden bilden Klüfte die sogenannte *sekundäre Porosität.* Bei chemisch bedingter Auflösung des Gesteins bilden sich als *tertiäre Porosität* Verkarstungserscheinungen.

Da eine detaillierte naturgetreue Beschreibung der Hohlraumgeometrien nicht möglich ist, sind Vereinfachungen der geometrischen Verhältnisse bei der Bilanzierung von Strömungs- und Transportvorgängen im Untergrund erforderlich. Dabei kommt der von Darcy (1856) gefundenen Gesetzmäßigkeit eine besondere Bedeutung zu. Für ein ausreichend großes Boden- bzw. Gesteinsvolumen kann über eine integrale Betrachtung der detaillierten Geometrien der Hohlräume ein stark vereinfachtes Fließgesetz, das Darcy-Gesetz, definiert werden. Diese integrale Betrachtungsweise kann durch statistische Betrachtungen der Variabilitäten der Hohlraumgeometrien gerechtfertigt werden und führt zur Definition des *porösen Mediums*. Das sogenannte *repräsentative Elementarvolumen (REV)* definiert die Skala für diese integrale Betrachtungsweise (Bear, 1972). Die charakteristischen Eigenschaften eines REV lassen sich mittels effektiver Parameter erfassen, die ausschließlich auf der Skala des REV definiert sind.

Diese Betrachtungsweise bildet die Grundlage des Arbeitsgebiets der Grundwasserhydraulik, die ausgehend von den ersten Arbeiten von Darcy (1856) vielfältige Methoden entwickelt hat, auch komplexe Strömungs- und Transportvorgänge zu bilanzieren. Bis vor wenigen Jahrzehnten wurde vor allem in theoretischen Arbeiten das jeweilige Untersuchungsgebiet als homogen betrachtet, d.h. dass einheitliche, effektive Parameter nicht nur das REV sondern das gesamte Untersuchungsgebiet beschreiben. In den meisten praktischen Fällen kann damit eine ausreichend genaue Bilanzierung der Strömungsvorgänge erfolgen.

Allerdings hat sich gezeigt, dass Transportphänomene auf diese Weise nicht mit ausreichender Genauigkeit bilanziert werden können, da dabei die natürlichen Variabilitäten, die Heterogenitäten, der hydraulischen Eigenschaften eines Aquifers von wesentlicher Bedeutung sind. Dies führte dazu, diese Heterogenitäten mit Hilfe geostatistischer Methoden zu erfassen und unter Verwendung stochastischer Ansätze zu beschreiben (z.B. Gelhar & Axness, 1983; Dagan, 1989). Dabei wurde implizit die Annahme getroffen, dass in der Realität die räumlichen Verteilungen der hydraulischen Eigenschaften durch unabhängige Zufallsprozesse entstanden sind und deren Statistik bekannt ist. Tatsächlich wurden in vielen Untersuchungen Normal- bzw. Log-Normal-Verteilungen für die meisten Parameterwerte gefunden (Domenico & Schwartz, 1998). Zur Beschreibung der räumlichen Verteilungen der Parameter lassen sich Methoden der Geostatistik anwenden (z.B. de Marsily, 1986; Journel, 1989). Durch die Entwicklung in der Computertechnik war die Möglichkeit gegeben, stochastische Verfahren zur Generierung kleinskaliger räumlicher Variabilität mit hoher Auflösung zu verwenden (z. B. Gomez-Hernandez & Srivastava, 1990; Deutsch & Journel, 1992) und in den generierten, synthetischen Aquiferen Strömungs- und Transportsimulationen durchzuführen.

Diese Methoden sind jedoch für die meisten praktischen Anwendungen viel zu aufwändig. Daher besteht derzeit noch ein erheblicher Forschungsbedarf bei der Ermittlung von effektiven Parametern, die im Sinne eines REV auf großer Skala geeignet sind, Strömungs- und Transportvorgänge mit ausreichender Genauigkeit zu bilanzieren. Insbesondere in Kluftaquiferen und in der ungesättigten Bodenzone besteht hierbei die Schwierigkeit, die Systeme bei Vorhandensein präferenzieller Fließwege mit solchen effektiven Parametern zu erfassen. Auch die Erfassung gekoppelter Prozesse unter Berücksichtigung der komplexen Verhältnisse im Untergrund mit in Praxis nutzbaren Bilanzmodellen stellt eine große Aufgabe dar.

So wurden in den vergangenen Jahrzehnten für viele Teilbereiche einfache Bilanzmodelle entwickelt, die entweder auf analytischen Lösungen oder konzeptionellen Vereinfachungen beruhen, die dann mit verfügbaren numerischen Modellen beschrieben werden können. Die auf diese Art und Weise entwickelten Bilanzansätze basieren meist auf einem **äquivalenten Kontinuummodell** für die jeweils betrachteten komplexen Systeme. Um die Prognosefähigkeit solcher **Äquivalenzmodelle** zu gewährleisten, werden Ansätze verwendet, welche die zu Grunde liegenden physikalischen Prozesse mit ausreichender Genauigkeit abbilden.

Diese Arbeit fasst den derzeitigen Stand des grundlegenden Wissens im Zusammenhang mit den Bilanzmodellen zusammen, die in der Grundwasserhydraulik ihre Anwendung finden. Dazu sind im zweiten Kapitel die hydrogeologischen und hydraulischen Grundlagen zur Bilanzierung der Strömungs- und Transportprozesse im Untergrund zusammengestellt. Im dritten Kapitel sind analytische und numerische Verfahren zur Lösung der im zweiten Kapitel aufgestellten partiellen Differenzialgleichungen angegeben. Hierbei werden bereits einfache, grundlegende Bilanzmodelle vorgestellt, die sich direkt aus den analytischen Lösungen ableiten lassen. Beispiele für die Anwendung von Äquivalenzmodellen zur Quantifizierung der Strömung und des Stofftransports sowohl im gesättigten wie im ungesättigten Untergrund sind im vierten Kapitel zusammengestellt. Die betrachteten Strömungs- und Transportsysteme in verschiedenen Aquifertypen und Böden wurden aus den Bereichen ausgewählt, die Gegenstand der Forschungsarbeiten des Autors der letzten Jahre waren. Diese waren die Ermittlung der Grundwasserneubildung durch Infiltration und der damit verbundene (Schad-)Stofftransport, die Grundwasserströmung in geklüftet-porösen Aquiferen sowie der Stofftransport und der Stoffübergang von Schadstoffen in nicht-gleichförmigen Grundwasserströmungen. Zudem wurden die Betrachtungen in diesen Anwendungsgebieten durch Beispiele aus der Literatur ergänzt. Das fünfte Kapitel beinhaltet einige Schlussbemerkungen und gibt einen Ausblick auf die noch offenen Forschungsfragen in dem betrachteten Fachgebiet.

Kapitel 2

Hydrogeologische und strömungsmechanische Grundlagen

2.1 Charakterisierung des Untergrundes

2.1.1 Geologische Prozesse

Strömung und Stofftransport im Untergrund sind in großem Maße von den vorhandenen Fließgeometrien bzw. Fließquerschnitten bestimmt, wobei immer die hydromechanischen Gesetzmäßigkeiten gelten. Diese Fließgeometrien sind direkt durch die Ausbildung der Hohlräume im Untergrund festgelegt, die wiederum das Ergebnis geologischer Prozesse darstellen.

Die Abfolge dieser geologischen Prozesse beginnt mit der Gesteinsbildung. Das ist in der Regel die Verfestigung aufsteigenden Magmas aus dem Erdmantel, die zur Bildung magmatischer Festgesteine führt. Diese sind an der Erdoberfläche atmosphärischen Einflüssen ausgesetzt und können durch Feuchtigkeit, Temperatur, Frost und strömungsmechanische Beanspruchung durch Wind und Wasser verwittern. Das entstehende Verwitterungsmaterial bildet in Abhängigkeit des Ausgangsgesteins unterschiedliche Sedimente und Böden. Die Abtragung durch Wind und Wasserströmungen insbesondere der Sedimente wird als Erosion bezeichnet und führt zur meist großräumigen Verfrachtung der Materialien. Deren Ablagerung wird als Sedimentation bezeichnet, bei der Sedimente bzw. Lockergesteine gebildet werden. Die durch Fluidzirkulation oder Druck- und Temperaturbeanspruchung ablaufende, meist chemisch bedingte Umwandlungsprozesse der Gesteine werden als Diagenese bezeichnet und können z.B. durch Zementbildung in Lockergesteinen zur Bildung von Sedimentgesteinen, also Festgesteinen, führen.

Auf geologischer Skala sind folglich die Ausbildung von Hohlräumen und die Strömungs- und Transportvorgänge eng miteinander gekoppelt. Andererseits liefern die geometrischen Formen der Hohlräume die Fließgeometrien für die Fluidströmungen und den damit assoziierten Stofftransport. Die Hohlraumformen sind wiederum direkt von deren Entstehung abhängig. Eine Übersicht über die Charakterisierung der Hohlräume wird in den folgenden Abschnitten gegeben. Die Betrachtung der Strömungs- und Transportvorgänge im Untergrund deckt somit nur einen Teilaspekt eines komplexen, geologischen Systems ab.

2.1.2 Primäre Hohlräume

Die Hohlräume werden nach ihrer Bildung unterschieden. Eine der wichtigsten Art von Hohlräumen bilden die Porenräume zwischen Sedimentkörnern, die bei deren Ablagerung entstehen, bzw. die Porenräume zwischen den Bodenpartikeln, die durch Verwitterung gebildet werden. Diese Art von Hohlräumen wird als *primäre Porosität* bezeichnet. Auch die diagenetisch veränderten Porenräume in Sedimentgesteinen und die in geringem Maße in magmatischen Gesteinen gebildeten Porenräume gelten als *primäre Porosität*.

Die offenen Poren zwischen den Sedimentkörnern sind über Verbindungskanäle, die *Porenkanäle*, miteinander verbunden und bilden somit ein geometrisch sehr komplexes Netzwerk. Die Form der einzelnen Poren und der *Porenkanäle* sind von der Größe und Form der Sedimentkörner und deren Lagerung abhängig (Abb. 2.1). Die Gesamtheit aller Poren in einem bestimmten Sedimentvolumen lässt sich mittels statistischer Analysen charakterisieren. Üblicherweise werden dazu die Korngrößen als *Korngrößenverteilung* und die Lagerung der Körner durch die *Lagerungsdichte* beschrieben. Es lassen sich durch geometrische Betrachtungen für homogene Kugelpackungen damit dann *Porengrößenverteilungen* ableiten (z.B. Schuler, 1997).

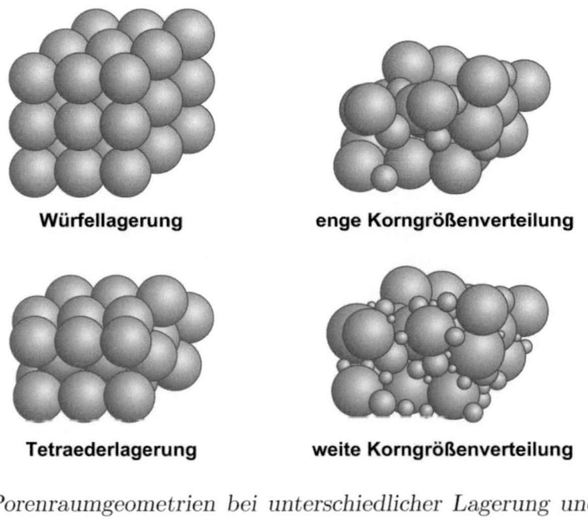

Abbildung 2.1: *Porenraumgeometrien bei unterschiedlicher Lagerung und Größenverteilung der Sedimentkörner.*

Solche *Porennetzwerke* haben vor allem in Locker- und Sedimentgesteinen eine wesentliche Bedeutung für die Grundwasserströmung, da der Porenraumanteil relativ hoch ist sowie auch eine gute Vernetzung der Poren untereinander und damit eine gute Durchlässigkeit dieser Gesteine gegeben ist. Grundwasserleiter in solchen Gesteinen werden als *Porengrundwasserleiter* oder *Porenaquifere* bezeichnet.

In geringem Maße ist die sogenannte *Intrapartikelporosität* für manche Transportprozesse, vor allem die Sorption, von Bedeutung. Diese kommt dadurch zustande, dass die einzelnen Sedimentkörner oder Bodenpartikel auf mikroskopischer Skala keine vollkommenen Kugeln sind, sondern auch eine innere Struktur aufweisen. Diese Struktur ist hauptsächlich von der mineralischen Zusammensetzung der Körner vorgegeben.

2.1.3 Sekundäre Hohlräume

Geraten Festgesteine oder bindige Böden unter mechanische Spannungen bilden sich Klüfte als Hohlraum bildende Bruchstrukturen. Diese mechanischen Belastungen können auf großer Skala durch tektonische Prozesse oder auch durch Setzungen und in bindigen Böden auf kleiner Skala durch Schrumpfung bei Austrocknung hervorgerufen werden. Die Klüfte stellen die sogenannte *sekundäre Porosität* dar. Durch Fluidzirkulation in geklüfteten Gesteinen können Klüfte mehr oder weniger mit Sediment oder mit ausgefällten Mineralien verfüllt sein.

Klufthohlräume sind dadurch charakterisiert, dass sie je nach Gesteinsart eine mehr oder weniger ebene flächenhafte Form, die *Kluftfläche*, ausbilden, d.h. eine große Längsausdehnung, *Kluftlänge*, bei gleichzeitig geringer Querausdehnung, *Kluftöffnungsweite*, besitzen. Da die Oberflächen der Klüfte meist eine große Rauheit aufweisen, variiert die Kluftöffnungsweite einer einzelnen Kluft stark und es bilden sich bevorzugte Fließwege innerhalb

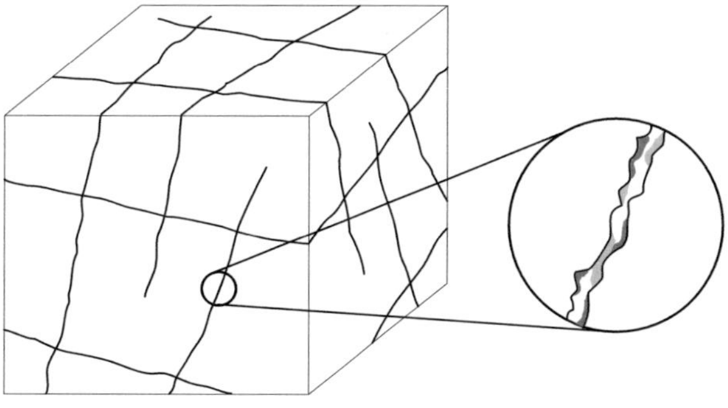

Abbildung 2.2: *Drei-dimensionales Kluftnetzwerk mit drei Kluftscharen, Kluftfläche mit Oberflächenrauheit.*

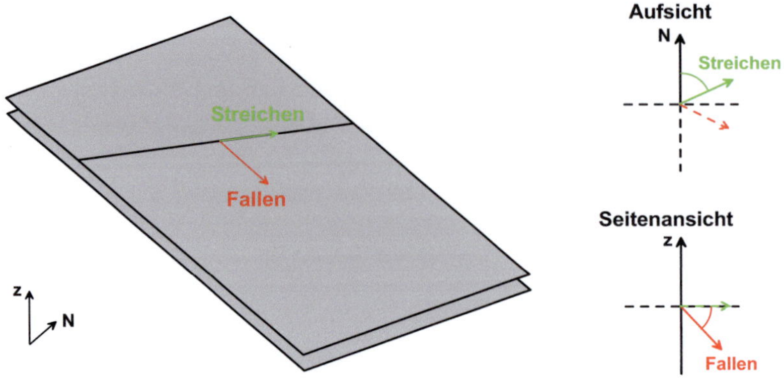

Abbildung 2.3: *Charakteristische Winkel der Kluftorientierung im Raum.*

der Kluftfläche. Klüfte treten fast immer als *Kluftscharen* auf, d.h es gibt ähnliche Hohlraumstrukturen von ähnlicher Orientierung und Ausdehnung im Gestein in bestimmten Abständen, *Kluftabstand*, voneinander (Abb. 2.2). Die Orientierung der Klüfte im Raum wird durch das *Streichen*, dem Winkel zwischen der Schnittlinie der Kluft mit einer horizontalen Ebene und der Nordrichtung, und das *Fallen*, dem Winkel zwischen der Kluftebene und derselben horizontalen Ebene, definiert (Abb. 2.3).

Da im Allgemeinen die geklüfteten Gesteine von mehreren Kluftscharen mit unterschiedlichen Orientierungen im Raum durchzogen sind, bilden sich *Kluftnetze*, deren *Konnektivität* vorwiegend von Kluftabstand und Kluftlänge der jeweiligen Kluftschar bestimmt ist. Grundwasserleiter in Gesteinen, deren Hohlräume vorwiegend von Klüften gebildet werden, werden als *Kluftgrundwasserleiter* oder *Kluftaquifere* bezeichnet. Kluftnetze stellen ein ausgeprägtes Drainagesystem und damit bevorzugte Fließ- und Transportpfade in den Kluftaquiferen dar. Die Durchlässigkeit eines Kluftaquifers ist sowohl von den Kluftöffnungsweiten der einzelnen Klüfte als auch von der Konnektivität des Kluftnetzes abhängig.

2.1.4 Tertiäre Hohlräume

Finden in den primären oder sekundären Hohlräumen bei Fluidzirkulation chemische Lösungsprozesse statt, werden diese Hohlräume durch Materialabtrag von den Wandungen erweitert. Auf solche Art erweiterte Hohlräume bezeichnet man als *tertiäre Porosität*. Sie treten vorwiegend in leicht löslichen Gesteinen wie Kalk und Gips auf, die durch im Wasser gelöste Kohlensäure aufgelöst werden. In extremen Fällen führen diese sogenannten *Verkarstungen* zur Bildung von Höhlen, die aus *Karstgebieten* wohl bekannt sind. Auch in Lößböden treten solche karstähnlichen Erscheinungen auf.

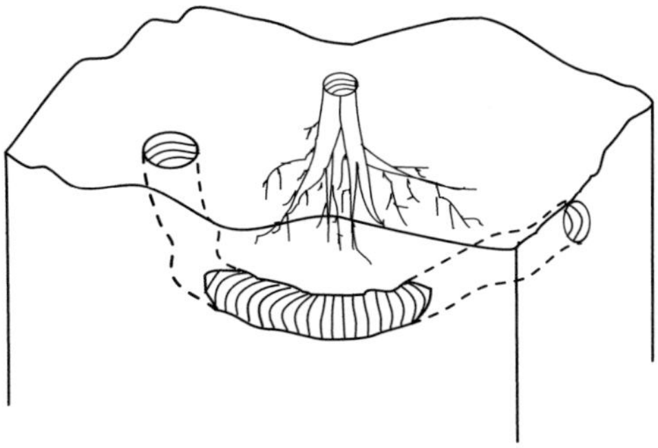

Abbildung 2.4: *Makroporen (Wurzelröhren, Grabgänge) entstanden durch biologische Aktivität.*

Die Geometrie solcher Karsthohlräume ist häufig röhrenförmig und an die Ausrichtung ursprünglich vorhandener Klüfte gebunden. Gleichzeitig sind die Karsthohlräume auch an die bei der Entstehung vorherrschenden (Grundwasser-)Fließrichtung gebunden, da durch Rückkopplungseffekte ein sehr effektives Drainagesystem für das entsprechende *Karstgebiet* entstanden ist. Grundwasserleiter in verkarsteten Gesteinen werden als *Karstgrundwasserleiter* oder *Karstaquifere* bezeichnet. Deren Durchlässigkeit ist im Allgemeinen sehr hoch und vor allem von der Konnektivität der Karsthohlräume bestimmt, die wiederum auch sehr hoch ist, da sie sich als Drainagesystem entwickelt haben.

Auch biologische Aktivitäten im Boden können eine zusätzliche Porosität, die sogenannten *Makroporen* (Abb. 2.4), schaffen. Diese können in Form von Wurzelröhren vorliegen, die durch das Wurzelwachstum von Pflanzen entstanden sind. Auch als Resultat der Grabaktivitäten von Kleinlebewesen, insbesondere Regenwürmer, verbleiben Gänge als Makroporen. Sowohl die Verkarstungen in den Karstgebieten auf großer Skala als auch die Makroporen in Böden auf kleiner Skala stellen sehr bedeutsame bevorzugte Fließwege in dem jeweiligen System dar.

In vielen Aquiferen kommen mehrere Arten von Porositäten vor, die miteinander gekoppelt sind. So ist die Gesteinsmatrix in geklüfteten Sandsteinen oft porös und geklüftete Kalksteine weisen Verkarstungen auf. Dadurch ist das Netzwerk der Fließ- und Transportwege im natürlichen Untergrund geometrisch sehr komplex ausgebildet und weist zudem in sehr vielen Fällen in irgendeiner Weise bevorzugte Fließ- und Transportwege auf.

2.1.5 Poröses Medium

Die in den vorangegangenen Abschnitten definierten Porositäten sind in der Natur durch komplexe geometrische Formen auf unterschiedlichen Skalen charakterisiert. Darüber hinaus sind diese Formen nur in wenigen Ausnahmefällen, und wenn dann nur in sehr geringem Maße, direkt zugänglich. Solche Ausnahmefälle bilden künstliche Aufschlüsse des Untergrundes in Form von Bohrungen oder aufgefahrenen Stollen. Diese unterirdischen Aufschlüsse erfassen den Bereich des Untergrundes, in dem Strömungs- und Stofftransportvorgänge auch betrachtet werden. Schürfgruben, Abbauwände in Kiesgruben, Steinbrüchen oder solche, die bei Bauarbeiten an Straßen oder Eisenbahntrassen entstehen, sind oberirdische Aufschlüsse. Diese sind daher nicht für die direkte Betrachtung von Strömung und Transport im Untergrund relevant. Solche Aufschlüsse werden als Analogaufschlüsse bezeichnet und können einen guten Einblick in die möglichen Verhältnisse in vergleichbarem Untergrund darstellen. Beispielsweise wurde ein solches Analog eines Kluftaquifers auch für detaillierte hydraulische Untersuchungen genutzt (Dietrich et al., 2005).

Diese künstlichen Aufschlüsse liefern in der Regel allerdings ein verfälschtes Bild des Untergrundes, da durch den Einsatz mechanischer Energie bei ihrer Erstellung der Untergrundaufbau mehr oder weniger verändert wird. Die einzigen natürlichen Aufschlüsse, bei denen eine solche Veränderung in deutlich geringerem Maße vorliegt, stellen oberirdische Abbruchflächen von Erosionserscheinungen, wie Hangrutschungen oder Bergstürze, bzw. Höhlen in Karstgebieten dar. Diese Betrachtungen legen den Schluss nahe, dass weder eine detaillierte Kenntnis von den geometrischen Verhältnisse im natürlichen Untergrund noch deren exakte und vollständige Beschreibung mit mathematischen Hilfsmitteln möglich ist.

Mit Hilfe von Ansätzen aus der Kontinuums- und Strömungsmechanik wurden mit Erfolg Beschreibungsmöglichkeiten für diese komplexen Fließgeometrien entwickelt und auch in der Praxis eingesetzt. Diese Beschreibungen beruhen für die verschiedenen Aquifere auf unterschiedlichen vereinfachten Betrachtungsweisen. Für Hohlraumstrukturen, wie sie in einem Porenaquifer vorliegen, wurde der Ansatz des *porösen Mediums* entwickelt, der auf einer integralen Betrachtungsweise der einzelnen Porenräume basiert. Hingegen werden Klüfte meist durch *unendliche ebene Platten* und Karsthohlräume durch *geradlinige Röhren* mit einem einfachen Querschnittsprofile angenähert. Um das Kluftnetz in einem Kluftaquifer oder auch das Röhrennetz in einem Karstaquifer ohne Detailkenntnisse erfassen zu können, wurde auch für solche Hohlraumstrukturen versucht, Kontinuumansätze äquivalent zu porösen Medien zu verwenden (z.B. Long, 1983; Teutsch, 1988). Generell sind praktisch alle Modellansätze zur Bilanzierung von Strömungs- und Transportvorgängen im natürlichen Untergrund **Äquivalenzmodelle**, da sie immer auf einem vereinfachten Abbild der geometrischen Beschreibung der Hohlraumstrukturen beruhen. Viele praktische Problemstellungen erfordern immer noch die Weiterentwicklung existierender Äquivalenzmodelle, da entweder der Bedarf besteht, die Komplexität der Verhältnisse mit größerem Detail abzubilden oder weiter zu vereinfachen.

Der Ansatz des porösen Mediums stellt hierbei die wichtigste Grundlage in der Grundwasserhydraulik dar. Die dabei verwendete integrale Betrachtungsweise soll durch das

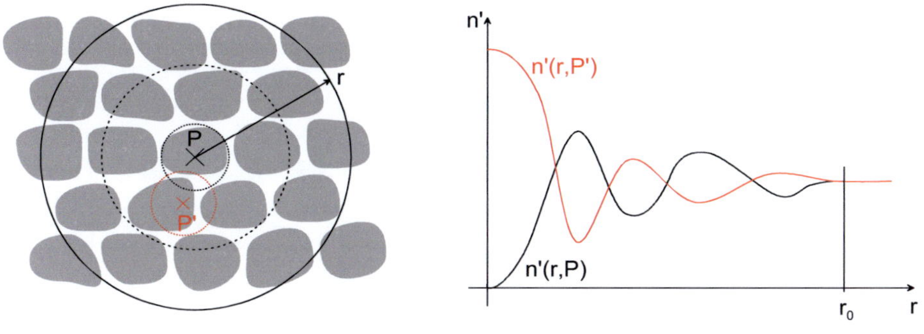

Abbildung 2.5: *Charakterisierung der lokalen Porosität n'.*

folgende Gedankenexperiment verdeutlicht werden. Betrachtet wird die integrale Größe der *Porosität* n, die den Anteil des Porenraums V_P am gesamten Sediment- bzw. Bodenvolumen V_t definiert:

$$n = \frac{V_P}{V_t} \; . \tag{2.1}$$

Der Wert den die Porosität n annimmt, ist dabei sehr von der Größe und Lage des betrachteten Gesamtvolumens V_t abhängig. Diese Abhängigkeit ist direkt mit der kleinskaligen Verteilung des Porenraums verknüpft. Die Bestimmung der lokalen Porosität n' erfolgt durch Auswertung der Umgebung um einem beliebigen Punkt P oder P' mit Radius r (Abb. 2.5). Der Wert der lokalen Porosität ist $n'(r,P)=1$, wenn der Punkt P in einer Pore und r kleiner als der (kleinste) Porenradius ist, bzw. $n'(r,P)=0$, wenn der Punkt P' in einem Korn liegt und r kleiner als der (kleinste) Kornradius ist. Bei wachsendem Radius r nimmt die Porosität dann stark ab bzw. zu, und erreicht ein Minimum bzw. Maximum, wenn umgebende Körner bzw. Poren erfasst werden. Ab einem bestimmten Radius r_0 besitzt die Porosität einen asymptotischen Wert:

$$n = \lim_{r \to r_0} n'(r,P) = \lim_{r \to r_0} n'(r,P') \; . \tag{2.2}$$

Dieser ist dann unabhängig vom gewählten Ausgangspunkt P, da im statistischen Mittel der Anteil des Porenraums nicht mehr von einzelnen Körnern und Poren bestimmt wird. Der Radius r_0 definiert das *repräsentative Elementarvolumen (REV)* (Bear, 1972), für das die Porosität n, sowie alle makroskopischen Größen, konstant sind. Weiterhin ist die Porosität n dann homogen, da sie vom Ausgangspunkt P bzw. P' unabhängig ist. Die Größe des REV kann über die mittleren Korndurchmesser d_m abgeschätzt werden:

$$r_0 \simeq 30 \; d_m \; . \tag{2.3}$$

Diese Betrachtungsweise und Beschreibung der makroskopischen Größen auf Basis eines REV bildet die Grundlage der Grundwasserhydraulik. Eine detailliertere, wenn auch nur statistische Beschreibung ermöglicht die Porengrößenverteilung, die jedoch nur über indirekte Methoden bestimmt werden kann (s. Kap. 2.3.2).

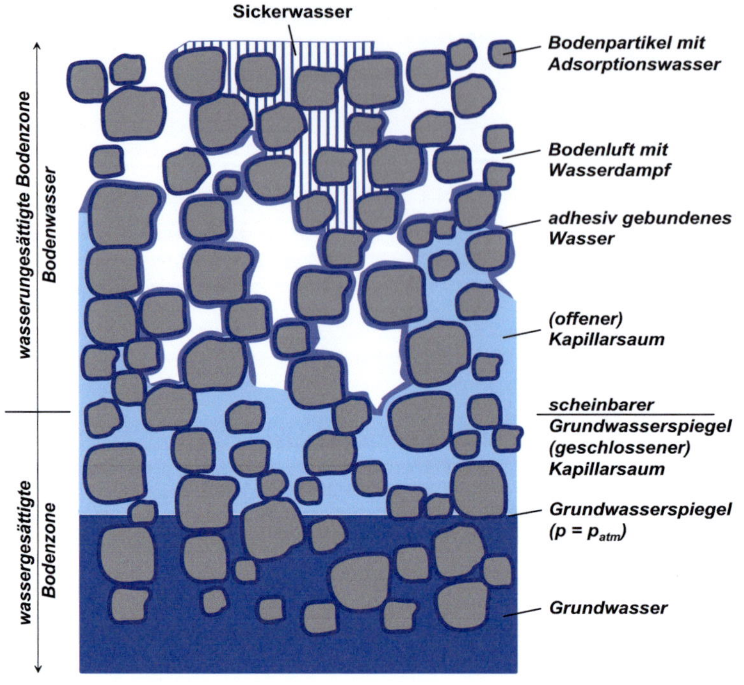

Abbildung 2.6: *Verteilung des Wassers im natürlichen Untergrund.*

Eine weitere Größe mit der die Geometrie des Porenraums charakterisiert werden kann, ist die *Tortuosität* oder der *Tortuositätsfaktor* τ_f. Dieser erfasst die Gewundenheit der Porenkanäle als gemittelte Größe ebenfalls auf Basis eines REV. Er ist definiert als das Verhältnis der tatsächlichen mittleren Länge der Porenkanäle $\overline{L}_i$ im REV zur Länge des REV L_0 und kann mit Hilfe der Porosität n abgeschätzt werden (Grathwohl, 1998):

$$\tau_f = \frac{\overline{L}_i}{L_0} = n^{-\frac{1}{3}} . \tag{2.4}$$

Die Beschreibung der Verteilung des Wassers im Untergrund stellt eine weitere wichtige Grundlage der Grundwasserhydraulik dar. Wasser liegt im Porenraum des natürlichen Untergrunds in unterschiedlicher Form vor (Abb. 2.6). Die Körner sind mit *Adsorptionswasser* benetzt. In der *wassergesättigten Bodenzone*, oder kurz *gesättigten Zone*, ist der restliche Porenraum vollständig mit Wasser gefüllt. In der *wasserungesättigten Bodenzone*, oder kurz *ungesättigten Zone*, hingegen ist nur ein Teil des restlichen Porenraums mit Wasser und der andere Teil mit Luft gefüllt. Die bestehende *Grenzflächenspannung* zwischen Luft und Wasser im Porenraum erzeugt *Kapillarkräfte*, die in der ungesättigten Zone, *Haft-* oder *Kapillarwasser* entgegen der Schwerkraft im Porenraum halten können (s. Kap. 2.3.1). Diese Kapillarkräfte sind auch für den *kapillaren Aufstieg* im Kapillarsaum verantwortlich, der sich oberhalb des Grundwasserspiegels ausbildet. Der Grundwasserspiegel ist durch das Vorherrschen des Atmosphärendrucks, $p_{GWS} = p_{atm}$, definiert. Unterhalb des Grundwasserspiegels schließt sich das *Grundwasser* an. Wasser das in der ungesättigten Zone nicht von den Kapillarkräften gehalten werden kann, bildet *Sickerwasser*, das die wesentlichste Quelle für Infiltrationen ins Grundwasser darstellt.

Auch die Verteilung des Wassers im porösen Medium wird mit integralen Größen beschrieben. Dabei können unterschiedliche Bezugsgrößen verwendet werden. Der Wassergehalt θ ist analog zur Porosität definiert:

$$\theta = \frac{V_W}{V_t} \tag{2.5}$$

und beschreibt den mit dem Wasservolumen V_W gefüllten Anteil des Bodenvolumens V_t. Im gesättigten Fall ist der Wassergehalt maximal und es gilt $\theta_s = n$. Die Wassersättigung hingegen besitzt als Bezugsgröße das Porenvolumen V_P

$$S_W = \frac{V_W}{V_P} . \tag{2.6}$$

Im gesättigten Fall hat die Wassersättigung den maximalen Wert $S_W = 1$.

Adsorptionswasser oder auch Wasser, das sich in abgeschlossenen Porenenden, den *"dead end"-Poren*, befindet, ist nicht an jedem Strömungs- oder Transportvorgang beteiligt. Je nach betrachtetem Vorgang ist daher eine unterschiedliche *effektive Porosität* n_e definiert. Werden Speichervorgänge betrachtet wird diese als *speicherwirksame* oder *entwässerbare Porosität* n_{sp} bezeichnet. Bei Betrachtung von Fließvorgängen wird der Begriff der *filterwirksamen Porosität* n_f verwendet.

Im Allgemeinen sind die Hohlräume im Untergrund von mehreren unterschiedlichen Fluiden erfüllt. Erdöl und Erdgas füllen in ihren Lagerstätten zusammen mit Grundwasser den Porenraum aus. Die oberen Bodenschichten sind mit Bodenluft und Bodenwasser gefüllt. Bei Schadensfällen im Boden oder Grundwasser können als zusätzliche Fluide noch organische Flüssigphasen, wie Mineralöle, auftreten. Solche weiteren Fluidphasen werden ebenfalls mit integralen Größen, den jeweiligen Fluidgehalten bzw. Fluidsättigungen, beschrieben. Diese Mehrphasensysteme lassen sich mit denselben Ansätzen wie die Wasserströmung im gesättigten und ungesättigten Untergrund beschreiben. Sie werden hier jedoch nur am Rande betrachtet.

2.1.6 Hydrogeologische Charakterisierung

Der natürliche Untergrund lässt sich in hydrogeologische Einheiten untergliedern (Abb. 2.7). Dabei spielen sowohl geologische als auch hydraulische Aspekte eine wichtige Rolle. Die Geologie bestimmt im Wesentlichen die Abgrenzung und hydraulische Eigenschaft der jeweiligen hydrogeologischen Einheit. Nach der DIN 4049, Teil 3, bilden einzelne Gesteinskörper hydrogeologische Einheiten, die nach ihrer Wasserdurchlässigkeit klassifiziert

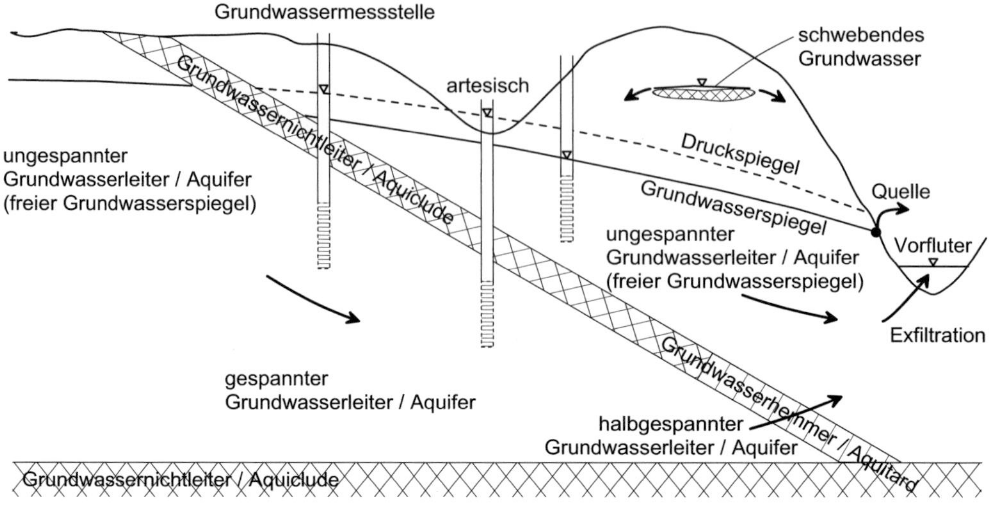

Abbildung 2.7: *Definition der hydrogeologischen Einheiten und Begriffe.*

werden können. Ein *Grundwasserleiter, Aquifer*, ist ein Gesteinskörper, der geeignet ist, Grundwasser weiterzuleiten. Ein *Grundwasserhemmer, Aquitard*, ist ein Gesteinskörper, der im Vergleich zu einem benachbarten Gesteinskörper gering wasserdurchlässig ist. Ein *Grundwassernichtleiter, Aquiclude*, ist ein Gesteinskörper, der wasserundurchlässig ist oder unter der jeweiligen Betrachtungsweise als wasserundurchlässig angesehen werden darf. Diese Klassifizierung der Aquifere ist unabhängig von der Ausbildung der Hohlräume als Poren, Klüfte oder Karsthohlräume. Aus Gründen der Einfachheit wird häufig versucht, einheitliche hydraulische Eigenschaften für eine hydrogeologische Einheit zu definieren, das heißt die entsprechende Einheit als homogen zu betrachten. Da die definierten hydrogeologischen Einheiten im Allgemeinen nicht aus einem einheitlichen Material aufgebaut sind, ist jedoch in vielen Fällen eine Berücksichtigung der Heterogenitäten, je nach Fragestellung auf unterschiedliche Art und Weise, erforderlich.

Eine weitere Art der Klassifizierung orientiert sich an der Beweglichkeit des *Grundwasserspiegels* (Abb. 2.7). Dieser ist so definiert, dass dort Atmosphärendruck herrscht, der ohne Beschränkung der Allgemeinheit zu 0 gesetzt werden kann:

$$p_{GWS} = p_{atm} = 0\ . \tag{2.7}$$

Liegt der Grundwasserspiegel innerhalb eines Aquifers, ist er im Allgemeinen dort frei beweglich und kann in Abhängigkeit der hydrologischen Gegebenheiten ansteigen oder absinken (Abb. 2.7). In einem solchen Fall spricht man von einem Aquifer mit freiem Grundwasserspiegel bzw. einem *ungespannten* Aquifer. Charakteristisch für einen ungespannten Aquifer ist, dass die *wassererfüllte Mächtigkeit* abhängig von der Lage des Grundwasserspiegels und somit variabel ist. Ist hingegen der komplette Aquifer wassererfüllt und wird von einem Aquitard oder Aquiclude überlagert, liegt kein Grundwasserspiegel vor, da die Druckverhältnisse im Aquifer immer Überdruck bezogen auf den Atmosphärendruck aufweisen (Abb. 2.7). Die Fläche in dem überlagernden Aquitard, die durch die Lage des Atmosphärendrucks gekennzeichnet ist, wird als *Druckspiegel* bezeichnet. Der Aquifer selbst wird dann als *gespannt* bezeichnet. Liegt ein solcher Druckspiegel oberhalb der Geländeoberfläche gilt ein solcher gespannter Aquifer als *artesisch gespannt*. Ist der überlagernde Gesteinskörper teilweise wasserdurchlässig wird der Aquifer als *halbgespannt* oder *leaky* bezeichnet (Abb. 2.7). Je nach Ausbildung der geologischen Schichtenlagerung und des Grundwasserspiegels können alle diese Arten, allerdings räumlich voneinander getrennt, in ein und demselben Aquifer vorkommen (Abb. 2.7).

Die Grundwasserströmung in einem Aquifer ist wesentlich dadurch geprägt, wo und wie Wasser in den Aquifer eindringt, infiltriert, und wo und wie es aus dem Aquifer wieder austritt, exfiltriert. Die Grundwasserströmung selbst wird durch gravitationsbedingte Druckgefälle erzeugt. Auf regionaler Skala lassen sich nach Jordan & Weder (1995) die hydrogeologischen Einheiten in Bezug auf die Grundwasserströmung in *Speisungsgebiete*, in denen Infiltration stattfindet, *Transfergebiete* und *Entlastungsgebiete*, in denen Exfiltration stattfindet, unterteilen. Die Infiltration von Grundwasser aus einem Fluss, See oder Reservoir, in einen Aquifer wird als *Uferfiltration* bezeichnet. Die vertikale Infiltration entweder von der Geländeoberfläche oder von einer darüber liegenden hydrogeologischen Einheit wird als *Grundwasserneubildung* bezeichnet. Trifft bei vertikaler Infiltration das Sickerwasser oberhalb des eigentlichen Grundwasserspiegels auf eine schlechter durchlässige Schicht, kann sich dort lokal *schwebendes Grundwasser* mit einem separaten Grundwasserspiegel ausbilden (Abb. 2.7). Solche schwebende Grundwässer sind entkoppelt vom eigentlichen Aquifer und können auf regionaler Skala beobachtete Phänomene, wie temporäre Quellen, erklären. Die Exfiltration in ein freies Gewässer, einen *Vorfluter*, besitzt eine wichtige Bedeutung in der Hydrogeologie. Dabei ist der Wasserspiegel des Gewässers die treibende hydraulische Kraft und kann meist als unabhängig von der Exfiltration selbst betrachtet werden. Eine besondere Art der lateralen Exfiltration stellen die natürlichen *Quellaustritte* dar. Sie liegen dann vor, wenn ein freier Grundwasserspiegel auf die Geländeoberfläche trifft. Eine spezielle Art der Quellaustritte bilden die *Schichtquellen*, die durch eine undurchlässige unterlagernde Schicht, wie bei dem schwebenden Grundwasser, den Grundwasserspiegel an die Geländeoberfläche zwingen. In manchen Fällen ist auch die Betrachtung der vertikalen Exfiltration aus einem Aquifer in eine darüber- oder darunter liegende hydrogeologische Einheit zu betrachten. Dabei müssen entsprechende Druckunterschiede zwischen den hydrogeologischen Einheiten vorliegen.

2.2 Bilanzgleichungen aus der Kontinuumsmechanik

Die Kontinuumsmechanik betrachtet physikalische Größen $G(\vec{x})$, die an jeden beliebigen Punkt $\vec{x}$ in einem betrachteten Volumen V definiert sind, und damit kontinuierlich existieren. Die Formulierung physikalischer Prozesse, wie Strömungs- oder Transportvorgänge, erfolgt durch die Betrachtung der Entwicklung dieser Größen in Raum und Zeit. Dabei sind die Masse M, der Impuls P und die Energie E in ihrer Gesamtheit erhaltene Größen. Diese Größen werden häufig volumenspezifisch definiert und als Volumendichten angegeben, z.B. die Massendichte $\varrho_M = M/V$ oder die Impulsdichte $\varrho_P = P/V$. Die Bewegungs- und die Transportgleichung als die wichtigsten Grundgleichungen der Strömungsmechanik, eines Teilgebiets der Kontinuumsmechanik, lassen sich aus der Impulserhaltung und der Massenerhaltung ableiten.

2.2.1 Massenerhaltung

Die Erhaltung der Masse M lässt sich über eine Bilanzierung der Massenänderung in einem Kontrollvolumen V_0 sowie des Massenflusses J über dessen Oberfläche Γ_0 formulieren (Abb. 2.8):

$$\frac{\partial}{\partial t} M = J + Q_M \,, \tag{2.8}$$

wobei Q_M einen Quell-/Senkenterm darstellt. Der Massenfluss J über die Oberfläche des Kontrollvolumens Γ_0 ist durch das Oberflächenintegral

$$J = -\oint_{\Gamma_0} \vec{j} \cdot d\vec{\Gamma} \tag{2.9}$$

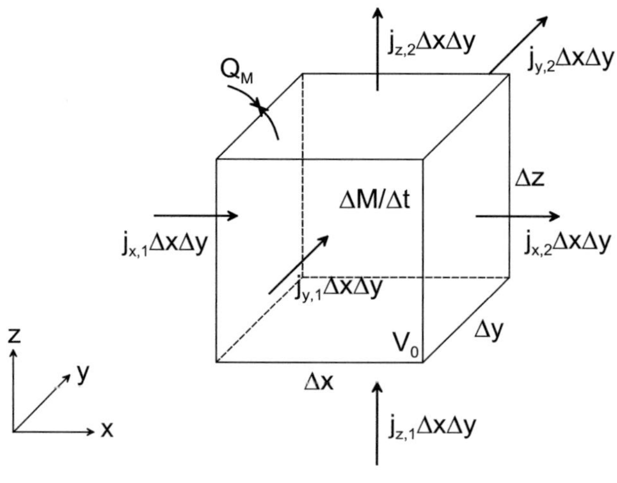

Abbildung 2.8: *Massenerhaltung am Kontrollvolumen V_0.*

gegeben, wobei der spezifische Massenfluss pro Querschnittseinheit durch die Bewegung der Massendichte ϱ_M im Geschwindigkeitsfeld $\vec{u}(\vec{x})$ definiert ist:

$$\vec{j}(\vec{x}) = \varrho_M(\vec{x})\,\vec{u}(\vec{x})\,. \tag{2.10}$$

Ausgedrückt mit Hilfe der Massendichte ϱ_M lässt sich die folgende Bilanzgleichung für die Massenerhaltung formulieren:

$$\frac{\partial}{\partial t}\int\limits_{V_0} \varrho_M\,dV = -\oint_{\Gamma_0} \vec{j}\cdot d\vec{\Gamma} + Q_M = -\int\limits_{V_0} \vec{\nabla}\cdot\vec{j}\,dV + Q_M\,. \tag{2.11}$$

Dabei ist das Oberflächenintegral mit Hilfe des Gauß'schen Integralsatzes in ein Volumenintegral überführt worden, wodurch diese Bilanzgleichung (Gl. 2.11) auch als partielle Differenzialgleichung formuliert werden kann:

$$\frac{\partial}{\partial t}\,\varrho_M(\vec{x},t) = -\vec{\nabla}\cdot\vec{j}(\vec{x},t) + W_M(\vec{x},t)\,, \tag{2.12}$$

mit dem volumenspezifischen Quell-/Senkenterm W_M. Diese Gleichung (2.12) ist in der Strömungsmechanik als Kontinuitätsgleichung bekannt und stellt die Transportgleichung für die Massendichte ϱ_M dar. Dabei kann die Massendichte ϱ_M sowohl die Fluiddichte ϱ als auch die Konzentration eines gelösten Stoffes c sein. Die spezifischen Massenflüsse $\vec{j}$ sind durch die für die jeweiligen Massenbilanzen relevanten Transportprozesse (s. Kap. 2.4.1) bestimmt. Die Parameter, die diese Transportprozesse beschreiben, bestimmen damit auch die jeweiligen Massenbilanzen.

2.2.2 Impulserhaltung

In der Mechanik von Massepunkten der Masse m_i ist die Entwicklung des Impulses P_i in Raum und Zeit durch die Trägheitskräfte gegeben, die sich als Resultierende einer Kräftebilanz $\vec{K}_i$ ergeben:

$$\frac{\partial}{\partial t}\,\vec{P}_i = \frac{\partial}{\partial t}\,(m_i\,\vec{u}) = m_i\,\vec{a} = \vec{K}_i\,, \tag{2.13}$$

wobei $\vec{a}$ die Beschleunigung des Massepunkts ist. Diese Gleichung (2.13) stellt damit die allgemeine Form einer Bewegungsgleichung dar. In der Kontinuumsmechanik kann die Entwicklung der Impulsdichte $\vec{\varrho}_P$ in Raum und Zeit als partielle Differenzialgleichung für den Impulstransport formuliert werden:

$$\frac{\partial}{\partial t}\,\vec{\varrho}_P(\vec{x},t) = \frac{\partial}{\partial t}\,\vec{j}(\vec{x},t) = -\vec{\nabla}\,\underline{\mathbf{\Pi}}(\vec{x},t) + \vec{k}(\vec{x},t)\,. \tag{2.14}$$

Dabei ist die Impulsdichte ϱ_P der im vorangegangenen Abschnitt betrachtete spezifische Massenfluss $\vec{j}$ (Gl. 2.10), $\underline{\mathbf{\Pi}}$ der Tensor der Impulsflussdichte und $\vec{k}$ die Kraftdichte der äußeren Kräfte. Die Komponenten des Tensors der Impulsflussdichte $\underline{\mathbf{\Pi}}$ beschreiben die inneren Kräfte und sind für lineare, isotrope Fluide gegeben durch:

$$\Pi_{ik} = p\,\delta_{ik} + \varrho\, u_i\, u_k - \eta\left(\partial u_k/\partial x_i + \partial u_i/\partial x_k\right), \tag{2.15}$$

wobei

$$\delta_{ik} = \begin{cases} 1, & \text{für } i = k \\ 0, & \text{für } i \neq k \end{cases} \tag{2.16}$$

das Kronecker-Symbol, p der Druck, u_i die Geschwindigkeitskomponenten in die jeweilige Raumrichtung x_i und η die dynamische Zähigkeit des Fluids sind. Der erste Term der Gleichung (2.15) beschreibt die Normalspannungen, der zweite die Trägheitskräfte und der dritte die molekulare Reibung.

Bei der Betrachtung von inkompressiblen Fluiden, d.h. die Massendichte $\varrho_M(\vec{x},t) = \varrho_0$ ist konstant, ergibt sich bei Quell-/Senkenfreiheit direkt aus der Kontinuitätsgleichung (2.12) $\vec{\nabla}\cdot\vec{u}=0$ und damit aus der Impulstransportgleichung (Gl. 2.14) die Navier-Stokes-Gleichung:

$$\frac{\partial \vec{u}}{\partial t} + \left(\vec{u}\cdot\vec{\nabla}\right)\vec{u} = -\frac{1}{\varrho}\vec{\nabla}p + \nu\left(\vec{\nabla}\cdot\vec{\nabla}\right)\vec{u} + \frac{1}{\varrho}\vec{k}, \tag{2.17}$$

die als die grundlegende Bewegungsgleichung in der Strömungsmechanik gilt. $\nu = \eta/\varrho$ ist die kinematische Viskosität des Fluids. In den folgenden Kapiteln werden ausschließlich inkompressible Fluide betrachtet. Die auftretenden Druckgradienten $\vec{\nabla}p$ wirken dabei den Reibungskräften entgegen (s. Kap. 2.3.3 - 2.3.5).

Strömungen in kompressiblen Fluiden führen zu einem weiteren Transportphänomen. Der Einfachheit halber werden hier nur reibungsfreie Fluide, $\eta = 0$, betrachtet, auf die keine äußeren Kräfte wirken, $\vec{k} = 0$. Die Kompressibilität, Abhängigkeit der Fluiddichte ϱ vom Druck p, definiert die Schallgeschwindigkeit:

$$\frac{dp}{d\varrho} = v_s^2\,. \tag{2.18}$$

Wird der Impulstransport unter Berücksichtigung einer kleinen Störung in der Dichte, $\varrho(\vec{x},t) = \varrho_0 + \varrho'(\vec{x},t)$, betrachtet, kann die Ausbreitung der Dichtestörung ϱ' durch eine Wellengleichung beschreiben werden:

$$\frac{\partial^2 \varrho'}{\partial t^2} = v_s^2\,\vec{\nabla}^2\varrho'\,, \tag{2.19}$$

wenn die Strömungsgeschwindigkeit viel kleiner als die Schallgeschwindigkeit ist, $|\vec{u}| << v_s$. Die Schallgeschwindigkeit v_s ist dabei eine komplexe Größe. Der Realteil der Schallgeschwindigkeit $Re(v_s)$ definiert die elastischen Anteile und bestimmt die Ausbreitung der Störung, die auch als Informationsausbreitung generalisiert werden kann. Die inelastischen Anteile hingegen sind durch den Imaginärteil $Im(v_s)$ bestimmt und sind für Dämpfung und Resonanzeffekte der Störung verantwortlich.

2.2.3 Bilanzierung statistischer Größen

Die in den vorangegangenen Abschnitten betrachteten kontinuierlichen Größen aus der Kontinuumsmechanik gelten an jeden Punkt $\vec{x}$ im Volumen V im Idealfall als wohldefiniert. In vielen Fällen können diese Größen oft nicht mit einer Genauigkeit erfasst werden, die diesem Anspruch gerecht wird. Entweder sind dafür System immanente Prozesse, wie z.B. die Verteilung des Porenraums im porösen Medium, oder Unsicherheiten bei der Messung bzw. numerischen Berechnung verantwortlich. Diese Größen lassen sich dann mit Hilfe einer statistischen Verteilung angeben, die durch den Erwartungswert $\overline{G}$ und die Schwankungsgröße $G - \overline{G}$ der Größen beschrieben werden kann.

Massen- und Impulsbilanzen lassen sich auch für den Fall, dass die Bilanzgrößen oder die in die Bilanz eingehenden Parameter durch eine statistische Verteilung charakterisiert sind, prinzipiell mit den oben aufgestellten Gleichungen (Gl. 2.12, 2.14) durchführen. Eine vollständige Bilanzierung wird durch die Formulierung stochastischer Differenzialgleichungen erzielt, indem die Bilanzgleichungen für die Erwartungswerte und die Schwankungsgrößen aufgestellt und gelöst werden (s. z.B. Liedl, 1991). Über diese Vorgehensweise kann neben der Bilanzierung zudem eine Ermittlung der statistischen Unsicherheit des Ergebnisses erfolgen. Diese Unsicherheiten ermöglichen wiederum wichtige Aussagen z.B. im Hinblick auf Gefährdungs- bzw. Risikoabschätzungen.

Eine andere Möglichkeit der Bilanzierung von statistisch verteilten, dynamischen Größen kann mit Methoden aus der statistischen Mechanik erfolgen, in der statt eines Kontinuums ein Vielteilchensystem betrachtet wird. Jede makroskopische Größe des Systems lässt sich dann mit Hilfe einer statistischen Verteilungsfunktion $W(x_i, t)$ der unabhängigen Variablen x_i, die die Teilchen charakterisieren, durch Integration ermitteln. Die Bilanzgleichung für eine solche statistische Verteilungsfunktion $W(x_i, t)$ ist die Fokker-Planck-Gleichung (Risken, 1996):

$$\frac{\partial W}{\partial t} = -\sum_{i=1}^{n} \frac{\partial}{\partial x_i} \left(D_i^{(1)} W \right) + \sum_{i,j=1}^{n} \frac{\partial^2}{\partial x_i \, \partial x_j} \left(D_{ij}^{(2)} W \right). \tag{2.20}$$

Dabei ist $D_i^{(1)} = u_i$ der Vektor der Geschwindigkeit und $D_{ij}^{(2)}$ der Tensor der Dispersion.

2.3 Strömung im Untergrund

2.3.1 Kräfte

Die allgemeine Strömungsgleichung (Gl. 2.14) wurde aus der Impulserhaltung unter Betrachtung des Kräftegleichgewichts an einem Kontrollvolumen hergeleitet (Kap. 2.2.2). Dabei stehen die Trägheitskräfte mit den äußeren Kräften im Gleichgewicht. Diese Kräfte sollen hier nun genauer betrachtet werden, da sie die Charakteristik der jeweiligen Strömung bestimmen. Die wichtigsten Kräfte sind der Druckgradient, die Gravitationskraft, Grenzflächenkräfte und Reibungskräfte.

Bei der Formulierung der spezifischen Strömungsgleichung für inkompressible Fluide werden die Dichte ϱ und die Gravitationskonstante g im spezifischen Gewicht γ zusammengefasst und eliminiert, so dass als Bilanzgrößen statt den jeweiligen Kräften den ihnen zugeordnete Energiehöhen verbleiben. Die Druckhöhe p/γ und die geodätische Höhe z, stellvertretend für die Gravitationskraft, werden in der Standrohrspiegel- bzw. Piezometerhöhe

$$h = \frac{p}{\gamma} + z \tag{2.21}$$

zusammengefasst. Dabei ist ein beliebiges, doch konstantes Bezugsniveau festzulegen. Die Piezometerhöhe stellt die wesentliche Unbekannte in der Hydromechanik dar und kann direkt in Form von Wasserspiegeln gemessen werden. Die resultierende, treibende Kraft wird als *hydraulischer Gradient* $\vec{\nabla} h$ bezeichnet und beruht sowohl auf dem Druckgradient als auch der Gravitationskraft. Dabei ist zu beachten, dass die Richtung der Strömung dem Gradient entgegengesetzt ist, der im mathematischen Sinne die Steigung bezeichnet. Um die Richtungen konsistent zu berücksichtigen, ist statt des hydraulischen Gradienten das *hydraulische Gefälle* $-\vec{\nabla} h$ zu verwenden.

Grenzflächenkräfte K_{Gr} treten an den Fluidgrenzflächen auf und werden durch die Benetzung einer festen Oberfläche mit einem Fluid hervorgerufen. Sie werden durch die Grenzflächenspannung σ und die Länge der bei der Benetzung der festen Oberfläche sich ausbildenden Berandungslinie l der Fluidgrenzfläche bestimmt:

$$K_{Gr} = \sigma \, l \, . \tag{2.22}$$

In engen Röhren erzeugen diese Grenzflächenkräfte kapillaren Aufstieg und werden auch als Kapillarkräfte bezeichnet. Dabei lassen sich die Druckverhältnisse unter hydrostatischen Bedingungen als Unterdruck im Bereich der Grenzfläche beschreiben (Abb. 2.9). Der auftretende Unterdruck steht im Gleichgewicht mit dem Gewicht der aufgestiegenen Fluidsäule. Der maximale Unterdruck tritt somit direkt unterhalb der Fluidgrenzfläche auf und wird auch als Kapillardruck p_c bezeichnet und kann für eine kreisförmige Röhre

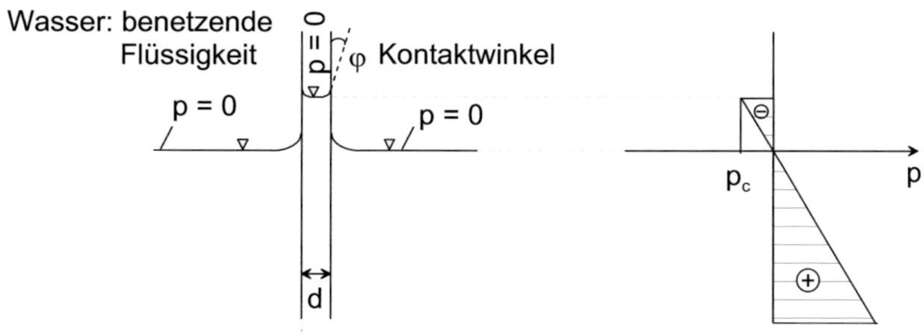

Abbildung 2.9: *Kapillarer Aufstieg am Beispiel der Fluidgrenzfläche Wasser – Luft in einem Kapillarröhrchen.*

mit Durchmesser d wie folgt angegeben werden:

$$p_c = \frac{4\,\sigma}{d}\,\cos\phi\,. \tag{2.23}$$

Dabei ist ϕ der Benetzungswinkel zwischen Fluidoberfläche und fester Oberfläche. Für vollständig benetzende Fluide ist der Benetzungswinkel $\phi = 0$. Der Kapillardruck p_c geht in die Formulierung der Druckgradienten und damit in die Piezometerhöhe h mit ein. Er kann direkt über Tensiometer gemessen werden, die dabei im Boden mit dem Porenwasser in direktem Kontakt stehen müssen. Die Strömungsvorgänge im ungesättigten Untergrund sind auf Grund der vorhandenen freien Wasserspiegel zu einem bedeutenden Teil von den Kapillarkräften dominiert (s. Kap. 2.3.2).

Reibungskräfte in einer Fluidströmung werden durch die innere Reibung der Fluide, d.h. die Stöße der einzelnen Fluidmoleküle, hervorgerufen. Diese molekulare Reibung erzeugt in dem Fluid eine Scherspannung τ, die durch die dynamische Zähigkeit η und den Geschwindigkeitsgradient quer zur Strömungsrichtung $\vec{\nabla}_{\perp} u$ bestimmt ist:

$$\tau = \eta\,\vec{\nabla}_{\perp} u\,. \tag{2.24}$$

In der Hydromechanik werden diese Scherspannungen τ durch die Wandschubspannung repräsentiert, da die Strömungsgeschwindigkeit an einer festen Berandung $\vec{u} = 0$ ist und dort die größten Gradienten $\vec{\nabla}_{\perp} u$ auftreten. Die Geometrie der festen Berandungen einer Strömung haben somit einen wesentlichen Einfluss auf die Reibungskräfte. Im Folgenden werden die Rohrströmung (Kap. 2.3.3), die Kluftströmung als Strömung zwischen zwei ebenen Platten (Kap. 2.3.4) und die Strömung im porösen Medium (Kap. 2.3.5) näher betrachtet, die als Strömungskonfigurationen im natürlichen Untergrund auftreten. Reibungskräfte werden in der Regel indirekt über Druckverluste gemessen.

Strömungskräfte basieren auf den Trägheitskräften und können in Form von Druckkräften bilanziert werden. Sie besitzen in der Praxis eine große Bedeutung, da sie bei Strömungen im Untergrund vor allem einen Einfluss auf dessen mechanische Stabilität besitzen und damit unter anderem für hydraulischen Grundbruch verantwortlich sind.

2.3.2 Kapillarität von Böden

Die Kapillarität von ungesättigten Böden ist durch deren Porengrößenverteilung bestimmt. Ist in den Poren eine Grenzfläche zwischen Porenwasser und Porenluft vorhanden, wirken dort Kapillarkräfte, deren Stärke durch den jeweiligen Porendurchmesser festgelegt ist. Die Kapillarität des Bodens wird durch die Saugspannung oder Wasserspannung ψ ausgedrückt, die als kapillare Druckhöhe über den Kapillardruck p_c (Gl. 2.23) definiert ist

$$\psi = \left| \frac{p_c}{\gamma} \right| . \tag{2.25}$$

Diese Wasserspannung ist somit immer eine positive Größe. In der Bodenkunde wird die Wasserspannung häufig durch den pF-Wert

$$pF = \log_{10} \psi \tag{2.26}$$

ausgedrückt, wobei dann ψ in $[cm\,WS]$ anzugeben ist.

Die Wasserspannung erzeugt im ungesättigten Boden einen kapillaren Aufstieg über dem Grundwasserspiegel. Falls keine vertikale Sickerwasserbewegung stattfindet, stellt sich ein Gleichgewichtszustand ein, bei dem hydrostatische Verhältnisse vorliegen. Die kapillare Steighöhe ist dann gleich der Wasserspannung ψ. Durch diesen kapillaren Aufstieg bildet sich über dem Grundwasserspiegel ein wassergesättigter Bereich der Kapillarsaum, in dem Unterdruckverhältnisse herrschen. Dessen Oberfläche bildet in natürlichen Böden keine Fläche parallel zum Grundwasserspiegel, da dort keine einheitlichen Porendurchmesser anzutreffen sind, und somit die Kapillarkräfte auf der Porenskala eine große Variabilität aufweisen (Abb. 2.10). Oberhalb des Kapillarsaums kann Porenwasser durch die Kapillarkräfte gegen die Gravitation zurückgehalten werden.

Die Verteilung des Wassers im Porenraum und die Ausbildung der Grenzflächen ist direkt mit der Kapillarität des Bodens verknüpft. Auf der Skala eines REV ist eine quantita-

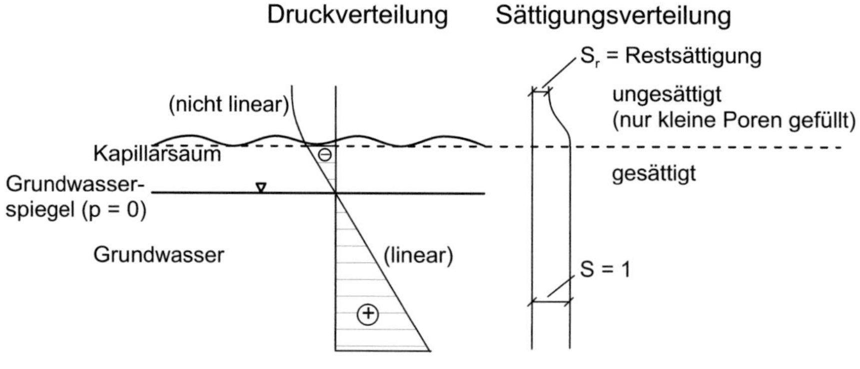

Abbildung 2.10: *Ausbildung des Kapillarsaums im natürlichen Untergrund.*

tive Beschreibung des Zusammenhangs zwischen Wassergehalt θ und Wasserspannung ψ möglich. Diese Retentionsbeziehung oder Wasserspannungskurve $\psi(\theta)$ ist dadurch charakterisiert, dass bei geringen Wassergehalten im Wesentlichen die kleinen Poren wassergefüllt sind und damit eine große Wasserspannung vorliegt. Diese Beziehung $\psi(\theta)$ ist damit direkt an die Porengrößenverteilung gekoppelt und charakteristisch für den jeweiligen Bodentyp.

In der Literatur finden sich unterschiedliche empirische Formeln, mit denen die inverse Beziehung $\theta(\psi)$ parametrisiert werden kann (Brooks & Corey, 1966; van Genuchten, 1980). Diese wurden zur Beschreibung des experimentell bestimmten Wasserrückhaltevermögens von Böden entwickelt. Von beiden Autoren wurde der residuale Wassergehalt θ_r berücksichtigt, der den Anteil des fest gebundenen Wassers repräsentiert. Da dieser mit sehr großen Wasserspannungen verknüpft ist, besteht keine Möglichkeit ihn experimentell zu bestimmen.

Brooks & Corey (1966) definierten für die Wasserspannungskurve ein Potenzgesetz:

$$\frac{\theta - \theta_r}{\theta_s - \theta_r} = \left(\frac{\psi}{\psi_0}\right)^{-\lambda_{BC}} . \tag{2.27}$$

Dabei ist θ_s der Sättigungswassergehalt und ψ_0 der Lufteindringdruck, der den Druck beschreibt, der erforderlich ist, um in einem gesättigten Boden eine Luft-Wasser-Grenzfläche auszubilden. Der Lufteindringdruck ψ_0 definiert den Übergang zur Sättigung. Er kann daher für den jeweiligen Boden mit der Höhe des geschlossenen Kapillarsaums über dem Grundwasserspiegel gleichgesetzt werden. Der Parameter λ_{BC} ist bestimmt durch die Porengrößenverteilung. Die Beziehung von Brooks & Corey (1966) ist nicht definiert für Wasserspannungen $\psi < \psi_0$ und liefert daher keinen stetigen Übergang zum Grundwasserspiegel, $\psi = 0$ (Abb. 2.11a). Diese Beziehung (Gl. 2.27) beschriebt somit die Bedingungen im Kapillarsaum auf lokaler Skala idealisiert. Es wird eine wohldefinierte Höhe des geschlossenen Kapillarsaums angenommen, was nur in einem kleinen sehr homogenen Bodenvolumen gerechtfertigt ist.

Diesen Nachteil überwindet die am häufigsten verwendete Parametrisierung von van Genuchten (1980). Sie ist im Gegensatz zur Beziehung nach Brooks & Corey (1966) für alle

Tabelle 2.1: *Bodenparameter der Retentionsbeziehungen nach Brooks & Corey (1966) (Gl. 2.27) und van Genuchten (1980) (Gl. 2.28) für Grobsand und Lehm.*

Bodenart	θ_r [-]	θ_s [-]	α_{vG} [1/m]	n_{vG} [-]	ψ_0 [m]	λ_{BC} [-]
Grobsand	0.06	0.40	0.060	2.85	16.67	1.85
Lehm	0.02	0.42	0.028	1.84	35.71	0.84

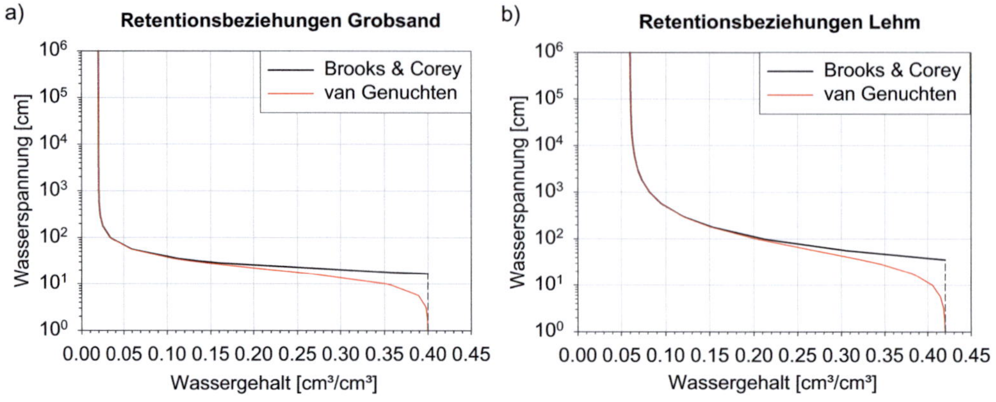

Abbildung 2.11: *Retentionsbeziehungen nach Brooks & Corey (1966) (Gl. 2.27) und van Genuchten (1980) (Gl. 2.28) für: a) Grobsand; b) Lehm; Parameter siehe Tab. 2.1.*

Wasserspannungen $\psi \geq 0$ definiert (Abb. 2.11b):

$$\frac{\theta - \theta_r}{\theta_s - \theta_r} = \left(\frac{1}{1 + (\alpha_{vG}\,\psi)^{n_{vG}}} \right)^{m_{vG}} . \tag{2.28}$$

Der Parameter α_{vG} lässt sich mit dem Eindringdruck ψ_0 nach Brooks & Corey (1966) korrelieren

$$\alpha_{vG} = \frac{1}{\psi_0} . \tag{2.29}$$

Auch der Parameter n_{vG} kann mit dem Parameter λ_{BC} nach Brooks & Corey (1966) in Beziehung gesetzt werden

$$\lambda_{BC} = n_{vG} - 1 \tag{2.30}$$

und ist somit ebenfalls von der Porengrößenverteilung bestimmt. Der zusätzliche Parameter m_{vG} kann unter vereinfachter Annahme durch den Parameter n_{vG} ausgedrückt werden

$$m_{vG} = 1 - \frac{1}{n_{vG}} . \tag{2.31}$$

Die Beziehung nach van Genuchten (1980) (Gl. 2.28) beschreibt im Gegensatz zur Beziehung von Brooks & Corey (1966) recht gut die Bedingungen in einem wesentlich größeren bzw. heterogenen Bodenvolumen. Daher werden in den meisten Beschreibungen experimenteller Daten die Retentionseigenschaften eines Bodens mit der Beziehung nach van Genuchten (1980) charakterisiert. Bei der experimentellen Bestimmung der Retentionsbeziehung sind gleichzeitig die Wasserspannung ψ und der korrespondierende Wassergehalt θ zu messen. Generell können dabei die Wasserspannungen direkt, die Wassergehalte jedoch nur indirekt gemessen werden.

Auf Basis der Retentionsbeziehung $\theta(\psi)$, können für den jeweiligen Boden charakteristische Wassergehaltswerte definiert werde, die für die Bewässerung in der Landwirtschaft

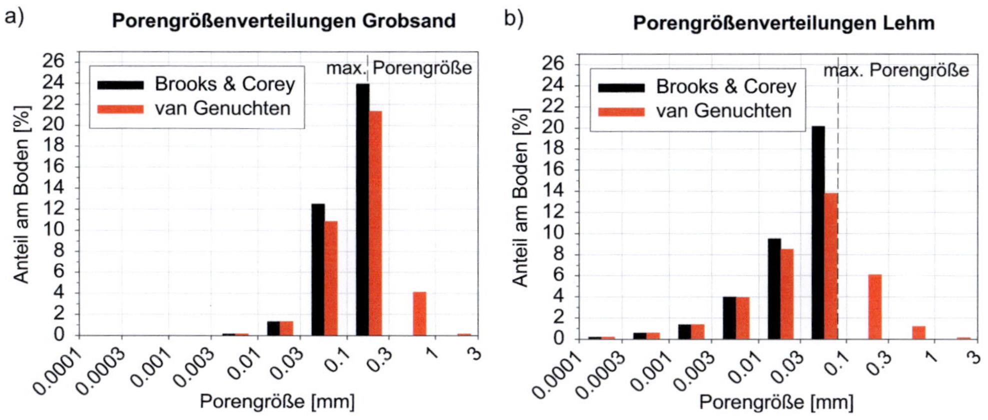

Abbildung 2.12: *Porengrößenverteilungen ermittelt aus den Retentionsbeziehungen nach Brooks & Corey (1966) (Gl. 2.27) und van Genuchten (1980) (Gl. 2.28) für: a) Grobsand; b) Lehm.*

eine maßgebliche Rolle spielen. Die *Feldkapazität* FK ist der Wassergehalt, der maximal von den Kapillarkräften gegen die Schwerkraft zurückgehalten werden kann. Dabei besteht die Annahme, dass dieser sich dann in Poren mit Porendurchmessern kleiner 10 bis 50 μm befindet, die in etwa mit Wasserspannungen zwischen $\psi = 60$ und $300\,cm\,WS$ ($pF = 1,8\ \ldots\ 2,5$) korrespondieren. Bei größeren Wassergehalten tritt dann Sickerwasser auf. Der *permanente Welkepunkt* PWP ist der Wassergehalt bei einer Wasserspannung von $\psi = 15000\,cm\,WS$ ($pF = 4,2$), unterhalb dem die Pflanzen dem Boden kein Wasser mehr entziehen können. Aus diesen beiden Größen ergibt sich die nutzbare Feldkapazität

$$nFK = FK - PWP\,, \tag{2.32}$$

das maximale, pflanzenverfügbare Bodenwasser.

Ein weiterer Unterschied zwischen diesen beiden Retentionsbeziehungen (Gl. 2.27, 2.28) besteht in den aus der jeweiligen Beziehung abgeleiteten Porengrößenverteilung. Die Porengröße d_p korrespondiert über die Definition des Kapillardrucks (Gl. 2.23) mit einer Wasserspannung ψ. Der über die Retentionsbeziehung zugeordnete Wassergehalt gibt den Anteil der jeweiligen Poren am gesamten Bodenvolumen an. Die Retentionsbeziehung nach Brooks & Corey (1966) (Gl. 2.27) kann dabei diese Verteilung nur bis zu einer maximalen Porengröße beschreiben, die mit Lufteindringdruck ψ_0 korrespondiert (Abb. 2.12a). Hingegen ist die Beziehung nach van Genuchten (1980) (Gl. 2.28) in der Lage eine zu großen Porengrößen unbeschränkte Porengrößenverteilung zu beschreiben (Abb. 2.12b).

Der physikalische Zusammenhang zwischen Wassergehalt θ und Wasserspannung ψ weist *Hysterese* auf (Abb. 2.13), d.h. bei der Drainage bzw. Entwässerung liegt ein anderer Zusammenhang als bei der Aufsättigung bzw. Bewässerung. Bei der Entwässerung bleibt in kleinen Poren isoliert Wasser entgegen der Schwerkraft zurück, wodurch die Wasser-

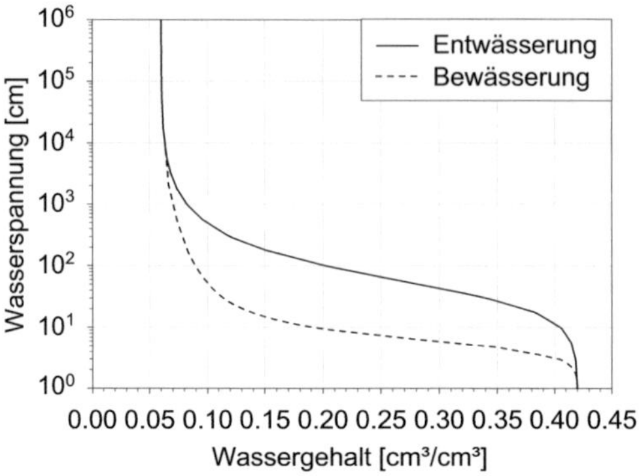

Abbildung 2.13: *Hysterese der Retentionsbeziehung für einen Lehm nach van Genuchten (1980) (Gl. 2.28) bei Ent- und Bewässerung.*

spannung im Verhältnis stärker als der Wassergehalt abnimmt. Bei zunehmendem Wassergehalt, Aufsättigung, werden zuerst die großen Poren mit Wasser gefüllt, wodurch die Wasserspannung im Verhältnis stärker als der Wassergehalt zunimmt. In der Natur liegen in der Regel veränderliche Wassergehaltsverhältnisse vor. Es stellt sich nur in Ausnahmefällen ein Gleichgewichtszustand ein.

2.3.3 Rohrströmung

Die Strömung in porösen Medien kann vereinfacht als laminare Rohrströmung in Porenkanälen betrachtet werden. Die laminare Rohrströmung ist durch die molekulare Reibung bestimmt. In einem geradlinigen, voll gefüllten Rohr mit konstantem Durchmesser $d = 2\,r$ kann die laminare Fließgeschwindigkeit $u_x(y,z) = u_x(r)$ entlang der Rohrachse (x-Richtung) konstant angenommen werden, variiert jedoch über den Fließquerschnitt in radialer Richtung. Unter der Annahme stationärer Verhältnisse kann das Fließgesetz nach Hagen-Poiseuille durch Integration aus der Navier-Stokes-Gleichung (Gl. 2.17) abgeleitet werden

$$0 = -\frac{\partial h}{\partial x} + \frac{\nu}{g}\frac{1}{r}\frac{\partial}{\partial r}\left(r\,\frac{\partial}{\partial r}\,u_x(r)\right)\,. \tag{2.33}$$

Die Lösung dieser Differenzialgleichung mit der Randbedingung $u_x(R)=0$ an der Rohrwandung $r=R$ ist durch einen parabelförmigen Geschwindigkeitsverlauf in radialer Richtung gekennzeichnet (Abb. 2.14a):

$$u_x(r) = -\frac{g(R^2 - r^2)}{4\,\nu}\,\frac{\partial h}{\partial x}\,. \tag{2.34}$$

Der Durchfluss Q durch ein Rohr ist durch die mittlere Strömungsgeschwindigkeit $\bar{u}_x$ bestimmt, die sich durch Mittelung der Strömungsgeschwindigkeit $u_x(r)$ über den Fließ-

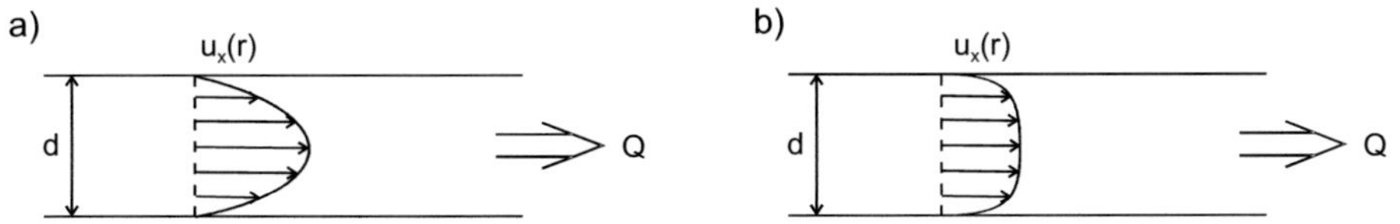

Abbildung 2.14: *Geschwindigkeitsprofile $u_x(r)$ in einem geraden Rohr mit konstantem Durchmesser d: a) laminare Strömung; b) turbulente Strömung.*

querschnitt ergibt

$$Q = \pi R^2 \bar{u}_x = -\frac{g \pi R^4}{8 \nu} \frac{\partial h}{\partial x} . \tag{2.35}$$

In Karströhren ist in der Regel auf Grund der großen Strömungsgeschwindigkeiten eine turbulente Rohrströmung zu betrachten. Für die turbulente Strömung in einem geradlinigen, voll gefüllten Rohr mit konstantem Durchmesser d kann wie im laminaren Fall das Geschwindigkeitsprofil $u_x(y, z) = u_x(r)$ entlang der Rohrachse (x-Richtung) konstant angenommen werden (Abb. 2.14b). Zusätzlich treten allerdings noch turbulente Geschwindigkeitsfluktuationen $\vec{u}'(x, r)$ auf, die vorwiegend durch die relative Wandrauheit k_s/d verursacht sind. Unter der Annahme statistisch unabhängiger Fluktuationen läßt sich das Fließgesetz nach Darcy-Weisbach aus der Navier-Stokes-Gleichung herleiten (Gl. 2.17)

$$\bar{u}_x^2 = -\frac{2 g d}{\lambda} \frac{\partial h}{\partial x} . \tag{2.36}$$

Der Reibungsbeiwert λ hängt von der relativen Wandrauheit k_s/d und der Reynoldszahl $Re = (u\, d)/\nu$ ab und kann z.B. über das Moody-Diagramm (Abb. 2.15) ermittelt werden. Für die einzelnen Bereiche können unterschiedliche quantitative Beschreibungen für den Reibungsbeiwert $\lambda(Re,\ k_s/d)$ verwendet werden (s. z.B. Dracos, 1990).

Ist die betrachtete Röhre nicht voll gefüllt, liegt in der Röhre ein freier Wasserspiegel vor. Wird eine horizontale Strömung in einem weitestgehend horizontal verlaufenden Röhre betrachtet, können die Gesetzmäßigkeiten der Gerinneströmung zur Beschreibung einer solchen Rohrströmung verwendet werden, wobei sowohl laminare als auch turbulente Strömungsverhältnisse auftreten können.

Die hydraulische Beschreibung der Strömung in einer nicht voll gefüllten, vertikal orientierten Röhre stellt eine gewisse Herausforderung dar. Die Charakteristiken solcher Strömungen, wie sie bei Infiltrationsvorgängen in Karstgebieten oder in Makroporen von Böden auftreten, können sehr unterschiedlich sein. Sie sind bei geringen Durchflüssen geprägt von einer Filmströmung entlang der Röhrenwandung (Chen & Wagenet, 1992) und auf Grund des freien Wasserspiegels von Kapillarkräften beeinflusst. Bei hohen Durchflüssen beeinflussen Lufteinschlüsse in der Wasserphase diese Strömung (Shetty & Cerro, 1993).

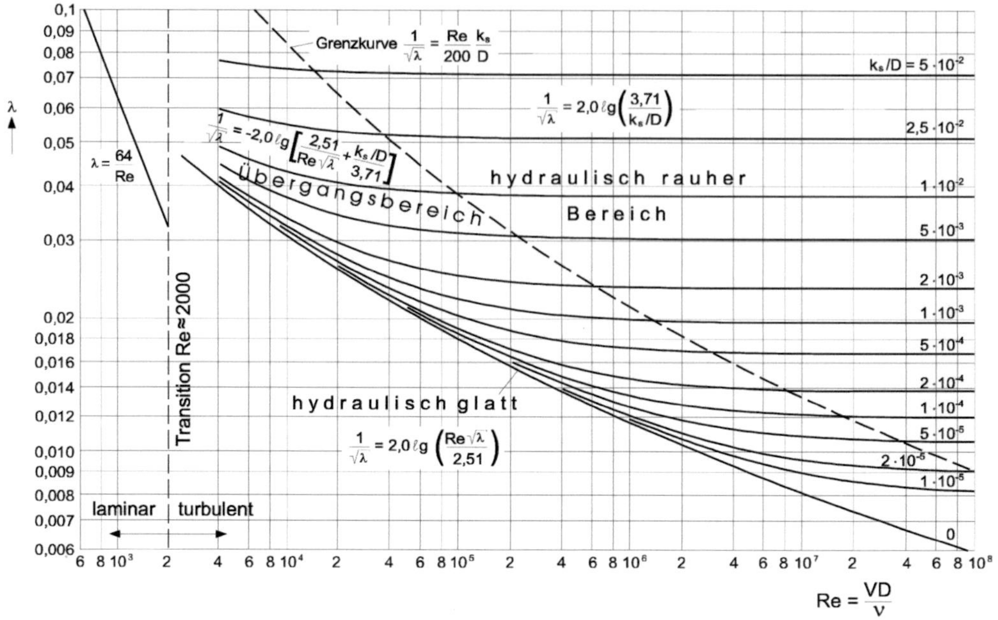

Abbildung 2.15: *Zusammenhang zwischen Reynolds-Zahl Re und Reibungsbeiwert λ für Rohrströmungen bei unterschiedlichen relativen Wandrauheiten k_s/d.*

2.3.4 Spaltströmung

Die Kluftströmung kann in den meisten Fällen als laminare Strömung in einem Spalt zwischen zwei ebenen Platten mit dem Abstand B betrachtet werden. Das Fließgesetz kann mit denselben Annahmen wie für die Rohrströmung direkt aus der Navier-Stokes-Gleichung (Gl. 2.17) abgeleitet werden. In einer vertikalen Kluftebene, in der x-z-Ebene mit konstanter Kluftöffnungsweite B, ist das Geschwindigkeitsprofil in y-Richtung $u_x(y)$ ist ebenfalls parabelförmig:

$$u_x(y) = -\frac{g(y^2 - B\,y)}{2\,\nu}\,\frac{\partial h}{\partial x}\,. \tag{2.37}$$

In vertikaler Richtung, z-Richtung, ist das Geschwindigkeitsprofil konstant. Der Durchfluss Q durch eine Kluft der Höhe H ist bei laminaren Strömungsverhältnissen somit durch das *kubische Gesetz* gegeben:

$$Q = B\,H\,\bar{u}_x = -\frac{g\,H\,B^3}{12\,\nu}\,\frac{\partial h}{\partial x}\,. \tag{2.38}$$

Dieser beruht wieder auf einer mittleren Geschwindigkeit $\bar{u}_x$, die sich durch Integration über den Fließquerschnitt ergibt.

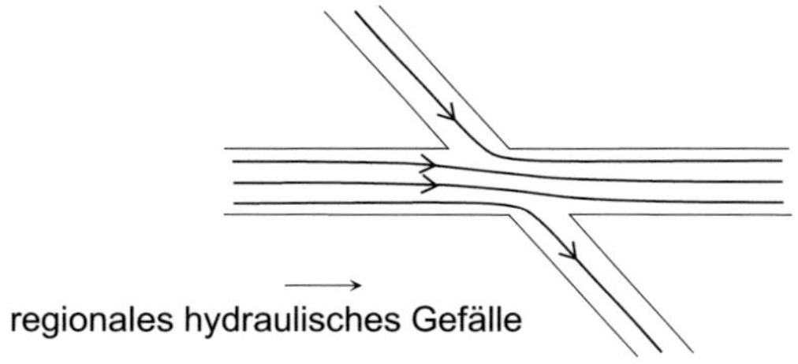

Abbildung 2.16: *Strömungsverhältnisse an einer Kluftverschneidung.*

In Klüften mit großer Öffnungsweite B und bei großen hydraulischen Gradienten können turbulente Strömungsverhältnisse vorliegen. Das entsprechende Fließgesetz ist dann gegeben für die mittlere Geschwindigkeit $\bar{u}_x$:

$$\bar{u}_x^2 = -\frac{4\,g\,B}{\lambda}\,\frac{\partial h}{\partial x}\,. \tag{2.39}$$

Der Reibungsbeiwert $\lambda(Re,\ k_s/B)$ ist für die Spaltströmungen ebenfalls eine Funktion der Reynolds-Zahl Re und der relativen Wandrauheit k_s/B (s. Louis, 1967). Louis (1967) entwickelte Beziehungen für laminare und turbulente sowie parallele als auch nicht parallele Strömungen, wie sie in natürlichen Klüften vorliegen.

Die in der Natur vorkommende Klüfte besitzen unterschiedliche Öffnungsweiten. Treffen Klüfte im Raum aufeinander bilden sie Kluftverschneidungen, wodurch ein Kluftnetz entsteht. Die Strömung in einem solchen Kluftnetz ist durch die regionalen Gradienten und die Konnektivität der Klüfte, bestimmt, d.i. die Häufigkeit, mit der Kluftverschneidungen auftreten. An den einzelnen Kluftverschneidungen ist die Kontiniutät der Volumenströme Q gegeben. Diese teilen sich in Abhängigkeit der Kluftöffnungsweiten und der geltenden Fließgesetze auf die jeweilige Kluft auf (Abb. 2.16).

Ist die betrachtete Kluft nicht voll mit Wasser gesättigt, liegt in der Kluft ein freier Wasserspiegel vor. Eine horizontale Strömung kann wie eine Gerinneströmung beschrieben werden. Dabei können sowohl laminare als auch turbulente Strömungsverhältnisse betrachtet werden.

Die hydraulische Beschreibung der Strömung in einer nicht voll gefüllten, vertikal orientierten Kluft stellt eine vergleichbare Herausforderung dar, wie im Fall einer vertikal orientierten Röhre. Eine solche Strömung kann bei Infiltrationsvorgängen in Kluftaquifere oder in Tonböden mit Schrumpfrissen auftreten. Dabei können ebenfalls bei kleinem Durchfluss eine Filmströmung und bei großem Durchfluss Lufteinschlüsse vorkommen. Zur Beschreibung lassen sich dieselben Ansätze nach Chen & Wagenet (1992) bzw. Shetty & Cerro (1993) wie für die entsprechende Rohrströmung verwenden.

2.3.5 Strömung in porösen Medien

Die Strömung in einem wasser-gesättigten porösen Medium kann vereinfacht als die laminare Rohrströmung in vielen einzelnen Porenkanälen mit Radien R_i aufgefasst werden (Abb. 2.17). Die Betrachtung des Durchflusses Q erfolgt dabei auf der Skala eines REV, d.h. er wird von der Summe der Durchflüsse Q_i in N Porenkanälen gebildet

$$Q = \sum_{i=1}^{N} Q_i = \sum_{i=1}^{N} \pi R_i^2 \, \bar{u}_i \,. \tag{2.40}$$

Dabei gilt in jedem als geradlinig angenommenen Porenkanal das Fließgesetz für die laminare Röhrströmung (Gl. 2.35). Für das REV lässt sich dann bezogen auf den REV bezogenen Fließquerschnitt A_0 ein spezifischer Durchfluss q angeben

$$q = \frac{Q}{A_0} = \frac{Q}{\frac{1}{n}\sum_{i=1}^{N} \pi R_i^2} \,. \tag{2.41}$$

Der betrachtete Fließquerschnitt A_0 im REV setzt sich aus den Fließquerschnitten aller Porenkanäle und der Kornquerschnitte zusammen. Der Anteil der Porenkanäle kann mit Hilfe der Porosität n ausgedrückt werden.

Unter Verwendung der Gleichung (2.35) und unter Annahme eines einheitlichen hydraulischen Gradienten, der für jeden Porenkanal um den Tortuositätsfaktor $\tau_{f,i}$ (Gl. 2.4) reduziert ist, ergibt sich damit

$$q = -\frac{g\,n}{8\,\nu} \frac{\sum_{i=1}^{N} R_i^4 \frac{1}{\tau_{f,i}}}{\sum_{i=1}^{N} R_i^2} \frac{\partial h}{\partial x} \,. \tag{2.42}$$

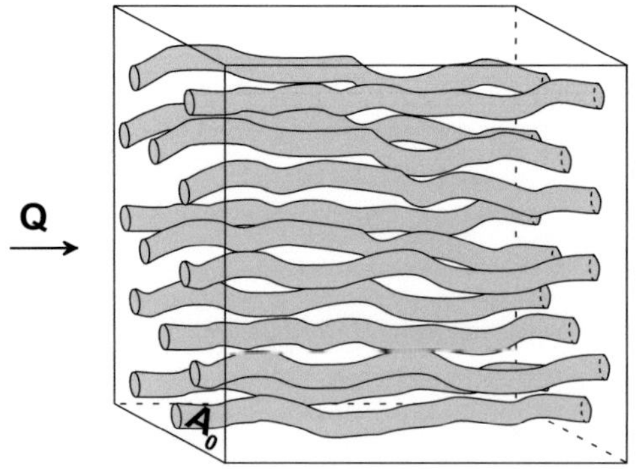

Abbildung 2.17: *Porenkanäle im porösen Medium.*

Dieses Fließgesetz entspricht dem *Darcy-Gesetz* (1856)

$$q = -K \frac{\partial h}{\partial x}, \tag{2.43}$$

wenn die Proportionalitätskonstante K, die *hydraulische Leitfähigkeit*, wie folgt definiert wird:

$$K = \frac{g\,n}{8\,\nu} \frac{\sum_{i=1}^{N} R_i^4 \frac{1}{\tau_{f,i}}}{\sum_{i=1}^{N} R_i^2} = \frac{g\,n}{8\,\nu} \frac{1}{N} \sum_{i=1}^{N} \frac{R_i^2}{\overline{R^2}} \frac{R_i^2}{\tau_{f,i}} = \frac{g\,n}{8\,\nu} \frac{1}{N} \sum_{i=1}^{N} \frac{a_i\,R_i^2}{\tau_{f,i}}. \tag{2.44}$$

Dabei ist a_i die relative Querschnittsfläche des Porenkanals i bezogen auf die mittlere Querschnittsfläche der Porenkanäle und N die Anzahl der Porenkanäle im REV. Die hydraulische Leitfähigkeit K ist damit abhängig von der Gravitation, in Form der Erdbeschleunigung g, den Fluideigenschaften, in Form der kinematischen Viskosität ν, und der Porenraumgeometrie, die in der *intrinsischen Permeabilität* k_0 zusammengefasst wird:

$$K = \frac{k_0\,g}{\nu}. \tag{2.45}$$

Die intrinsische Permeabilität k_0 fasst alle geometrischen Größen zusammen und kann über die Betrachtung von Porenraummodellen für natürliche Böden und Auswertung der verbleibenden Summe in Gleichung (2.44) ermittelt werden. Nach Kozemy/Carman (Kozemy, 1927; Carman, 1937) läßt sich die bodenspezifische, intrinsische Permeabilität ausdrücken über die Porosität n und einen repräsentativen Korndurchmesser d_m, angegeben in [mm]:

$$k_0 = \frac{n^3}{(1-n)^2} \frac{d_m^2}{180}. \tag{2.46}$$

Henry Darcy (1856) konnte das Fließgesetz für poröse Medien (Gl. 2.43) empirisch ableiten. Die Gültigkeit ist auf laminare Strömungsverhältnisse beschränkt, die unter natürlichen Verhältnissen praktisch immer gegeben sind, da in den Porenkanälen die Reynoldszahl Re immer sehr klein ist

$$Re = \frac{u\,R}{\nu} \simeq \frac{1\,m/d\ 1\,mm}{10^{-6}\,m^2/s} \simeq 10^{-8} << 1. \tag{2.47}$$

Zur Betrachtung des Stofftransports in porösen Medien wird für die Gesamtheit der Porenkanäle in einem REV eine mittlere Strömungsgeschwindigkeit $\bar{u}$ definiert, die unter Verwendung der Gleichungen (2.40) und (2.41) über die Porosität n direkt mit dem spezifischen Durchfluss q verknüpft werden kann (s. auch Kap. 2.4.3):

$$\bar{u} = \frac{1}{N} \sum_{i=1}^{N} \bar{u}_i = \frac{q}{n}. \tag{2.48}$$

Dieser Zusammenhang zwischen der Transportgeschwindigkeit $\bar{u}$ und dem spezifischen Durchfluss q ist nicht auf geradlinige Porenkanäle beschränkt, sondern gilt auch für ein natürliches poröses Medium. Diese Betrachtungsweise unter Verwendung des Darcy-Gesetzes stellt das grundlegende **Äquivalenzmodell** für die Quantifizierung von Strömungs- und Transportvorgängen in porösen Medien dar.

Zur Verallgemeinerung dieser Beziehung für den natürlichen Untergrund ist die hydraulische Leitfähigkeit K als richtungs- und ortsabhängige Größe zu betrachten. Die Richtungsabhängigkeit, *Anisotropie*, ist dabei auf Bevorzugung einzelner Raumrichtungen bei der Ausbildung der Hohlraumstrukturen zurück zu führen. Die Ortsabhängigkeit ist durch die natürliche Variabilität der Materialeigenschaften, die *Heterogenität*, vorgegeben. Das so verallgemeinerte Darcy-Gesetz wird dann in Vektorform angegeben

$$\vec{q}(\vec{x}) = -\underline{\mathbf{K}}(\vec{x})\,\vec{\nabla}h\,. \tag{2.49}$$

Dabei stellt $\underline{\mathbf{K}}$ den symmetrischen, drei-dimensionalen Tensor der hydraulischen Leitfähigkeiten mit $K_{ij} = K_{ji}$ dar. Die Anisotropie kann in der Regel durch die Hauptachsen dieses Tensors in einfacher Form ausgedrückt werden.

Heterogenität und Anisotropie sind miteinander verknüpft. Betrachtet man auf einer beliebigen Skala in Paket von mehreren Aquiferschichten mit unterschiedlichen Mächtigkeiten d_i und unterschiedlichen homogenen, isotropen hydraulischen Leitfähigkeiten K_i (Abb. 2.18), kann für dieses Schichtpaket eine mittlere, effektive hydraulische Leitfähigkeit K_{eff} definiert werden. Diese effektive hydraulische Leitfähigkeit K_{eff} charakterisiert den Gesamtdurchfluss Q durch das Schichtpaket und ist dann abhängig von der Richtung des hydraulischen Gradienten bezogen auf die Schichtung. Für den Fall eines Schicht parallelen Gradienten erhält man durch Summation der Durchflüsse in den Schichten:

$$K_{eff,h} = \frac{\sum\limits_i K_i\, d_i}{\sum\limits_i d_i}\,. \tag{2.50}$$

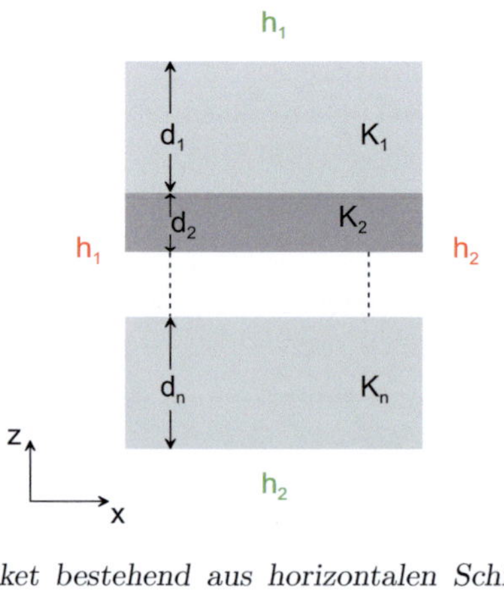

Abbildung 2.18: *Schichtpaket bestehend aus horizontalen Schichten mit unterschiedlichen Richtungen der hydraulischen Gradienten; grün: vertikal, rot: horizontal.*

Ist der hydraulische Gradient senkrecht zur Schichtung orientiert ergibt sich aus der Kontinuität des Durchflusses und der Aufteilung der Piezometerhöhendifferenz auf die einzelnen Schichten:

$$K_{eff,v} = \frac{\sum\limits_i d_i}{\sum\limits_i \dfrac{d_i}{K_i}} \,. \tag{2.51}$$

Diese Richtungsabhängigkeit der Durchströmung definiert dann die Anisotropie als das Verhältnis der effektiven hydraulischen Leitfähigkeiten in horizontaler und vertikaler Richtung:

$$\frac{K_{eff,h}}{K_{eff,v}} = \frac{\sum\limits_i K_i\, d_i \sum\limits_i \dfrac{d_i}{K_i}}{\left(\sum\limits_i d_i\right)^2} \,. \tag{2.52}$$

Eine weitere Verallgemeinerung stellt die Anwendung des Darcy-Gesetzes auf die Strömung in einem wasserungesättigten porösen Medium dar. Zu den jeweiligen Retentionsbeziehungen $\psi(\theta)$ (Gl. 2.27, 2.28) lassen sich Beziehungen zwischen der hydraulischen Leitfähigeit und dem jeweiligen Sättigungsgrad $K(\theta)$ bzw. der Wasserspannung $K(\psi)$ formulieren (Brooks & Corey, 1966; Mualem, 1976). Diese Beziehungen beruhen generell darauf, dass die Strömung nur in einer zusammenhängenden, kohärenten, Wasserphase stattfindet. Im ungesättigten porösen Medium ist der Anteil der zusammenhängenden Wasserphasen direkt vom Sättigungsgrad bzw. vom Wassergehalt θ abhängig und kann analog zur intrinsischen Permeabilität k_0 durch die *relative Permeabilität* $k_r(\theta)$ ausgedrückt werden. Die ungesättigte hydraulische Leitfähigkeit ist somit gegeben durch

$$K(\theta) = K_s\, k_r(\theta)\,, \tag{2.53}$$

wobei K_s die hydraulische Leitfähigkeit des gesättigten porösen Mediums ist. Die relative Permeabilität $k_r(\theta)$ kann über die Retentionsbeziehung $\psi(\theta)$ auch in Abhängigkeit der Wasserspannung $k_r(\psi)$ ausgedrückt werden. Auf Basis der Retentionsbeziehung nach van Genuchten (1980) (Gl. 2.27) definierte Mualem (1976) für die relative Permeabilität (s. Abb. 2.19)

$$k_r(\psi) = \frac{\left(1 - (\alpha_{vG}\,\psi)^{n_{vG}-1}\left[1 + (\alpha_{vG}\,\psi)^{n_{vG}}\right]^{-m_{vG}}\right)^2}{\left[1 + (\alpha_{vG}\,\psi)^{n_{vG}}\right]^{\frac{m_{vG}}{2}}} \,. \tag{2.54}$$

Brooks & Corey (1966) formulierten die relative Permeabilität (s. Abb. 2.19)

$$k_r(\psi) = \begin{cases} 1, & \text{für } \psi \leq \psi_0 \\ \left(\dfrac{\psi}{\psi_0}\right)^{-\eta_{BC}}, & \text{für } \psi > \psi_0 \end{cases} \,. \tag{2.55}$$

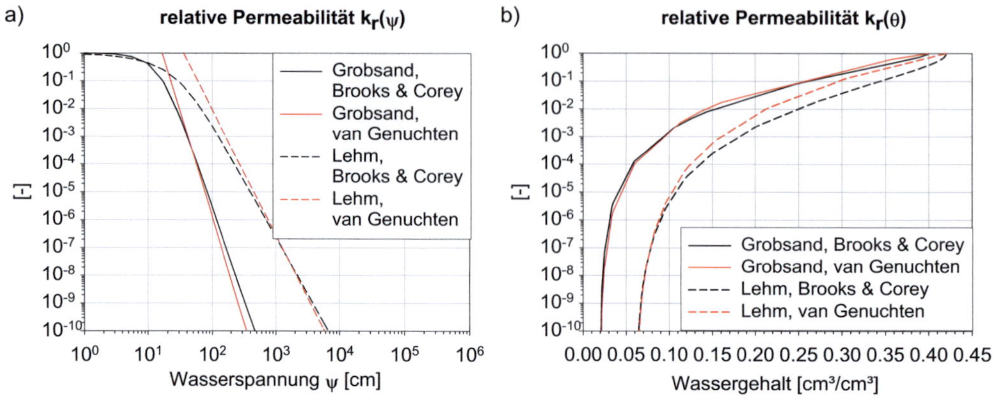

Abbildung 2.19: *Relative Permeabilitäten für Grobsand und Lehm (Bodenparameter, s. Tab. 2.1) nach Mualem (1976) (Gl. 2.54) und Brooks & Corey (1966) (Gl. 2.55): a) in Abhängigkeit der Wasserspannung $k_r(\psi)$; b) in Abhängigkeit des Wassergehalts $k_r(\theta)$.*

Dabei kann der Parameter η_{BC} mit dem van Genuchten Parameter n_{vG} in Beziehung gesetzt werden

$$\eta_{BC} = 3\, n_{vG} - 1\,. \tag{2.56}$$

Das Darcy-Gesetz besitzt dann für ungesättigte Strömungsverhältnisse die Form

$$\vec{q}(\vec{x}) = -\underline{\mathbf{K}}(\vec{x},\theta(\vec{x}))\,\vec{\nabla} h(\theta(\vec{x})) = -\underline{\mathbf{K}}_s(\vec{x})\,k_r(\theta(\vec{x}))\left(-\vec{\nabla}\psi(\theta(\vec{x})) + \vec{e}_z\right). \tag{2.57}$$

Voraussetzung für diese Betrachtungsweise ist, dass insbesondere für die hydraulische Leitfähigkeit $K(\theta)$ ein REV definiert werden kann. Das bedeutet, dass für die Kapillarkräfte auf Porenskala sich eine effektive Größe auf REV-Skala definieren lässt, was prinzipiell in Frage gestellt werden kann. Das Problem liegt im Verständnis der Retentionsbeziehung $\psi(\theta)$ in einem REV. Der Wassergehalt θ ist in einem REV eine wohl-definierte Größe, da er eine integrale Größe ist. Die Wasserspannung ψ hingegen ist eine Größe, die durch die Kapillarkräfte auf der Porenskala bestimmt ist. Sie stellt nicht nur keine integrale Größe dar, sondern sie kann in einem REV eigentlich auch nicht durch einen Mittelwert $\overline{\psi}$ repräsentiert werden. Die Ursache hierfür liegt im nicht-linearen Charakter der Bewegungsgleichung (Gl. 2.57) begründet, da solche Mittelwerte nicht den hydraulischen Gradienten definieren der nach Gl. (2.57) den Volumenstrom Q durch ein REV charakterisiert. Vielmehr ist für die Bilanzierung des Volumenstroms Q in einem REV die lokale Verteilung der Kapillarkräfte und damit die Porengrößenverteilung maßgebend, die mit dem REV-Konzept nicht abbildbar sind. Somit ist eine adäquate Beschreibung der Strömung in ungesättigten porösen Medien streng genommen nicht möglich. Andererseits ist die Anwendung der Bewegungsgleichung (Gl. 2.57) eine für viele praktische Anwendungen notwendiges **Äquivalenzmodell** zur vereinfachten Bilanzierung der Strömung in ungesättigten porösen Medien.

In den vergangenen Jahren untersuchten verschiedene Forschergruppen die Strömungsverhältnisse in einem Porennetzwerk sowohl mit experimentellen als auch mathematisch-numerischen Methoden, um daraus die Gültigkeit bzw. Anwendbarkeit der Annahme eines REV für die Wasserströmung in einem ungesättigten porösen Medium aufzuzeigen. So wurden tomografische Verfahren aus der Medizintechnik auf Bodenproben angewendet, um die räumliche Verteilung des Wassers im Porenraum und deren zeitliche Entwicklung darzustellen (Vogel & Roth, 2001). Anhand der so gewonnenen Daten wurden mit numerischen Simulationen auf Basis eines Gas-Gitter-Algorithmuses das Systemverhalten des Bodens analysiert (Vogel et al., 2005), wobei die Geometrie des Porennetzwerks realitätsnah implementiert wurde. Theoretische und experimentelle hydromechanische Untersuchungen auf der Porenskala zeigten, dass in einem ungesättigten porösen Medium neben einer reinen Volumenströmung insbesondere bei geringer Sättigung auch eine Filmströmung an der Porenoberfläche als eine wesentliche Komponente der Wasserbewegung zu finden ist (Or & Tuller, 1999). Auch in diesen Untersuchungen konnte mit den detaillierten Betrachtungen das bekannte Systemverhalten erklärt werden.

Allerdings war es auch durch solche Untersuchungen bis heute nicht möglich, die REV-Annahme umfassend zu verstehen und zu validieren. Die erfolgreiche Anwendung der REV-Annahme und der Beziehung (Gl. 2.57) im ungesättigten porösen Medium liegt unter anderem darin begründet, dass die Retentionsbeziehungen im Allgemeinen über Entwässerungsexperimente direkt am zu betrachtenden Bodenmaterial auf der zu betrachtenden Skala ermittelt werden, so dass in diesen Materialfunktionen die zu bilanzierenden Prozesse direkt berücksichtigt sind.

2.3.6 Speichervermögen

Um eine komplette Volumenbilanzierung durchführen zu können, ist zuvor das Speichervermögen für Wasser in einem porösen Medium zu betrachten. Dabei ist die Speicherung eines Wasservolumens ΔV_W immer mit einer zeitlichen Entwicklung $\partial/\partial t$ verknüpft. Grundsätzlich lassen sich drei Prozesse unterscheiden, die zur Wasserspeicherung im porösen Medium führen können. Der naheliegendste Prozess der Wasserspeicherung ist die Aufsättigung eines wasserungesättigten porösen Mediums. Diese Art der Wasserspeicherung kann damit generell wie folgt bilanziert werden:

$$\Delta V_W = \Delta\theta \; V_t \,. \tag{2.58}$$

Im speziellen Fall des Anstiegs oder Absinken des Grundwasserspiegels Δh ist die Veränderung des Wassergehalts

$$\Delta V_W = n_e \; \Delta h \; A \,, \tag{2.59}$$

wobei A die Grundfläche des betrachten Volumens ist.

In gesättigten porösen Medien kann Wasserspeicherung über die Kompressibilität sowohl des Wassers als auch des Korngerüsts erfolgen. Dabei werden diese beiden Arten der Kompressibilität unterschiedlich bilanziert. Bei der Betrachtung des Speichervermögens können die Annahmen eines starren Korngerüsts und eines inkompressiblen Fluids also nicht beibehalten werden, da die Kompressibilitäten bei der Volumenbilanzierung eine maßgebliche Rolle spielen können, auch wenn sie bei der Strömungsbeschreibung vernachlässigbar sind.

Die Veränderung des Porenraumgefüges dn durch Veränderung der Druckverhältnisse dp definiert die Kompressibilität des Korngerüsts

$$\alpha_K = -\frac{dn}{dp} \,. \tag{2.60}$$

Diese Kompressibilität ist eine Materialeigenschaft und generell von Temperatur und Druck abhängig. Das Speichervermögen aufgrund der Kompressibilität des Korngerüsts ist damit

$$\Delta V_W = V_t \, \alpha_K \, \Delta p = V_t \, \alpha_K \, \gamma \, \Delta h \,. \tag{2.61}$$

Die Dichteänderung des Wassers $d\varrho$ durch Veränderung der Druckverhältnisse dp definiert hingegen die Kompressibilität des Wassers

$$\beta_W = \frac{1}{\varrho_0} \frac{d\varrho}{dp} = -\frac{1}{V_W} \frac{dV_W}{dp} \,. \tag{2.62}$$

Diese Kompressibilität ist ebenfalls eine von Temperatur und Druck abhängige Materialeigenschaft. Das Speichervermögen aufgrund der Kompressibilität des Wassers ist damit

$$\Delta V_W = V_W \, \beta_W \, \Delta p = V_t \, n \, \beta_W \, \gamma \, \Delta h \,. \tag{2.63}$$

In ungesättigten porösen Medien ist die Kompressibilität bei der Wasserspeicherung vernachlässigbar. Welche Art der Wasserspeicherung im Grundwasser die größere Bedeutung besitzt, hängt davon ab, ob ungespannte Verhältnisse mit einem freien Grundwasserspiegel oder gespannte Verhältnisse ohne freien Grundwasserspiegel vorliegen. Zur Bilanzierung des Speichervermögens im Grundwasser wird daher der *spezifische Speicherkoeffizient* definiert

$$S_0 = \frac{1}{V_t} \frac{dV_W}{dh} \,, \tag{2.64}$$

der die Volumenänderung dV_W durch Änderung der Piezometerhöhe dh beschreibt. Er setzt sich aus allen Arten des Speichervermögens zusammen:

$$S_0 = n_e \, \frac{A}{V_t} + \alpha_K \, \gamma + n \, \beta_W \, \gamma \,. \tag{2.65}$$

2.3.7 Volumenbilanzierung

Eine vollständige Beschreibung der Strömung im Untergrund ist erst unter Berücksichtigung der Kontinuität, das ist die Massenerhaltung (Gl. 2.12), möglich. Im Falle eines inkompressiblen Fluids, $\varrho = konst.$, entspricht die Massenerhaltung der Volumenerhaltung, so dass aus Gleichung (2.12) die Gleichung

$$\frac{\partial}{\partial t}\theta(\vec{x},t) = -\vec{\nabla}\cdot\vec{q}(\vec{x},t) + W_0(\vec{x},t) \tag{2.66}$$

wird. Im gesättigten Untergrund lässt sich der spezifische Volumenstrom $\vec{q}$ durch das Darcy-Gesetz (Gl. 2.49) und der Speicherterm $\partial\theta/\partial t$ mit Hilfe des spezifischen Speicherkoeffizienten S_0 ausdrücken, so dass die folgende Kontinuitätsgleichung formuliert werden kann

$$S_0\frac{\partial h}{\partial t}(\vec{x},t) = \vec{\nabla}\left(\underline{\mathbf{K}}(\vec{x})\,\vec{\nabla}h(\vec{x},t)\right) + W_0(\vec{x},t)\,. \tag{2.67}$$

Diese Differenzialgleichung hat den Charakter einer Potenzialgleichung, wobei die Piezometerhöhe h als Potenzial aufgefasst werden kann (s. Kap. 3.1.4).

Im ungesättigten Untergrund wird der spezifische Volumenstrom $\vec{q}$ durch das verallgemeinerte Darcy-Gesetz (Gl. 2.57) ausgedrückt und ein Quell-/Senkenterm im Allgemeinen nicht berücksichtigt, so dass sich dann die folgende Kontinuitätsgleichung ergibt

$$\frac{\partial}{\partial t}\theta(\vec{x},t) = \vec{\nabla}\Big[\underline{\mathbf{K}}(\vec{x},\theta(\vec{x},t))\left(-\vec{\nabla}\psi(\theta(\vec{x},t)) + \vec{e}_z\right)\Big]. \tag{2.68}$$

Diese stark nicht-lineare, partielle Differenzialgleichung ist die Richards-Gleichung (Richards, 1931) und enthält sowohl den Wassergehalt $\theta(\vec{x},t)$ als auch die Wasserspannung $\psi(\vec{x},t)$ als unbekannte Variable. Mit Hilfe einer Retentionsbeziehung $\psi(\theta)$ (Gl. 2.27, 2.28) kann eine dieser beiden Variablen eliminiert werden. Wird der Wassergehalt θ eliminiert ergibt sich eine Kontinuitätsgleichung analog zu Gleichung (2.67)

$$\frac{d\theta}{d\psi}\frac{\partial\psi}{\partial t}(\vec{x},t) = \vec{\nabla}\Big[\underline{\mathbf{K}}(\vec{x},\psi)\left(-\vec{\nabla}\psi(\vec{x},t) + \vec{e}_z\right)\Big], \tag{2.69}$$

wobei die Funktion $d\theta/d\psi$ durch die gewählte Retentionsbeziehung wohldefiniert ist. Wegen der Nicht-Linearitäten kann allerdings die Wasserspannung ψ nicht als Potenzial aufgefasst werden.

Wird in der Richards-Gleichung (Gl. 2.68) die Wasserspannung ψ eliminiert, ergibt sich

$$\begin{aligned}\frac{\partial\theta}{\partial t}(\vec{x},t) &= \vec{\nabla}\left[\underline{\mathbf{K}}(\vec{x},\theta)\left(-\frac{d\psi}{d\theta}\,\vec{\nabla}\theta(\vec{x},t) + \vec{e}_z\right)\right]\\ &= \vec{\nabla}\left(\underline{\mathbf{K}}(\vec{x},\theta)\cdot\vec{e}_z\right) + \vec{\nabla}\left(\underline{\mathbf{D}}_c(\vec{x},\theta)\,\vec{\nabla}\theta(\vec{x},t)\right).\end{aligned} \tag{2.70}$$

Diese Differenzialgleichung lässt sich in einen advektiven und dispersiv/diffusiven Anteil zerlegen und hat den Charakter einer Transportgleichung für den Wassergehalt θ (s. Kap. 3.2.7). Dabei ist die kapillare Diffusivität $\underline{\underline{\mathbf{D}}}_c(\vec{x},\theta)$ definiert als

$$\underline{\underline{\mathbf{D}}}_c(\vec{x},\theta) = -\underline{\underline{\mathbf{K}}}(\vec{x},\theta)\,\frac{d\psi}{d\theta}\,. \qquad (2.71)$$

2.3.8 Anfangs- und Randbedingungen

Diese Differenzialgleichungen bilanzieren die ablaufende Vorgänge in dem betrachteten Gebiet. Eine eindeutige und vollständige Charakterisierung erfordert zusätzlich die Formulierung von *Anfangs-* und *Randbedingungen* für die komplette Berandung des, im Allgemeinen, drei-dimensionalen Betrachtungsgebiets. Aus der Mathematik sind dabei drei wesentliche Arten von Randbedingungen bekannt, die alle zur Beschreibung der Strömungsprobleme im Untergrund Verwendung finden. Dabei können für einzelne Randabschnitte unterschiedliche Randbedingungen definiert werden.

Am Beispiel der Grundwasserströmung in einem Talaquifer mit Zufluss von einem Gebirge und einem Kanal und Abfluss in einen Fluss (Abb. 2.20) werden die möglichen Randbedingungen im Folgenden diskutiert. Unter der Annahme, dass die Verhältnisse in der dritten Dimension konstant sind, kann die eigentlich drei-dimensionale Betrachtung auf den dargestellten vertikalen Querschnitt reduziert werden.

Die *Anfangsbedingung* ist erforderlich zur Beschreibung zeitlicher Entwicklungen bei instationären Problemstellungen und definiert die Randbedingung in der Zeit-Dimension. Die unbekannte Variable $h(\vec{x},t)$ muss überall im Betrachtungsgebiet, das heißt an jedem Punkt $\vec{x}$, für den Anfangszeitpunkt $t\!=\!0$ vorgegeben werden:

$$h(\vec{x},t\!=\!0) = h_0(\vec{x})\,. \qquad (2.72)$$

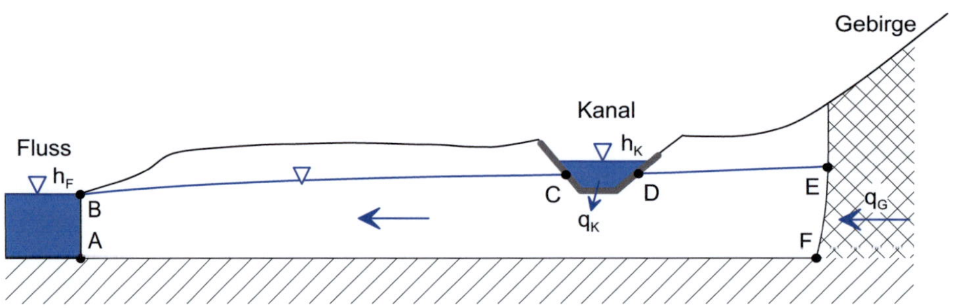

Abbildung 2.20: *Vertikalschnitt durch einen Talaquifer mit Berandung durch Fluss, Kanal, Grundwasseroberfläche, Aquiclud und Gebirge.*

Die Randbedingung erster Art ist die *Dirichlet-Randbedingung*, bei der die unbekannte Variable $h(\vec{x},t)$ auf dem entsprechenden Randabschnitt $\vec{x}_0$ vorgegeben wird:

$$h(\vec{x}=\vec{x}_0,t) = h_1(\vec{x}_0,t)\,. \tag{2.73}$$

Bei dieser Art der Randbedingung kann sich der Volumenstrom $Q(\vec{x}_0)$, der Zu-/Abfluss, frei einstellen. Eine solche Randbedingung liegt am Randabschnitt A – B, dem Fluss (Abb. 2.20), vor: $h_1 = h_F$. Sie wird häufig auch als (Fest-)Potenzialrandbedingung bezeichnet.

Die Randbedingung zweiter Art ist die *Neumann-Randbedingung*, bei der die Ableitung der unbekannten Variable senkrecht zum Rand, in Normalenrichtung, $\partial h/\partial n(\vec{x},t)$ auf dem entsprechenden Randabschnitt $\vec{x}_0$ vorgegeben wird:

$$\frac{\partial h}{\partial n}(\vec{x}=\vec{x}_0,t) = -\frac{1}{K}\,q_1(\vec{x}_0,t)\,. \tag{2.74}$$

Dabei kann mit Hilfe des Darcy-Gesetzes (Gl. 2.49) diese Ableitung je nach Vorzeichen durch eine spezifischen Zu- bzw. Abfluss q_1 vorgegeben werden. Hierbei wird dann im Allgemeinen eine isotrope hydraulische Leitfähigkeit K angenommen. Bei dieser Art der Randbedingung kann sich die Piezometerhöhe $h(\vec{x}_0)$ frei einstellen. Eine solche Randbedingung liegt am Randabschnitt E – F, dem Gebirge (Abb. 2.20), vor: $\partial h/\partial n = -q_G/K$. Ein spezieller Fall der Neumann-Randbedingung ist die *Randstromlinie*, über die keine Flüsse stattfinden und die demnach durch $\partial h/\partial n = 0$ definiert ist. Eine solche Randstromlinie findet sich im Beispiel entlang des Randabschnitts F – A, der Sohle des Aquifers (Abb. 2.20).

Die Randbedingung dritter Art ist die *Cauchy-Randbedingung*, bei der sowohl die unbekannte Variable $h(\vec{x},t)$ als auch deren Ableitung $\partial h/\partial n(\vec{x},t)$ mit entsprechenden Gewichtungen a, b auf dem entsprechenden Randabschnitt $\vec{x}_0$ vorgegeben wird:

$$a\,h(\vec{x}=\vec{x}_0,t) + b\,\frac{\partial h}{\partial n}(\vec{x}=\vec{x}_0,t) = f(\vec{x}_0,t)\,. \tag{2.75}$$

Ein besonderer Fall dieser Art der Randbedingung ist die *Leakage-Randbedingung*, bei der die Infiltrations- bzw. Exfiltrationsrate z.B. aus einem Kanal über eine gering-durchlässige Sohle, mit der hydraulischen Leitfähigkeit K_K und der Dicke d_K, mit Hilfe eines vereinfachten Darcy-Gesetzes bilanziert wird:

$$q_K(\vec{x}_0,t) = \frac{K_K}{d_K}\Big[h_K(\vec{x}_0,t) - h(\vec{x}_0,t)\Big] = \kappa\Big[h_K(\vec{x}_0,t) - h(\vec{x}_0,t)\Big]. \tag{2.76}$$

Dabei charakterisiert der Leakage-Koeffizient $\kappa = K_K/d_K$ die gering-durchlässige Kanalsohle. Eine solche Randbedingung liegt im Beispiel am Randabschnitt C – D, dem Kanal (Abb. 2.20), vor: $q_K = \kappa(h_K - h)$.

Eine weitere spezifische Art der Randbedingung für die Strömung im gesättigten Untergrund stellt der bewegliche, freie Grundwasserspiegel ($p = 0$) dar. Dieser stellt eine

Randstromlinie dar, die in ihrer Lage allerdings nicht festgelegt ist. Aufgrund der geometrischen Unbestimmtheit dieser Randstromlinie wird eine solche Randbedingung auch als *kinematische Randbedingung* bezeichnet:

$$h(\vec{x}=\vec{x}_0, t) = z_1(\vec{x}_0, t)\,. \tag{2.77}$$

Dabei ist die Funktion $z_1(\vec{x}_0, t)$ nicht unabhängig vorgegeben, sondern ergibt sich als Teil der Lösung des Problems. Dazu wird die ursprüngliche Differenzialgleichung in eine nicht-lineare Differenzialgleichung transformiert (s. Kap. 3.1.1). Ein solcher freier Grundwasserspiegel findet sich in den Randabschnitten B – C und D – E (Abb. 2.20).

Für die vertikale Sickerströmung im ungesättigten Untergrund gibt es als spezifische Art der Randbedingung den *freien Ausfluss*. Dieser definiert eine Sickerwasserbewegung ausschließlich bedingt durch die Gravitation ohne Einfluss der Kapillarkräfte. Solche Bedingungen liegen dann vor, wenn der Wassergehalt θ und damit die Wasserspannung ψ über die Tiefe konstant sind. Die treibende Kraft für die Strömung ist dann der *Einheitsgradient* als Randbedingung (vgl. Gl. 2.21):

$$\frac{\partial h}{\partial z}(z=z_0, t) = 1\,. \tag{2.78}$$

Für verschiedene Gegebenheiten können noch weitere spezifische Randbedingungen formuliert werden. Diese lassen sich jedoch immer aus einer der hier genannten Arten der Randbedingungen ableiten, wobei dann meist die vorzugebenden Funktionen aus weiteren unabhängigen Eingangsgrößen ermittelt werden. In manchen Fällen führt die spezifische Formulierung der Randbedingung vergleichbar zum Fall der kinematischen Randbedingung zu einer Transformation der Differenzialgleichung.

Aufbauend auf der hier beschriebenen Volumenbilanzierung können auch Austauschprozesse zwischen Gebieten mit lokal unterschiedlichen Materialeigenschaften oder mit Unterschieden in den Fließgesetzen, z.B. gesättigt – ungesättigt oder Kluft – Matrix, formuliert werden. Grundlegend dabei ist, dass an den Grenzflächen die Kontinuität gewährleistet sein muss, d.h. dass der Abfluss aus dem einen Gebiet gleich dem Zufluss in das angrenzende Gebiet sein muss. Dabei können grundsätzlich Sprünge in der unabhängigen Variablen auftreten, wie z.B. die Druckdifferenz an der Wasseroberfläche in einer Kapillare, die durch den Kapillardruck beschrieben wird (s. Abb. 2.9).

Auf dieser Basis können Austauschprozesse über die Betrachtung zweier separater Gebiete bilanziert werden, die über eine Flussrandbedingung gekoppelt sind. Dabei ist der jeweilige Flussterm spezifisch für den zu betrachtenden Austauschprozess zu formulieren. Als Resultat solcher Formulierungen entsteht ein System gekoppelter Differenzialgleichungen für mehrere unbekannte Variablen, eine für jedes Gebiet, das durch die spezifische Formulierung der Austauschterme und durch auftretende Rückkopplungen nicht-lineare

Eigenschaften besitzen kann. Für die Praxis von großer Bedeutung sind dabei die Möglichkeiten, solche Systeme durch Äquivalenzmodelle möglichst gut zu beschreiben, für die auch einfache Lösungsverfahren zur Verfügung stehen.

2.4 Stofftransport im Untergrund

Der Stofftransport im Untergrund wird hierbei als der Transport von Wasserinhaltsstoffen in gelöster Form betrachtet. Die erfolgt Bilanzierung in Form von *Konzentrationen* $c = M/V_W$, also Stoffmasse M pro Wasservolumen V_W. Dabei wird im Wesentlichen das Vorliegen *verdünnter Lösungen* vorausgesetzt, d.h. die betrachteten Stoffkonzentrationen in der Lösung sind so gering, dass eine Veränderung der Fluideigenschaften vernachlässigt werden kann. Damit sind sowohl Partikeltransport als auch Dichteströmungen nicht Gegenstand der folgenden Betrachtungen. Auch der Wassertransport in der ungesättigten Zone als eine Mehrphasenströmungen wird hier nicht betrachtet.

Die grundlegende Annahme der folgenden Betrachtungen ist, dass die Transportprozesse ausschließlich an eine Wasserphase gebunden sind. Damit gelten die aufgestellten Gesetzmäßigkeiten generell in einer freien Wasserphase gleichermaßen wie in der Wasserphase in einem porösen Medium. Allerdings sind zur Beschreibung der Transportprozesse in porösen Medien zusätzliche effektive Größen abzuleiten, die auf dem REV-Konzept beruhen.

2.4.1 Transportprozesse

Die Transportprozesse lassen sich grundsätzlich in *konservative* und *reaktive* Prozesse unterteilen. Dabei sind im Bilanzierungsgebiet die konservativen Prozesse in der Wasserphase massenerhaltend, die reaktiven Prozesse hingegen vermehren oder entziehen Stoffmasse aus der Wasserphase. Erstere sind direkt an die Eigenschaften des Strömungsfeldes $\vec{u}(\vec{x}, t)$ gekoppelt und werden analog zur Massenerhaltung (Gl. 2.9) durch einen *spezifischen Stoffstrom* für die einzelnen Stoffe bilanziert:

$$\vec{j}(\vec{x}, t) = \vec{u}(\vec{x}, t)\; c(\vec{x}, t)\,. \tag{2.79}$$

Letztere werden als Quell- bzw. Senkenterme formuliert, wobei im Allgemeinen mehrere Stoffe $(1, \ldots, m)$ an den Reaktionen beteiligt sein können:

$$\frac{\partial c_i}{\partial t}(\vec{x}, t) = f_i\Big(c_1(\vec{x}, t), \ldots, c_m(\vec{x}, t)\Big)\,, \tag{2.80}$$

woraus für diese Stoffe ein gekoppeltes Gleichungssystem resultiert.

Das Strömungsfeld $\vec{u}(\vec{x}, t)$ kann generell in ein mittleres Geschwindigkeitsfeld $\vec{u}_0(\vec{x}, t)$ und eine Schwankungsgröße $\vec{u}'(\vec{x}, t)$ zerlegt werden:

$$\vec{u}(\vec{x}, t) = \vec{u}_0(\vec{x}, t) + \vec{u}'(\vec{x}, t)\,. \tag{2.81}$$

Das mittlere Geschwindigkeitsfeld $\vec{u}_0(\vec{x}, t)$ kann im Allgemeinen nach Vereinfachung der Navier-Stokes-Gleichung (Gl. 2.17) als Lösung der verbleibenden Differenzialgleichung ermittelt werden. Es wird daher meist als deterministisch betrachtet. Die Schwankungsgröße $\vec{u}'(\vec{x},t)$ beschreibt die Abweichungen der tatsächlichen Geschwindigkeiten von einem solchen deterministischen Geschwindigkeitsfeld $\vec{u}_0(\vec{x},t)$. Diese Abweichungen lassen sich häufig nur mit Hilfe statistischer Methoden quantifizieren. Die Schwankungsgröße $\vec{u}'(\vec{x},t)$ wird daher als eine stochastische Größe betrachtet. Als Ursache für solche stochastische bzw. als stochastisch angesehene Bewegungen können die Brown'sche Molekularbewegung, strömungsinterne Strukturen, wie Turbulenzen, oder externe geometrische Strukturen, wie die Berandungen und Form der Fließbahnen, in Frage kommen.

Da in vielen Fällen die beobachteten Transportphänomene stark von diesen Schwankungsgrößen abhängen, werden diese im Folgenden genauer betrachtet. Dazu wird die Konzentration ebenfalls in eine mittlere Konzentration und eine Schwankungsgröße zerlegt

$$c(\vec{x},t) = c_0(\vec{x},t) + c'(\vec{x},t)\,. \tag{2.82}$$

Der mittlere Stoffstrom $\overline{\vec{j}}$ als die grundlegende Bilanzgröße ergibt sich damit zu:

$$\overline{\vec{j}} = \vec{u}_0\, c_0 + \overline{\vec{u}'}\, c_0 + \vec{u}_0\, \overline{c'} + \overline{\vec{u}'\, c'} = \vec{u}_0\, c_0 + \overline{\vec{u}'\, c'}\,, \tag{2.83}$$

wobei die Mittelwerte der jeweiligen Schwankungsgrößen verschwinden $\overline{\vec{u}'} = \overline{c'} = 0$. Der erste Term in Gleichung (2.83) wird als *advektiver* Stoffstrom

$$\vec{j}_A = \vec{u}_0\, c_0 \tag{2.84}$$

bezeichnet. Seine typischen Eigenschaften im Untergrund werden in Kapitel 2.4.3 genauer betrachtet. Der zweite Term (Gl. 2.83) wird als *diffusiver* oder *dispersiver* Stoffstrom

$$\vec{j}_D = \overline{\vec{u}'\, c'} = -D\, \vec{\nabla} c_0 \tag{2.85}$$

bezeichnet, je nachdem ob die Schwankungen des Geschwindigkeitsfeldes $\vec{u}'$ durch die Brown'sche Molekularbewegung oder durch Charakteristiken des Strömungsfeldes, interne bzw. externe Strukturen, hervorgerufen sind. Unter der Voraussetzung, dass die Geschwindigkeitsschwankungen unkorreliert sind (vgl. Kap. 2.4.4), kann dieser Stoffstrom durch das *erste Fick'sche Gesetz* (Gl. 2.85) beschrieben werden. Er lässt sich somit über den Konzentrationsgradient $\vec{\nabla} c_0$ und einen Diffusions- bzw. Dispersionskoeffizient D ausdrücken. Diese Koeffizienten können im Allgemeinen orts- und richtungsabhängig sein, so dass sie als heterogener Tensor $\underline{\mathbf{D}}(\vec{x})$ dargestellt werden müssen. Im Falle Struktur bedingter Schwankungen trifft diese Voraussetzung allerdings nicht zu, so dass das erste Fick'sche Gesetz nur in eingeschränktem Maße angewendet werden kann. Eine detaillierte Betrachtung der Diffusion im Untergrund erfolgt im Kapitel 2.4.4 und der Dispersion im Kapitel 2.4.5.

Die reaktiven Prozesse hingegen sind nicht an Bewegungen sondern an die vorhandenen Phasen gebunden. Dabei werden Stofftransfer zwischen einzelnen Phasen und Stofftransformationen innerhalb einer Phase getrennt betrachtet. Der Stofftransfer zwischen einzelnen Phasen ist im Allgemeinen durch einen Diffusionsprozess an der Phasengrenzfläche

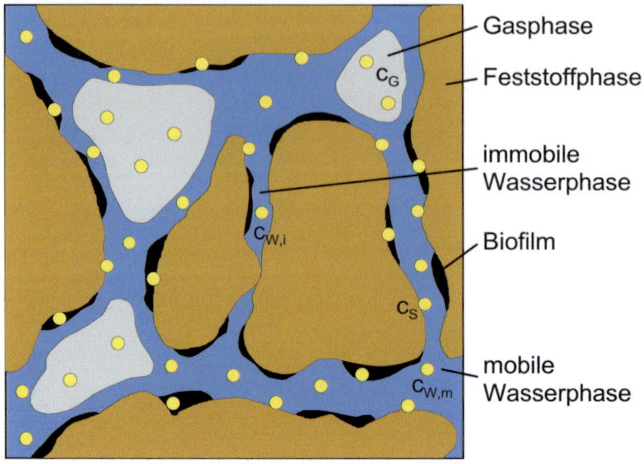

Abbildung 2.21: *Stoffverteilung zwischen den einzelnen Phasen in einem ungesättigten porösen Medium.*

charakterisiert (s. auch Kap. 4.6.2). Da Phasengrenzflächen insbesondere im Untergrund auf sehr kleiner Skala, der Porenskala, existieren, hat sich in der Praxis ein Ansatz erfolgreich durchgesetzt, der auf großer Skala diese Prozesse mit Hilfe eines Verteilungsgleichgewichts bilanziert (Abb. 2.21). So werden die *Sorption*, das ist die Anlagerung eines gelösten Stoffes an eine Feststoffoberfläche, z.B. im porösen Untergrund die Kornoberfläche, durch den *Verteilungskoeffizienten*

$$K_d = \frac{c_S}{c_W} \tag{2.86}$$

gekennzeichnet, der spezifisch für den betrachteten gelösten Stoff und die Oberfläche ist und im Allgemeinen eine Funktion der Feststoffkonzentration $K_d(c_S)$ sein kann. In Kapitel 4.6.1 werden diese Gleichgewichte detaillierter betrachtet. Für das Gleichgewicht von flüchtigen Stoffen an der Grenzfläche zwischen Wasser- und Gasphase ist die Henry-Konstante definiert

$$He = \frac{c_G}{c_W} \tag{2.87}$$

Wird im Untergrund nur ein Teil der Wasserphase als mobil betrachtet, kann ein solcher Gleichgewichtsansatz generell für den Austausch zwischen einer mobilen und immobilen Wasserphase formuliert werden. Die mobile Wasserphase lässt sich dabei durch einen effektiven Wassergehalt θ_e charakterisieren, dieser entspricht im Fall eines gesättigten porösen Mediums der effektiven Porosität n_e. Damit können dann die Prozesse in der immobilen Wasserphase, die in Biofilmen oder nicht durchströmten ("dead-end") Poren vorliegen kann, getrennt bilanziert werden

$$\alpha_W = \frac{c_{W,i}}{c_{W,m}} \,. \tag{2.88}$$

Werden diese Phasengleichgewichte als reversibel angesehen, kann die gesamte Stoffkonzentration c_{ges}, entsprechend der Anteile der einzelnen Phasen im Bilanzvolumen aufgeteilt, und durch die Konzentration in der mobile Wasserphase $c_{W,m}$ ausgedrückt werden:

$$\begin{aligned}\theta_e\, c_{ges} &= \theta_e\, c_{W,m} + (\theta - \theta_e)\, c_{W,i} + (1-n)\, \varrho_S\, c_S + (n-\theta)\, c_G \\ &= \theta_e\, c_{W,m} + (\theta - \theta_e)\, \alpha_W\, c_{W,m} + (1-n)\, \varrho_S\, K_d\, c_{W,m} + (n-\theta)\, He\, c_{W,m} \\ &= \left[1 + \left(\frac{\theta}{\theta_e} - 1\right) \alpha_W + \frac{1-n}{\theta_e}\, \varrho_S\, K_d + \frac{n-\theta}{\theta_e}\, He\right] \theta_e\, c_{W,m}\,.\end{aligned} \tag{2.89}$$

ϱ_S ist dabei die Feststoffdichte bzw. Korndichte. Die zeitliche Änderung der Gesamtkonzentration entspricht dann der zeitlichen Änderung der mobilen Konzentration auf einer anderen Zeitskala, die durch den Retardationsfaktor R_f definiert ist:

$$\frac{\partial\, c_{ges}}{\partial\, t} = \frac{\partial\, c_{W,m}}{\partial\, t'}\,, \quad \text{mit } t' = t/R_f\,. \tag{2.90}$$

Der Retardationsfaktor ergibt sich aus Gleichung (2.89) somit zu:

$$R_f = \left[1 + \left(\frac{\theta}{\theta_e} - 1\right) \alpha_W\right] \frac{\theta_e}{n} + \frac{1-n}{n}\, \varrho_S\, K_d + \left(1 - \frac{\theta}{n}\right) He\,. \tag{2.91}$$

In gleicher Weise wie diese Phasengleichgewichte (Gl. 2.86 - 2.88) lassen sich auch chemische Gleichgewichtsreaktionen

$$\mathrm{A} + \mathrm{B} \rightleftharpoons \mathrm{C} + \mathrm{D} \tag{2.92}$$

bilanzieren:

$$K_c = \frac{[A]\,[B]}{[C]\,[D]}\,, \tag{2.93}$$

wobei $[A]$ etc. die Konzentration des Stoffes in $[mol/L]$ und K_c die Gleichgewichtskonstante der entsprechenden Reaktion ist. Für die an einer chemischen Reaktion beteiligten Stoffe ergeben sich somit gekoppelte Transportgleichungen für die Massenkonzentrationen c_A, c_B, c_C, c_D.

In der Regel verlaufen die chemischen Reaktionen allerdings nicht im Gleichgewicht. In vielen Fällen bedingt durch diffusive Prozesse unterliegen sie einer Reaktionskinetik. Die Kinetik erster Ordnung, wie sie als Idealfall durch den radioaktiven Zerfall gegeben ist, findet sich als einfachste und am häufigsten verwendete Beschreibung:

$$\frac{\partial\, c}{\partial\, t} = -k\, c\,. \tag{2.94}$$

Dabei ist k die Zerfallskonstante oder die Abbaurate für den Fall des mikrobiologischen Abbaus eines Schadstoffs. Insbesondere bei der Betrachtung mikrobiologisch katalysierter Reaktionen werden häufig andere Reaktionskinetiken verwendet (Schäfer, 1992), die zudem einer Limitierung der an der Reaktion beteiligten Substanzen Rechnung tragen.

Solche mikrobiologisch katalysierte Abbaureaktionen werden generell als Redox-Reaktionen verstanden. Das heißt, es gibt ein Reduktionsmittel, das ein oder mehrere Elektronen abgibt (Elektronendonator), und ein Oxidationsmittel, das ein oder mehrere Elektronen aufnimmt (Elektronenakzeptor). Beim Abbau organischer Schadstoffe gelten die organischen Kohlenstoffverbindungen, oft als gelöster organischer Kohlenstoff ("DOC" – "dissolved organic carbon") zusammengefasst, als Elektronendonator und mehrere anorganische Substanzen als Elektronenakzeptor, die in einer Sequenz von O_2, NO_3^-, Fe^{3+}, Mn^{2+}, SO_4^{2-} nach CH_4 abnehmende Affinität für die frei werdenden Elektronen besitzen.

Mit der Michaelis-Menton-Kinetik (1913) kann die Abbaurate unter Berücksichtigung der Verfügbarkeit des (Schad-)Stoffs beschrieben werden:

$$\frac{\partial c}{\partial t} = -\, k_{max} \frac{c}{k_m + c} . \tag{2.95}$$

Dabei ist k_{max} die maximale (Schad-)Stoffabbaurate und k_m eine reaktionsspezifische Konstante. Diese Konstante kann auch als charakteristische Konzentration aufgefasst werden. Ist die aktuelle Konzentration $c >> k_m$, erfolgt der Abbau unbeeinträchtigt mit maximaler Abbaurate. Ist hingegen die Konzentration $c << k_m$, ist der Abbau maximal limitiert und folgt der Kinetik erster Ordnung (Gl. 2.94). Bei dieser Betrachtungsweise erfolgt keine Bilanzierung der am Abbauprozess beteiligten Biomasse.

Da der mikrobiologische (Schad-)Stoffabbau direkt zu Biomassewachstum führt, ist im Allgemeinen auch die Bilanzierung der Biomasse, der Populationsdichte X, erforderlich:

$$\frac{\partial X}{\partial t} = (\mu_+ - \mu_-)\, X , \tag{2.96}$$

wobei μ_+ die spezifische Wachstums- und μ_- die spezifische Sterberate sind. Die spezifische Wachstumsrate μ_+ ist dabei von der Stoffkonzentration c abhängig (Monod, 1949):

$$\mu_+ = \mu_{max} \frac{c}{k_c + c} . \tag{2.97}$$

μ_{max} ist die maximale Wachstumsrate und k_c wieder eine reaktionsspezifische Konstante. Bei dieser Betrachtung ist die (Schad-)Stoffabbaurate direkt von der Populationsdichte X bestimmt:

$$\frac{\partial c}{\partial t} = -\frac{1}{Y_X} \frac{\partial X}{\partial t} . \tag{2.98}$$

Y_X ist ein stoff-spezifischer Ertragskoeffizient. Es entsteht somit ein gekoppeltes Gleichungssystem für die (Schad-)Stoffkonzentration c und die Populationsdichte X. Sind an der betrachteten Reaktion mehrere Substanzen mit limitierter Verfügbarkeit beteiligt, werden diese in der spezifischen Wachstumsrate (Gl. 2.97) berücksichtigt.

2.4.2 Massenbilanzierung, Anfangs- und Randbedingungen

Die Bilanzierung der betrachteten Masse eines einzelnen Stoffes in einem Kontrollvolumen (s. Abb. 2.8) führt, äquivalent zur Volumenbilanzierung (Gl. 2.66), zur Differenzialgleichung für die Stoffkonzentrationen $c(\vec{x},t)$, die den Stofftransport bilanziert:

$$\frac{\partial}{\partial t} c(\vec{x},t) = -\vec{\nabla} \cdot \vec{j}(\vec{x},t) + W_c(\vec{x},t) \ . \tag{2.99}$$

Dabei ist $\vec{j}(\vec{x},t)$ der spezifische Stoffstrom, der bezogen auf den betrachteten Transportquerschnitt den advektiven und diffusiv-dispersiven Transport quantifiziert, und $W_c(\vec{x},t)$ der volumenbezogene Quell-/Senkenterm, der im wesentlichen die reaktiven Transportprozesse umfasst. Diese beiden Terme lassen sich generell durch die oben definierten Beziehungen ausdrücken (s. Kap. 2.4.1). Unter Verwendung des Fick'schen Gesetzes (Gl. 2.85), der Berücksichtigung der Verteilung des Stoffes auf unterschiedliche Phasen (Gl. 2.89) und z.B. einer Abbaureaktion erster Ordnung (Gl. 2.94) ergibt sich dann folgende Differenzialgleichung:

$$R_f \frac{\partial}{\partial t} c(\vec{x},t) = -\vec{\nabla}\Big(\vec{u}(\vec{x},t)\, c(\vec{x},t)\Big) + \vec{\nabla}\Big(\underline{\mathbf{D}}(\vec{x})\, \nabla\, c(\vec{x},t)\Big) - k\, c(\vec{x},t) \ . \tag{2.100}$$

Die spezifische Formulierung dieser Terme für die verschiedenen spezifischen Stoffströme im Untergrund sind in den folgenden Abschnitten (Kap. 2.4.3 – 2.4.5) im Detail zusammengestellt.

Auch die vollständige Lösung dieser Transportgleichung (Gl. 2.100) bedarf der Formulierung von Anfangs- und Randbedingungen. Diese sind aus mathematischer Sicht identisch zu den Anfangs- und Randbedingungen für die Strömungsgleichung. Allerdings gibt es Unterschiede bei der Charakterisierung der einzelner Randbedingungen für die Stoffkonzentrationen.

Die *Anfangsbedingung* wird durch die Konzentrationsverteilung zum Zeitpunkt $t = 0$ vorgegeben:

$$c(\vec{x}, t{=}0) = c_0(\vec{x}) \, . \tag{2.101}$$

Die *Dirichlet-Randbedingung* wird durch Vorgabe der Konzentration $c(\vec{x},t)$ an dem entsprechenden Randabschnitt $\vec{x}_0$ definiert:

$$c(\vec{x}{=}\vec{x}_0, t) = c_1(\vec{x}_0, t) \, . \tag{2.102}$$

Diese kann z.B. in Form einer konstant emittierenden Schadstoffquelle ohne Volumenstromzufluss vorliegen (Abb. 2.22).

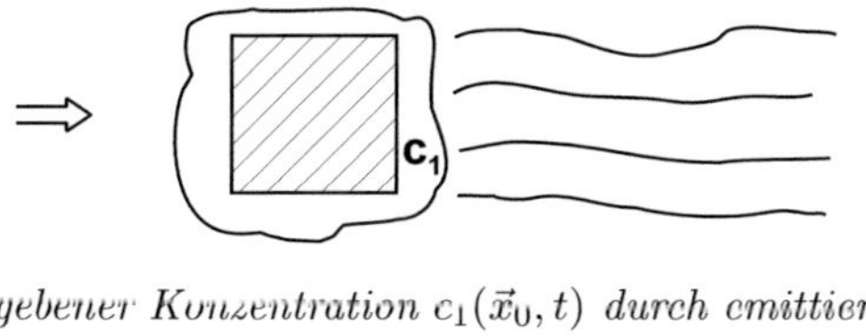

Abbildung 2.22: *Vorgegebener Konzentration $c_1(\vec{x}_0, t)$ durch emittierende Stoffquelle.*

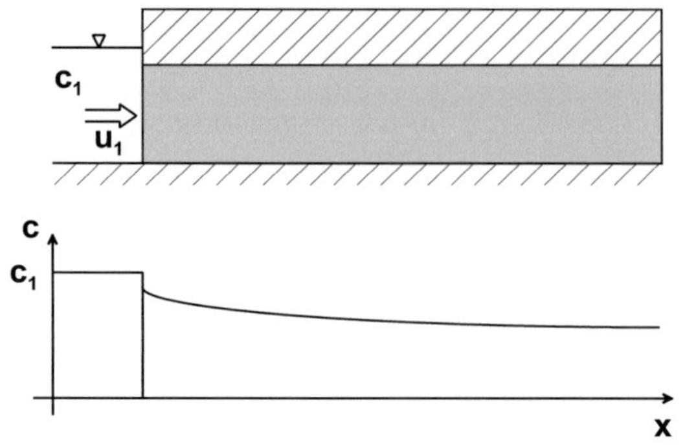

Abbildung 2.23: *Stoffeinleitung $j_1(\vec{x}_0,t)$ (Gl. 2.105) durch Infiltration von einem Fließgewässer (Uferfiltration).*

Die *Neumann-Randbedingung* kann mit Hilfe eines einen vorgegebenen spezifischen dispersiven Stoffstroms

$$\frac{\partial c}{\partial n}(\vec{x}=\vec{x}_0,t) = -\frac{1}{D}\, j_D(\vec{x}_0,t) \tag{2.103}$$

formuliert werden. Diese Art der Randbedingung tritt meist nur als Spezialfall an einem undurchlässigen Rand, $j_D(\vec{x}_0,t)=0$, auf, an dem somit gilt

$$\frac{\partial c}{\partial n}(\vec{x}=\vec{x}_0,t) = 0\,. \tag{2.104}$$

Die *Cauchy-Randbedingung* tritt immer dann auf, wenn ein fester Massenfluss $j_1(\vec{x}_0,t)$ über den Rand vorgegeben wird:

$$u_1\, c(\vec{x}=\vec{x}_0,t) + D\,\frac{\partial c}{\partial n}(\vec{x}=\vec{x}_0,t) = j_1(\vec{x}_0,t) = u_1\, c_1(\vec{x}_0,t)\,. \tag{2.105}$$

Dabei sind u_1 und c_1 die den Massenfluss j_1 vorgebende Geschwindigkeit bzw. Konzentration. Diese Art der Randbedingung tritt entweder am Übergang zu Fließgewässern (Abb. 2.23) oder an emittierenden Schadstoffquellen gekoppelt mit einem Zufluss (Abb. 2.24) auf. Im letzteren Fall besitzt häufig der dispersive Massenfluss auf Grund eines vernachlässigbaren Konzentrationsgradienten keine Bedeutung.

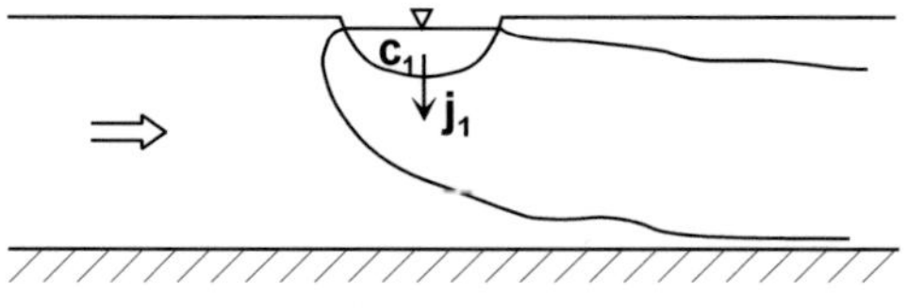

Abbildung 2.24: *Stoffeinleitung $j_1(\vec{x}_0,t)$ durch Infiltration von einem Fließgewässer bei Vernachlässigung von Konzentrationsgradienten.*

Wie für die Strömung können aufbauend auf der hier beschriebenen Volumenbilanzierung auch Austauschprozesse zwischen Gebieten mit unterschiedlichen Transportprozessen, z.B. Diffusion – Advektion oder Kluft – Matrix, formuliert werden. Grundlegend dabei ist, dass an den Grenzflächen die Kontinuität gewährleistet sein muss, d.h. dass der abfließende Stoffstrom aus dem einen Gebiet gleich dem zufließenden Stoffstrom in das angrenzende Gebiet sein muss. Auf dieser Basis können Austauschprozesse über die Betrachtung zweier separater Gebiete bilanziert werden, die über eine Flussrandbedingung gekoppelt sind. Der jeweilige Flussterm muss spezifisch für den zu betrachtenden Austauschprozess formuliert werden. Dabei liegt im Allgemeinen eine Diskontinuität in der Stoffkonzentration vor (s. Gl. 2.105, Abb. 2.23). Als Resultat ergibt sich ein System gekoppelter Differenzialgleichungen für mehrere unbekannte Variablen, eine für jedes Gebiet, das durch die spezifische Formulierung der Austauschterme und durch auftretende Rückkopplungen nicht-lineare Eigenschaften besitzen kann. Für die Praxis von großer Bedeutung sind dabei die Möglichkeiten, solche Systeme durch Äquivalenzmodelle möglichst gut zu beschreiben, für die auch einfache Lösungsverfahren zur Verfügung stehen.

2.4.3 Advektion

Die *Advektion* ist der Stofftransport mit einer Strömung. Dabei kann die Beschreibung des Strömungsfeldes von unterschiedlicher Komplexität sein. Insbesondere im Untergrund wird in den meisten Fällen das Strömungsfeld durch ein mittleres Geschwindigkeitsfeld mit Fluktuationen charakterisiert (Gl. 2.81). Das mittlere Strömungsfeld $\vec{u}_0(\vec{x}, t)$ ergibt sich aus der Lösung der Volumenbilanzgleichung (Gl. 2.66) unter Verwendung des entsprechenden Fließgesetzes, im Untergrund im Allgemeinen des Darcy-Gesetzes (Gl. 2.49). Der advektive Stofftransport ist dann durch das mittlere Strömungsfeld definiert:

$$\vec{j}_A(\vec{x}, t) = \vec{u}_0(\vec{x}, t)\, c(\vec{x}, t)\,. \tag{2.106}$$

Die Beschreibung des mittleren Strömungsfeldes ist dabei skalenabhängig. Die Fluktuationen des Strömungsfeldes $\vec{u}'(\vec{x}, t)$ auf den kleineren Skalen werden mit statistischen Ansätzen charakterisiert (s. Kap. 2.4.1, 2.4.4, 2.4.5).

Im porösen Medium ist das Geschwindigkeitsfeld direkt an die Porenraumstruktur gekoppelt. Dessen Fluktuationen sind daher bedingt durch die vorhandenen Fließgeometrien der Porenkanäle. Die systematische Variation durch das laminare Geschwindigkeitsprofil (Gl. 2.35) in den einzelnen Porenkanälen wird durch Betrachtung der mittleren Porengeschwindigkeit $\bar{u}(x)$ (Gl. 2.36) meist vernachlässigt. Im porösen Medium ist das mittlere Geschwindigkeitsfeld auf der REV-Skala zu definieren, da in fast allen Anwendungsfällen der Transport auf einer Skala wesentlich größer als die Porenskala zu bilanzieren ist.

In einem REV lassen sich unterschiedliche Geschwindigkeiten definieren, die sich durch Mittelung entlang der Fließbahnen ergeben (Abb. 2.25). Die sogenannte *Bahngeschwin-*

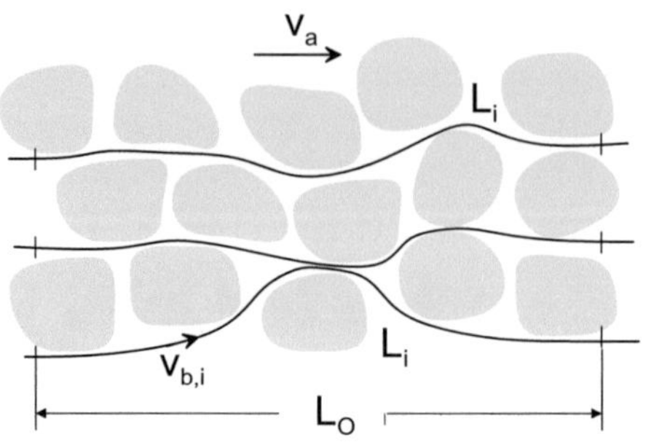

Abbildung 2.25: *Definition von Geschwindigkeiten im porösen Medium.*

digkeit $v_{b,i}$ beschreibt die mittlere Geschwindigkeit entlang einer Fließbahn bzw. eine Porenkanals i zwischen zwei Fließquerschnitten und ist durch die Länge der einzelnen Fließbahn L_i und die Fließzeit t_i definiert. Sie ergibt sich durch Mittelung der Porengeschwindigkeit $\bar{u}_i(s)$ entlang der Fließbahn und ist mit dem Volumenstrom Q_i in dem Porenkanal verknüpft:

$$v_{b,i} = \frac{L_i}{t_i} = \frac{L_i}{\displaystyle\int \frac{ds}{\bar{u}_i}} = \frac{Q_i\, L_i}{\pi \displaystyle\int r_i^2(s)\, ds} = \frac{Q_i}{\pi\, \bar{r}_i^2}\,. \tag{2.107}$$

Wird weiterhin über die einzelnen Fließbahnen bzw. Porenkanäle i im betrachteten Fließquerschnitt A_0 eines REV des Volumens V_0 gemittelt, erhält man die *Abstands-* oder *Transportgeschwindigkeit*, die durch den Abstand der betrachteten Fließquerschnitte L_0, der Länge des REV, und die mittlere Fließzeit t_0 definiert ist:

$$v_a = \frac{L_0}{t_0} = \frac{L_0}{\displaystyle\frac{1}{N}\sum t_i} = \frac{L_0}{\displaystyle\frac{1}{N}\sum \frac{V_i}{Q_i}} = \frac{Q_0\, L_0}{\displaystyle\sum \frac{\overline{Q}_i}{Q_i}\, V_i} \simeq \frac{q\, A_0\, L_0}{n\, V_0} = \frac{q}{n}\,. \tag{2.108}$$

Dabei ist N die Anzahl der Porenkanäle im REV, V_i das Volumen eines Porenkanals i, $\overline{Q}_i = Q_0/N$ der mittlere Volumenstrom in einem Porenkanal, Q_0 der Volumenstrom durch das REV, q der spezifische Durchfluss nach Darcy und n die Porosität. Diese Transportgeschwindigkeit v_a (Gl. 2.108) beschreibt somit das mittlere Geschwindigkeitsfeld im porösen Medium auf der REV-Skala. Die Fluktuationen des Geschwindigkeitsfeldes lassen sich auf der REV-Skala über die Dispersion in porösen Medien beschreiben (s. Kap. 2.4.5).

2.4.4 Diffusion

Ein grundlegender Transportprozess, der sich ausschließlich in Fluktuationen des Geschwindigkeitsfeldes ausdrückt ist die *Diffusion*. Die *Diffusion* eines Stoffes beruht auf der thermischen Bewegung der einzelnen Moleküle dieses Stoffes, der Brown'schen Molekularbewegung. Diese Bewegung wird oft als Prototyp eines stochastischen Prozesses verstanden, da die Stöße der Moleküle, bzw. allgemeiner ein Teilchen der Masse m, untereinander oder mit denen eines anderen Stoffes als rein zufällig und voneinander unabhängig betrachtet werden. In einem System mit vielen Teilchen, einem Ensemble von Teilchen, und einer großen Anzahl Stößen kann die mittlere Teilchenbewegung durch eine statistische Auswertung ermittelt werden (s. z.B. Reif, 1990). Für die ein-dimensionale Bewegung eines Teilchens lässt sich so die Wahrscheinlichkeit $P_t(x)$ angeben, das Teilchen zum Zeitpunkt t in der Entfernung x vom Ausgangspunkt zu finden:

$$P_t(x) = \frac{1}{\sqrt{2\pi}\,\sqrt{\frac{2}{3}\overline{v}\,l_0\,t}}\; e^{-\frac{x^2}{\frac{4}{3}\overline{v}\,l_0\,t}} . \tag{2.109}$$

Dabei ist $\overline{v}$ die mittlere Teilchengeschwindigkeit und l_0 die mittlere freie Weglänge des Teilchens zwischen zwei Stößen. Im Falle der molekularen Diffusion ist die mittlere Teilchengeschwindigkeit durch die mittlere thermische Geschwindigkeit bestimmt:

$$\overline{v} = \sqrt{\frac{3\,k_B T}{m}} \tag{2.110}$$

wobei $k_B = 1,381 \cdot 10^{-23}\; J/K$ die Boltzmann-Konstante und T die Temperatur ist.

Für ein Ensemble von Teilchen kann diese Wahrscheinlichkeit (Gl. 2.109) in die Teilchen- bzw. Stoffkonzentration überführt werden:

$$c(x,t) = \frac{c_0}{\sqrt{2\pi}\,\sqrt{\frac{2}{3}\overline{v}\,l_0\,t}}\; e^{-\frac{x^2}{\frac{4}{3}\overline{v}\,l_0\,t}} . \tag{2.111}$$

Diese Konzentration $c(x,t)$ ist Lösung der Differenzialgleichung:

$$\frac{\partial c}{\partial t} = \frac{1}{3}\,\overline{v}\,l_0\,\frac{\partial^2 c}{\partial x^2} = D\,\frac{\partial^2 c}{\partial x^2} , \tag{2.112}$$

die sogenannte *Diffusionsgleichung*, wobei $D = \frac{1}{3}\,\overline{v}\,l_0$ die allgemeine Definition des *Diffusionskoeffizienten* ist. Damit kann der spezifische diffusive Stoffstrom j_d durch das 1. Fick'sche Gesetz angegeben werden

$$j_d = -D\,\frac{\partial c}{\partial x} . \tag{2.113}$$

Analog zu dieser Diffusion von Masseteilchen kann die *Impulsdiffusion* verursacht durch molekulare Reibung betrachtet werden. Den Diffusionskoeffizient für den Impuls bildet dabei die kinematische Zähigkeit $\nu = \frac{1}{3}\,\overline{v}\,l_0$. Der spezifische Impulsstrom j_P wird mittels der Schubspannung

$$j_p = \tau_{xz} = \nu\,\frac{\partial P_x}{\partial z} , \tag{2.114}$$

exemplarisch die x-z-Komponente, quantifiziert.

Zur quantitativen Beschreibung der molekularen Diffusion lassen sich Diffusionskoeffizienten definieren, die einer unterschiedlichen mittleren freien Weglänge l_0 in der jeweiligen Umgebung Rechnung tragen. In Gasen definieren die Teilchendichte eines idealen Gases $n_0 = p/(k_B T)$ und der Stoßquerschnitt $\sigma = \pi(2r)^2$ eines Teilchens die mittlere freie Weglängen l_0 über die Beziehung $n_0\, \sigma\, l_0 = 1$. Damit ergibt sich für den Diffusionskoeffizienten in Gasen:

$$D_g = \frac{1}{3}\sqrt{\frac{3k_B T}{m}}\, \frac{kT}{p\,\pi\,(2r)^2}\,. \tag{2.115}$$

Für die molekulare Diffusion eines Gases in Luft ist der empirische Diffusionskoeffizient nach Fuller-Schettler-Giddings (s. Grathwohl, 1998):

$$D_{Luft} = \frac{10^{-3}\, T^{1.75}\sqrt{\frac{1}{m_{Luft}} + \frac{1}{m_{Gas}}}}{p\left(V_{Luft}^{\frac{1}{3}} + V_{Gas}^{\frac{1}{3}}\right)^2} \left[\frac{cm^2}{s}\right]. \tag{2.116}$$

Die Form dieser empirischen Beziehung unterscheidet sich nur in der Abhängigkeit von der Temperatur von der theoretischen. Die Teilchenmasse ist durch den Mittelwert der Molekülmassen von Luft und des Gases ersetzt, der Stoßquerschnitt über die Gas- und Luftvolumina repräsentiert.

Für die Bewegung einer Kugel mit dem Radius r und der Masse m in einer zähen Flüssigkeit nach dem Stoke'schen Widerstandsgesetz kann eine Relaxationszeit

$$\tau_r = \frac{m}{6\,\pi\,\eta\,r} \tag{2.117}$$

definiert werden. Über die mittlere Teilchengeschwindigkeit $\overline{v}$ und die Relaxationszeit τ_r kann die mittlere freie Weglänge in Flüssigkeiten $l_0 = \overline{v}\,\tau_r$ abgeschätzt und der Einstein'sche Diffusionskoeffizient abgeleitet werden:

$$D_{Fl} = \frac{1}{3}\,\frac{3\,k_B T}{m}\,\frac{m}{6\,\pi\,\eta\,r} = \frac{k_B T}{6\,\pi\,\eta\,r}\,. \tag{2.118}$$

Der empirische Diffusionskoeffizient in realen Flüssigkeiten nach der Wilke-Chang-Beziehung (s. Grathwohl, 1998) besitzt recht ähnliche Abhängigkeiten

$$D_{Fl} = \frac{7.4\cdot 10^{-8}\, T\sqrt{X\, m_{Fl}}}{\eta\, V^{0.6}} \left[\frac{cm^2}{s}\right]. \tag{2.119}$$

Die quantitative Beschreibung der molekularen Diffusion in wasser-gesättigten porösen Medien basiert auf dem Diffusionskoeffizienten in Wasser D_{aq}. Allerdings ist in die Bewegung der Moleküle auf den Porenraum eingeschränkt, was die Definition eines *effektiven Diffusionskoeffizienten* erfordert (s. Grathwohl, 1998):

$$D_e = \frac{D_{aq}\, n}{\tau_f} \simeq D_{aq}\, n^{\frac{4}{3}}\,, \tag{2.120}$$

wobei n die Porosität und τ_f der Tortuositätsfaktor (Gl. 2.4) ist. Bei gleichzeitiger Anwesenheit von Sorption kann über die instationäre Bilanzierung der molekularen Diffusion im porösen Medium

$$\left[n + (1-n)\,\varrho_S\,K_d\right] \frac{\partial c}{\partial t} = D_e\,\vec{\nabla}^2 c \tag{2.121}$$

der *scheinbare Diffusionskoeffizient*

$$D_a = \frac{D_e}{n + (1-n)\,\varrho_S\,K_d} \tag{2.122}$$

als Bilanzparameter abgeleitet werden.

Im wasser-ungesättigten porösen Medium muss zusätzlich noch die Diffusion in der Gasphase bilanziert werden, die wegen des um mehrere Größenordnungen größeren Diffusionskoeffizienten von wesentlicher Bedeutung ist. Der gesamte *effektive Diffusionskoeffizient* kann mit Hilfe des effektiven Diffusionskoeffizienten in Luft

$$D_{e,g} = D_g\,\frac{n_g^2}{n^{\frac{2}{3}}}\,, \tag{2.123}$$

definiert durch den Diffusionskoeffizient in Luft D_g und den luftgefüllten Anteil des Porenraums $n_g = n - \theta$, und des effektiven Diffusionskoeffizienten in Wasser

$$D_{e,w} = D_{aq}\,\frac{\theta^2}{n^{\frac{2}{3}}}\,, \tag{2.124}$$

definiert durch den Diffusionskoeffizient in Wasser D_{aq} und den wassergefüllten Anteil des Porenraums θ, sowie der Henry-Konstanten He (Gl. 2.87) formuliert werden:

$$D_e = D_{e,w} + D_{e,g}\,He\,. \tag{2.125}$$

Der *scheinbare Diffusionskoeffizient* ergibt sich dann zu

$$D_a = \frac{D_e}{\theta + n_g\,He + (1-n)\,\varrho_S\,K_d} \tag{2.126}$$

2.4.5 Dispersion

Fluktuationen im Geschwindigkeitsfeld werden auch durch strömungsinhärente Prozesse hervorgerufen. Diese Fluktuationen können wohlstrukturiert in einem Geschwindigkeitsprofil über eine Fließquerschnitt oder einem turbulenten Wirbel auftreten. Sie können aber auch durch Form bzw. äußere Berandung des Fließquerschnitts hervorgerufen werden. Der Stofftransport durch solche Fluktuationen wird als *Dispersion* bezeichnet und kann über den dispersive Stoffstrom j_D quantifiziert werden. Alle diese Arten von Dispersion können beim Transport im Untergrund auftreten.

Das laminare Geschwindigkeitsprofil auf Porenskala erzeugt die sogenannte *Taylor-Dispersion*. Dabei wirkt die Differenz zwischen der Geschwindigkeit im Profil $u_x(r)$ (Gl. 2.34) und der mittleren Geschwindigkeit $\bar{u}_x$ (Gl. 2.35) in einer Röhre als Fluktuation:

$$u'(r) = u_x(r) - \bar{u}_x \,. \tag{2.127}$$

Damit ergibt sich der mittlere Stoffstrom in einer laminar durchströmten Röhre mit Radius R

$$\bar{j} = \frac{1}{\pi R^2} \int_0^R u_x(r)\, c\, 2\pi\, r\, dr = \bar{u}_x\, \bar{c} + \frac{1}{\pi R^2} \int_0^R u'(r)\, c'\, 2\pi\, r\, dr \,. \tag{2.128}$$

Der dispersive Stoffstrom im Falle der Taylor-Dispersion kann über die mittlere Geschwindigkeit definiert werden:

$$j_D = \bar{u}_x \frac{2}{R^4} \int_0^R \left(\frac{R^2}{2} - r^2 \right) c'\, r\, dr \,. \tag{2.129}$$

Durch Instabilitäten in der Strömung entstehen turbulente Wirbel als kohärente Strukturen. Diese Wirbel führen in Abhängigkeit der Betrachtungsskala zu wohlstrukturierten, korrelierten Fluktuationen, wie in einem laminaren Geschwindigkeitsprofil, oder zu unkorrelierten, rein zufälligen Fluktuationen, wie bei der Diffusion. Korrelierte Wirbelstrukturen sind im Allgemeinen nicht deutlich kleiner als die Betrachtungsskala und treten innerhalb kurzer Zeiten nach ihrer Entstehung auf. Dann wird der dispersive Stoffstroms $\vec{j}_D$ ähnlich wie bei der Taylor-Dispersion über das Geschwindigkeitsfeld im Wirbel beschrieben. Allerdings liegt dafür im Allgemeinen keine explizite Beschreibung vor. Unkorrelierte Wirbelstrukturen sind hingegen viel kleiner als die Betrachtungsskala und treten erst lange Zeit nach ihrer Entstehung auf. In solchen Fällen kann der dispersive Stoffstrom mit Hilfe des 1. Fick'schen Gesetzes ausgedrückt werden

$$\vec{j}_D = \underline{\mathbf{D_t}}\, \vec{\nabla} c \,. \tag{2.130}$$

Dabei ist $\underline{\mathbf{D_t}}$ die turbulente Diffusion, eine im Allgemeinen anisotrope tensorielle Größe, da die maßgebliche Raum- und Zeitskala der Wirbelstrukturen in den unterschiedlichen Raumrichtungen unterschiedlich sein kann $D_{t,i} = \overline{u_i L_i}$.

Im porösen Medium sind die Geschwindigkeitsfluktuationen im Wesentlichen durch die Form der Fließbahnen vorgegeben. Auf der Porenskala ist diese Form durch das Umströmen der einzelnen Körner vorgegeben, wohingegen auf größerer Skala Heterogenitäten in den hydraulischen Eigenschaften des Aquifers einen ähnlichen Einfluss besitzen wie die Körner auf Porenskala (Abb. 2.26). Diese Heterogenitäten in der hydraulischen Leitfähigkeit und der Porosität erzeugen Fluktuationen $\vec{v}_a'$ in der mittleren Transportgeschwindigkeit $\vec{v}_a$ (Gl. 2.108) auf großer Skala, die *Makro-Dispersion*. Unter der Annahme, dass diese

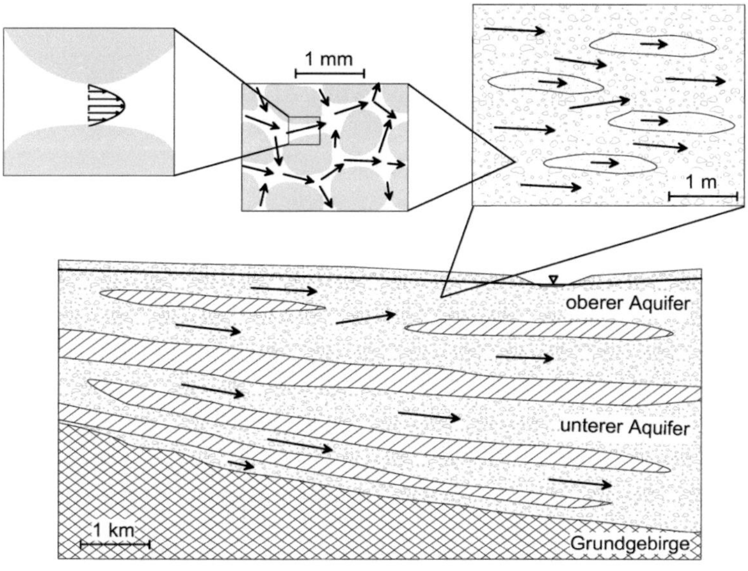

Abbildung 2.26: *Geschwindigkeitsfluktuationen als Ursachen der Dispersion in porösen Medien auf unterschiedlichen Skalen.*

Fluktuationen unkorreliert sind, kann der spezifische dispersive Stoffstrom im porösen Medium ebenfalls durch das 1. Fick'sche Gesetz beschrieben werden:

$$\vec{j}_D = n_e \, \overline{\vec{v}_a' \, c'} = n_e \, \underline{\mathbf{D}}' \, \vec{\nabla} c \,, \tag{2.131}$$

wobei der Dispersionstensor $\underline{\mathbf{D}}' = f(|\vec{v}_a|, K\text{-}Verteilung)$ abhängig von der Transportgeschwindigkeit $\vec{v}_a$ selbst und der räumlichen Verteilung der hydraulische Leitfähigkeiten $K(\vec{x})$ ist. Er ist im Allgemeinen anisotrop, da auch in einem isotropen porösen Medium die Geschwindigkeitsfluktuationen in Strömungsrichtung (longitudinal) größer sind als quer dazu (transversal) $v'_{a,L} > v'_{a,T}$. Allerdings sind im Allgemeinen auch die Strömungsrichtung und die Koordinatenachsen unterschiedlich. Mit Hilfe der longitudinalen und transversalen *Dispersivitäten*, α_L bzw. α_T, und den Komponenten der Transportgeschwindigkeit in den Koordinatenrichtungen lassen sich die Komponenten des Dispersionstensors definieren (Scheidegger, 1961):

$$D'_{ij} = \alpha_T \, |\vec{v}_a| \, \delta_{ij} + (\alpha_L - \alpha_T) \, \frac{v_{a,i} \, v_{a,j}}{|\vec{v}_a|} \,. \tag{2.132}$$

Für den Fall, dass die Strömung in Richtung der x-Koordinate erfolgt, vereinfacht sich diese Gleichung (2.132) und der Dispersionstensor kann durch eine longitudinale und transversale Komponente ausgedrückt werden:

$$\underline{\mathbf{D}}' = \begin{pmatrix} D'_L & & 0 \\ & D'_T & \\ 0 & & D'_T \end{pmatrix} = \begin{pmatrix} \alpha_L & & 0 \\ & \alpha_T & \\ 0 & & \alpha_T \end{pmatrix} |\vec{v}_a| \,. \tag{2.133}$$

In einem anisotropen porösen Medium lassen sich die Komponenten des Dispersionstensors durch Unterscheidung einer horizontalen und vertikalen transversalen Dispersivität, α_{TH} bzw. α_{TV}, und Modifikation der Gleichung (2.132) formulieren (Burnett & Frind, 1987):

$$\begin{aligned} D'_{ij} &= \alpha_{TH} \frac{v_{a,x}^2 + v_{a,y}^2}{|\vec{v}_a|} \delta_{ij} + \alpha_{TV} \frac{v_{a,z}^2}{|\vec{v}_a|} \delta_{ij} + (\alpha_L - \alpha_{TH}) \frac{v_{a,i}\, v_{a,j}}{|\vec{v}_a|}, \quad \text{falls } i \text{ und } j \neq z \\ D'_{ij} &= \alpha_{TV}\, |\vec{v}_a|\, \delta_{ij} + (\alpha_L - \alpha_{TV}) \frac{v_{a,i}\, v_{a,j}}{|\vec{v}_a|}, \quad \text{falls } i \text{ oder } j = z \end{aligned} \quad . \qquad (2.134)$$

Ist die x-Richtung die Strömungsrichtung vereinfacht sich der Dispersionstensor zu:

$$\underline{\mathbf{D}}' = \begin{pmatrix} \alpha_L & & 0 \\ & \alpha_{TH} & \\ 0 & & \alpha_{TV} \end{pmatrix} |\vec{v}_a| \, . \qquad (2.135)$$

Die Dispersivitäten sind generell abhängig von der Skala der maßgeblichen Heterogenitäten L_S. Aus der Zusammenstellung experimenteller Daten von Tracerversuchen auf unterschiedlichen Skalen wurde eine solche Skalenabhängigkeit der longitudinalen und transversalen Dispersivität α_L bzw. α_T gefunden (Gelhar, 1986). Dabei stellte die Größe des betrachteten Untersuchungsgebiets L_G die maßgebliche Skala dar, die im Falle von Tracerversuchen durch den Abstand zwischen Zugabe- und Beobachtungsstelle gegeben ist. Um eine geeignete Beschreibung der Strömung und des Transports unter Beachtung des REV-Konzepts durchzuführen, müssen effektive Parameter in einem REV durch Integration der Heterogenitäten der hydraulischen Leitfähigkeit $K(\vec{x})$ der Skalen $L_S \leq L_G/20$ definiert werden. Ist die Skala der Heterogenitäten größer $L_S > L_G/20$ kann nicht mehr von unkorrelierten Fluktuationen des Geschwindigkeitsfeldes $\vec{v}'_a$ ausgegangen und das Fick'sche Gesetz (Gl. 2.131) angewendet werden.

Durch geostatistische Betrachtungen können die Heterogenitäten in der hydraulischen Leitfähigkeit $K(\vec{x})$ mit Hilfe der Korrelationslänge λ_c quantitativ erfasst werden, die der charakteristischen Ausdehnung der hydraulisch wirksamsten Strukturen entspricht $\lambda_c \cong L_S$. Da in vielen Fällen die Verteilung der hydraulischen Leitfähigkeiten K gut durch eine Log-Normalverteilung, Gauß-Verteilung für die Logarithmen, beschrieben werden kann (Freeze, 1975), wurde die Größe $Y_K = \ln K$ eingeführt. Die Verteilung der Größe Y_K ist dann durch den Mittelwert $\overline{Y_K}$ und die Standardabweichung σ_Y charakterisiert. Über stochastische Betrachtungen kann eine Abschätzung für die longitudinale (Makro-) Dispersivität erfolgen (Dagan, 1989; Neumann et al., 1987):

$$\alpha_L = \sigma_Y^2\, \lambda_c \, . \qquad (2.136)$$

Die Literatur unterscheidet bei dieser Betrachtung zwischen einer lokalen Dispersivität und einer Makrodispersivität (Dagan, 1989; Gelhar & Axness, 1983), da sich die Prozesse unterscheiden, die auf den unterschiedlichen Skalen die Geschwindigkeitsfluktuationen erzeugen. Der oben durchgeführten Analyse zur Gültigkeit des Fick'schen Ansatzes liegt eine verallgemeinerte und damit skalenunabhängige Betrachtung der Geschwindigkeitsfluktuationen zu Grunde, so dass hier auf diese Unterscheidung verzichtet werden konnte.

Dagan (1989) und Gelhar & Axness (1983) konnte auf ähnliche Weise eine Abschätzung für die transversale Dispersivität ableiten. Diese zeigt allerdings nur für kleine Transportstrecken eine ähnliche Abhängigkeit von der Skala der Strukturen λ_c. Für viele praktische Fragestellungen wird ohne genauere Kenntnis der Strukturen traditionell ein festes Verhältnis zwischen transversaler und longitudinaler Dispersivität von $\alpha_T/\alpha_L = 1/10$ angenommen. Dabei wird jedoch stillschweigend von einem entsprechenden Verhältnis der jeweiligen Ausdehnung der hydraulisch wirksamsten Strukturen ausgegangen, was diese Betrachtungsweise auf ganz spezielle Bedingungen einschränkt. Bei der Beschreibung von Austauschvorgängen an Grenzflächen hat sich in jüngeren Untersuchungen gezeigt, dass die maßgeblichen Strukturen die Poren darstellen (Cirpka et al., 2006), so dass insbesondere in vertikaler Richtung die transversale Dispersivität in der Größenordnung des Korndurchmessers $\alpha_T \cong d_s$ liegt.

Eine besondere Bedeutung kommt der Beschreibung der Transportvorgänge in einem Kluftaquifer zu. Dort finden sich maßgebliche Strukturen auf ganz unterschiedlichen Skalen. In einer Einzelkluft sind die Fluktuationen im Geschwindigkeitsfeld $\vec{v}_a'$ durch die Variabilitäten der Kluftöffnungsweiten in der Kluftfläche gegeben. Es gelten ähnliche Gesetzmäßigkeiten für den dispersiven Stofftransport wie im porösen Medium. Für die Transportvorgänge in einem Kluftnetzwerk hingegen ist die maßgebliche Skala der Abstand zwischen einzelnen Kluftverschneidungen, die mit den Kluftabständen korreliert sind. Dispersion kann in einem Kluftnetzwerk demnach nur auf regionalen Skalen mit dem Fick'schen Ansatz beschrieben werden.

Die Dispersion als eine integrale Größe zur Erfassung der Fluktuationen im Geschwindigkeitsfeld bedingt durch heterogene Strukturen im Untergrund auf kleinerer Skala stellt ein weiteres grundlegendes **Äquivalenzmodell** bei der Beschreibung des Stofftransports im Untergrund dar.

2.4.6 Peclet-Zahl

Zur Charakterisierung der Transportvorgänge hinsichtlich der konservativen Transportprozesse Advektion, Diffusion und Dispersion kann mit Hilfe einer Kennzahl, der sogenannten *Peclet-Zahl Pe* erfolgen. Diese Kennzahl setzt den advektiven zum diffusiven Stofftransport ins Verhältnis:

$$Pe = \frac{v_a\, d_c}{D_e} \, . \tag{2.137}$$

Dabei ist für die Betrachtungen im porösen Medium v_a der Betrag der Transportgeschwindigkeit, d_c eine charakteristische Porengröße und D_e der effektive Diffusionskoeffizient (Gl. 2.120). Für Peclet-Zahlen $Pe < 1$ wird der Transport als diffusiv dominiert charakterisiert. Ist die Peclet-Zahl $Pe > 10$ gilt der Transport als advektiv dominiert. Im Übergangsbereich $1 < Pe < 10$ sind beide Transportprozesse von Bedeutung.

Da auch die Dispersion in porösen Medien mit einem Fick'schen Ansatz beschrieben wird, kann auch für den großskaligen Transport eine Peclet-Zahl definiert werden. Ist L_G die Längenskala des betrachteten Gebiets und D'_L der longitudinale Dispersionskoeffizient (Gl. 2.120) ergibt sich unter Verwendung der longitudinalen Dispersivität und der Abschätzung dieser Dispersivität mit Hilfe der Korrelationslängen $\lambda_c \simeq L_S$ für die hydraulisch wirksamsten Strukturen (Gl. 2.136):

$$Pe = \frac{v_a\, L_G}{D'_L} = \frac{v_a\, L_G}{v_a\, \alpha_L} = \frac{L_G}{\sigma_Y\, L_S} \approx \frac{20}{\sigma_Y}\,. \tag{2.138}$$

Aus dieser Betrachtung ergibt sich, dass für mäßig heterogene Systeme, bis $\sigma_Y \simeq 2$, immer advektiv dominierter Transport vorliegt, solange die Längenskalen so gewählt sind, dass die Geschwindigkeitsfluktuationen unkorreliert sind und damit der Fick'sche Ansatz als zulässig gelten kann. Aus dieser Betrachtung lässt sich ableiten, dass bei Betrachtung einer kontinuierlichen Stoffzugabe in Abhängigkeit der betrachteten Distanz von der Quelle das REV und damit auch die Dispersivitäten zu definieren sind.

Ist die Längenskala der Strukturen, die Korrelationslänge λ_c, im Vergleich zu der Längenskala des betrachteten Gebiets zu groß, kann die damit verbundene Heterogenität bei Betrachtungen des Stofftransports nicht mit Hilfe eines Fick'schen Dispersionsansatzes beschrieben werden. In einem solchen Fall sind für eine adäquate Bilanzierung des Stofftransports die einzelnen Strukturen bei der Strömungs- und Transportberechnung explizit zu berücksichtigen. Andererseits können experimentell gewonnene Daten dennoch mit Hilfe des Dispersionsansatzes beschrieben werden. Dann muss allerdings klar sein, dass die ermittelten Parameterwerte eine scheinbare und keine Fick'sche Dispersion beschreiben (vgl. Kap. 4.5.1). Eine solche Vorgehensweise bietet den Vorteil, dass sie angewendet auf der Skala, auf der die Parameterwerte ermittelt wurde, prognosefähig bleibt. D.h. die Parameterwerte sind skalanabhängig, womit sich die in der Literatur zusammengestellten Daten nachvollziehbar interpretieren lassen.

Die Peclet-Zahl Pe kann auch dazu verwendet werden, die Transportgleichung (Gl. 2.100) zu analysieren. Ohne größere Einschränkung der Allgemeinheit kann dazu der rein advektiv-dispersive Stofftransport x-Richtung in einem gleichförmigen Geschwindigkeitsfeld betrachtet werden:

$$\frac{\partial c}{\partial t} = -v_a \frac{\partial c}{\partial x} + D \frac{\partial^2 c}{\partial x^2} = -v_a \frac{\partial c}{\partial x} + v_a \frac{L_c}{Pe} \frac{\partial^2 c}{\partial x^2}\,. \tag{2.139}$$

Werden dabei die Koordinate $x' = x/L_c$ durch die charakteristische Länge L_c, etwa die betrachtete Transportstrecke, und die Zeit $t' = t/t_c$ durch die charakteristische Zeit t_c, die sich über $v_a = L_c/t_c$ definieren lässt, ausgedrückt, ergibt sich die Transportgleichung in den dimensionslosen Variablen t' und x':

$$\frac{\partial c}{\partial t'} = -\frac{\partial c}{\partial x'} + \frac{1}{Pe}\frac{\partial^2 c}{\partial x'^2} \,. \tag{2.140}$$

In dieser Transportgleichung wird der dominierende Transportprozess durch die Peclet-Zahl Pe definiert. Für kleine Peclet-Zahlen $Pe < 1$ ist demnach der Stofftransport durch den zweiten Term auf der rechten Seite der Gleichung (2.140), also Diffusion oder Dispersion, für große Peclet-Zahlen $Pe > 10$ hingegen durch den ersten Term auf der rechten Seite der Gleichung (2.140), also Advektion, dominiert.

Kapitel 3

Lösungsverfahren

In diesem Kapitel sind die unterschiedlichen Verfahren zusammengestellt, die zur Lösung der Bilanzgleichungen für Strömung und Transport im Untergrund (Gl. 2.67, 2.68, 2.100) zur Verfügung stehen. Dabei wird zwischen analytischen und numerischen Verfahren unterschieden. Die *analytischen Lösungsverfahren* sind nur für Systeme mit stark vereinfachter Geometrie sowie Anfangs- und Randbedingungen anwendbar. Sie liefern dafür jedoch exakte Lösungen und explizite Zusammenhänge zwischen den relevanten Größen und den verwendeten Parametern. Die *numerischen Lösungsverfahren* andererseits sind im Prinzip für beliebig komplexe Systeme anwendbar. Allerdings stellen sie nur Näherungslösungen dar, wobei die Genauigkeit der Lösung direkt mit dem numerischen Aufwand, d.h. der Diskretisierung in Raum und Zeit, verknüpft ist. Dieser Aufwand kann sich ebenso wie der erforderliche Datenumfang als limitierend erweisen. Zudem können auftretende Schwierigkeiten, wie numerische Instabilitäten, einen erhöhten Aufwand erfordern.

Zu den vorgestellten Verfahren sind jeweils ein oder mehrere Beispiele beschrieben, die in der Praxis Anwendung finden. Die analytischen Lösungen liefern dabei oft entweder ein grundsätzliches Systemverständnis oder dienen der Verifizierung numerischer Lösungsverfahren. Die numerischen Lösungsverfahren werden dagegen meist zur Abbildung komplexer, realer Systeme verwendet.

3.1 Analytische Verfahren

Analytische Lösungsverfahren beruhen generell auf mehrfacher Integration der betrachteten Differenzialgleichung über das Volumen in Abhängigkeit der Ordnung der auftretenden Ableitungen. Die Differenzialgleichungen zur Beschreibung von Strömung und Transport im Untergrund (Gl. 2.67, 2.68, 2.100) enthalten Ableitungen zweiter Ordnung im Raum, so dass eine zweifache Volumenintegration durchzuführen ist. Sind mit der jeweiligen Differenzialgleichung instationäre Vorgänge zu bilanzieren, treten zusätzlich Zeitableitungen erster Ordnung auf, die bei der Lösung eine Integration über die Zeit erfordern. Die jeweils zu wählenden Intergrationsverfahren sind durch die Komplexität der Differenzialgleichung und der Parameterfunktionen bestimmt.

Um solche Integrationen analytisch durchführen zu können, sind in der Regel Vereinfachungen der Differenzialgleichung selbst, der zu definierenden Parameterfelder, der Geometrien des Lösungsgebiets sowie der Anfangs- und Randbedingungen erforderlich. Die Ausnutzung von Symmetrien ermöglicht eine Reduktion der Dimensionalität in der Differenzialgleichung selbst. Durch Reduzieren der betrachteten Variabilität in den Parameterfeldern lassen sich ebenfalls die Differenzialgleichungen vereinfachen. Vereinfachte geometrische Eigenschaften des Betrachtungsgebiets reduzieren die Komplexität bei der Formulierung der Randbedingungen.

Aufgrund dieser vereinfachenden Annahmen können analytische Lösungen auch als Äquivalenzmodelle aufgefasst werden. Sie bieten die Möglichkeit Strömung und Transport im Untergrund unter vereinfachten Bedingungen zu bilanzieren.

3.1.1 Direkte Integration, explizit

Die eleganteste Möglichkeit, eine Differenzialgleichung zu lösen, ist ihre direkte Integration und die explizite Formulierung einer geschlossenen Lösung. Das heißt, die gesuchte unbekannte Variable kann direkt als Funktion der unabhängigen Variablen, z.B. der Koordinaten, angegeben werden. Dies setzt allerdings voraus, dass es sich um eine gewöhnliche Differenzialgleichung handelt oder dass die einzelnen Koordinatenrichtungen unabhängig voneinander integriert werden können. Weiterhin muss für den Integranden eine Stammfunktion existieren. Die Integrationsgrenzen lassen sich dabei aus den Randbedingungen ableiten. Das Auffinden solcher analytischer Lösungen soll an Beispielen ein-dimensionaler stationärer Grabenströmungen in unterschiedlichen Aquiferen demonstriert werden.

Die ein-dimensionale Grabenströmung zeichnet sich dadurch aus, dass der Aquifer in einem rechteckigen Gebiet von zwei Rändern in y-Richtung mit großer Längserstreckung begrenzt wird (Abb. 3.1). Diese beiden Ränder begrenzen den Aquifer in x-Richtung auf der Distanz L und sind durch jeweils eine einheitliche und stationäre hydraulische Randbedingung gekennzeichnet. In einem solchen Aquifer bildet sich eine Parallelströmung aus, sofern auch die vertikalen Ränder eine einheitliche Geometrie in y-Richtung und die Parameterfelder der hydraulischen Leitfähigkeit $\underline{\mathbf{K}}$ sowie der Quellen und Senken W_0 eine homogene Verteilung aufweisen.

Die zu Grunde liegende Differenzialgleichung ergibt sich für den Fall der Hauptachsendarstellung der hydraulischen Leitfähigkeit dann zu

$$K_x \frac{\partial^2 h}{\partial x^2} + K_y \frac{\partial^2 h}{\partial y^2} + K_z \frac{\partial^2 h}{\partial z^2} = W_0 \,. \tag{3.1}$$

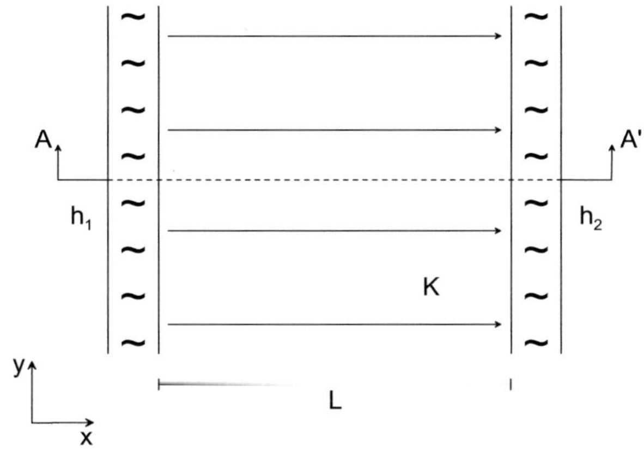

Abbildung 3.1: *Grabenströmung in einem Aquifer mit unterschiedlichen Vertikalschnitten A – A' zwischen zwei parallel verlaufenden Fließgewässern mit als konstant angenommenen Wasserspiegeln h_1 und h_2.*

Diese Differenzialgleichung (Gl. 3.1) kann formal vereinfacht werden, indem eine Referenzleitfähigkeit K_0 zur Beschreibung der hydraulischen Leitfähigkeiten in die einzelnen Raumrichtungen $K_x = a_x\, K_0$, $K_y = a_y\, K_0$, $K_z = a_z\, K_0$, definiert und damit eine Koordinatentransformation $x' = x/\sqrt{a_x}$, $y' = y/\sqrt{a_y}$, $z' = z/\sqrt{a_z}$, durchgeführt wird:

$$\frac{\partial^2 h}{\partial x'^2} + \frac{\partial^2 h}{\partial y'^2} + \frac{\partial^2 h}{\partial z'^2} = \frac{W_0}{K_0}\,. \tag{3.2}$$

Der allgemeine Fall eines anisotropen Aquifers kann somit ohne Einschränkung der Allgemeinheit durch einen äquivalenten homogenen Aquifer ersetzt werden. Daher werden im Folgenden immer nur die ursprünglichen Koordinaten (x,y,z) betrachtet.

Wegen der vereinfacht angenommenen Parallelströmung besitzt die Piezometerhöhe keine Abhängigkeit in y-Richtung, $\partial h/\partial y = 0$, so dass die zweifache Integration $\iint dy\, dy$ einfach durchgeführt werden kann

$$B^2\, \frac{\partial^2 h}{\partial x^2} + B^2\, \frac{\partial^2 h}{\partial z^2} = B^2\, \frac{W_0}{K_0}\,, \tag{3.3}$$

wobei sich die Länge B in y-Richtung direkt eliminieren lässt.

Damit bleiben für die Lösung die Strömungsverhältnisse in der x-z-Ebene, Vertikalschnitt A – A' (Abb. 3.1), zu betrachten. In dieser Ebene können sich in Abhängigkeit der hydrogeologischen Verhältnisse unterschiedliche Konfigurationen ergeben. Als weitere Vereinfachung werden im Folgenden zudem keine volumenbezogene Quellen oder Senken betrachtet, d.h. $W_0 = 0$.

Der einfachste Fall dabei ist ein **gespannter Aquifer** mit horizontal verlaufender Sohle und oberer Begrenzung durch eine Deckschicht (Abb. 3.2), die beide als undurchlässig

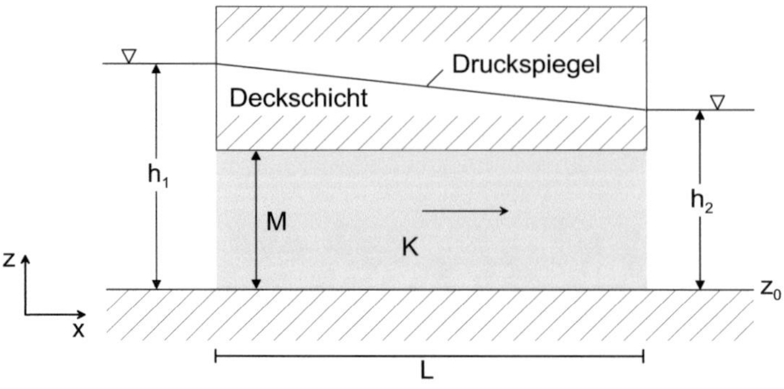

Abbildung 3.2: *Vertikalschnitt A – A' (Abb. 3.1): Grabenströmung in einem gespannten Aquifer.*

betrachtet werden. Dieser gespannte Aquifer ist neben der homogenen und als isotrop angenommenen hydraulischen Leitfähigkeit K durch eine konstante Mächtigkeit M gekennzeichnet. Dadurch entfallen in Gleichung (3.3) die Abhängigkeiten in z-Richtung und bei der zweifachen Integration $\iint dz\, dz$ kann die Mächtigkeit M ebenfalls eliminiert werden.

Die verbleibende Differenzialgleichung

$$\frac{\partial^2 h}{\partial x^2} = 0 \tag{3.4}$$

kann durch zweifache Integration in x-Richtung gelöst werden. Als allgemeine Lösung ergibt sich

$$h(x) = C_1\, x + C_2\,, \tag{3.5}$$

wobei die Integrationskonstanten C_1 und C_2 durch Einsetzen der Randbedingungen

$$\begin{aligned} x = 0: &\quad h(0) = h_1 \\ x = L: &\quad h(L) = h_2 \end{aligned} \tag{3.6}$$

in die Lösung zu bestimmen sind. Für die gewählten Randbedingungen ergibt sich somit als spezielle Lösung ein linearer Verlauf der Piezometerhöhen zwischen den beiden Rändern (s. Abb. 3.2)

$$h(x) = h_1 - \frac{h_1 - h_2}{L}\, x\,. \tag{3.7}$$

Diese Lösung hängt ausschließlich von den Randbedingungen und deren Abstand L und nicht von den Aquiferkenngrößen K und M ab. Daraus folgt, dass unter den genannten Annahmen diese Gesetzmäßigkeit für alle Aquifer mit den genannten Eigenschaften unabhängig von der Orientierung gilt. Aus dieser Lösung ergibt sich ein konstanter spezifische Durchfluss pro Breiteneinheit für jede beliebige Stelle x:

$$\tilde{Q} = \frac{Q}{B} = -K\, M\, \frac{\partial h}{\partial x} = T\, \frac{h_1 - h_2}{L}\,. \tag{3.8}$$

Dabei wird $T = K\,M$ als *Transmissivität* bezeichnet. Diese Beziehung entspricht dem von Darcy (1856) gefundenen Zusammenhang.

Zur weiteren Analyse werden folgende Größen betrachtet, die eine dimensionslose Darstellung der Lösungen für die Randbedingungen (Gl. 3.6) erlauben:

$$\begin{aligned} \Delta H &= h_1 - h_2, \quad \text{äußeres, treibendes hydraulisches Gefälle} \\ h^* &= \frac{h-h_2}{\Delta H} \in [0,1], \quad \text{dimensionslose Piezometerhöhe} \\ x^* &= \frac{x}{L} \in [0,1], \quad \text{dimensionslose x-Koordinate}\,. \end{aligned} \tag{3.9}$$

Die Lösung (Gl. 3.7) der Differenzialgleichung (Gl. 3.4) ist damit

$$h^*(x) = 1 - x^* \tag{3.10}$$

und der Durchfluss pro Breiteneinheit

$$\tilde{Q} = T\,\frac{\Delta H}{L}\,. \tag{3.11}$$

Ein geometrisch ähnlich einfacher, doch hydraulisch komplexerer Fall ist der **ungespannte Aquifer**, der nur durch eine horizontale undurchlässige Sohle, $z_0 = konst.$, begrenzt wird und in dem sich der Grundwasserspiegel $\tilde{h}(x)$ frei einstellen kann (Abb. 3.3). Damit ist in einem ungespannten Aquifer die durchströmte Mächtigkeit $M(x) = h(x) - z_0$ von der Lage des Grundwasserspiegels und somit vom Ort abhängig. Der Grundwasserspiegel stellt zudem eine Randstromlinie dar, weshalb bei einem geneigten Grundwasserspiegel eine Strömungskomponente $q_z \neq 0$ auftritt (Abb. 3.4), wodurch die Integration $\int\!\!\int dz\,dz$ komplizierter wird.

In der Natur werden in der Regel jedoch nur geringe Neigungen des Grundwasserspiegels $d\tilde{h}/dx \simeq 10^{-2} \ldots 10^{-3} << 1$ beobachtet. Daraus lassen sich die folgenden Annahmen nach

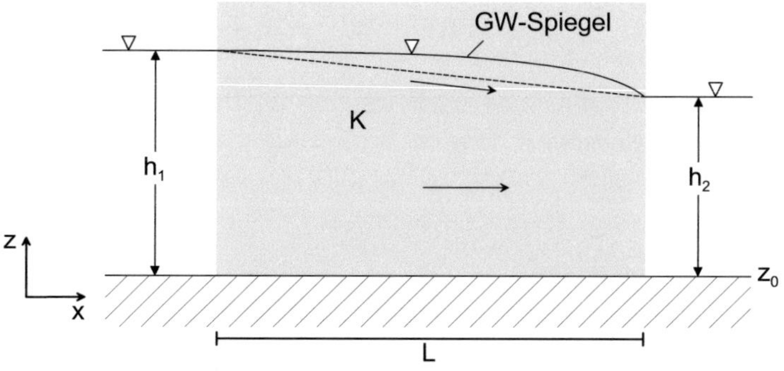

Abbildung 3.3: *Vertikalschnitt A – A' (Abb. 3.1): Grabenströmung in einem ungespannten Aquifer mit freiem Grundwasserspiegel.*

Abbildung 3.4: *Lokale hydraulische Verhältnisse am freien Grundwasserspiegel.*

Dupuit (1863) ableiten. Die Vertikalkomponente kann vernachlässigt werden $q_z \simeq 0$. Damit ist auch der Gradient der Piezometerhöhe in vertikaler Richtung zu vernachlässigen $\partial h/\partial z \simeq 0$. Auf Basis dieser Annahmen kann eine *tiefengemittelte* Betrachtung erfolgen, da damit auch die z-Abhängigkeiten der Piezometerhöhe $h(x,z) \simeq \tilde{h}(x)$ und der x-Komponente des spezifischen Durchflusses $q_x(x,z) \simeq q_x(x)$ vernachlässigbar sind. Wird in Gleichung (3.3) das Darcy-Gesetz verwendet, ist also folgende Differenzialgleichung zu lösen:

$$\frac{\partial}{\partial x} q_x + \frac{\partial}{\partial z} q_z = 0\,. \tag{3.12}$$

Die erste Integration $\int dz$ kann mit Hilfe der tiefengemittelten Betrachtung einfach ausgeführt werden:

$$\begin{aligned}\int\limits_{z_0}^{\tilde{h}} \frac{\partial}{\partial x} q_x + \int\limits_{z_0}^{\tilde{h}} \frac{\partial}{\partial z} q_z = \left(\tilde{h}(x) - z_0\right) \frac{\partial}{\partial x} q_x(x) + q_z\left(\tilde{h}(x)\right) - q_z(z_0) = \\ \frac{\partial}{\partial x}\left[\left(\tilde{h}(x) - z_0\right) q_x(x)\right] - \frac{\partial \tilde{h}}{\partial x}\, q_x(x) + q_z\left(\tilde{h}(x)\right) = 0\,.\end{aligned} \tag{3.13}$$

Da in dieser Gleichung keine Größe von z abhängt, ergibt die zweite Integration $\int dz$ einen Faktor $(\tilde{h} - z_0) > 0$, der wieder eliminiert werden kann. Weiterhin gilt aus geometrischen Betrachtungen (Abb. 3.4):

$$\frac{q_z}{q_x} = \frac{d\tilde{h}}{dx} = \frac{\partial \tilde{h}}{\partial x}\,. \tag{3.14}$$

Wird diese Beziehung (Gl. 3.14) in Gleichung (3.13) eingesetzt, erhält man die Differenzialgleichung für die Grundwasserströmung in einem ungespannten Aquifer:

$$\frac{\partial}{\partial x}\left[(h(x) - z_0)\,\frac{\partial h}{\partial x}\right] = 0\,. \tag{3.15}$$

Dabei kann wegen der Annahmen nach Dupuit die Piezometerhöhe im Aquifer dem Grundwasserspiegel gleichgesetzt werden $h(x) = \tilde{h}(x)$. Die Gleichung (3.15) lässt sich durch Variablensubstitution

$$h' = (h - z_0)^2 \tag{3.16}$$

in die Gleichung (3.4) überführen, wobei statt der Piezometerhöhe h die Variable h' die Unbekannte ist. Auf Basis der Gleichung (3.7) kann direkt die Lösung der Gleichung (3.15) angegeben werden, wobei die Randbedingungen (Gl. 3.6) entsprechend zu substituieren sind

$$h(x) = z_0 + \sqrt{(h_1 - z_0)^2 - \left[(h_1 - z_0)^2 - (h_2 - z_0)^2\right]\frac{x}{L}}\,. \tag{3.17}$$

Auch diese Lösung hängt somit ausschließlich von den Randbedingungen und deren Abstand L und nicht von der Aquiferkenngröße K ab. Aus dieser Lösung ergibt sich ebenfalls ein konstanter spezifische Durchfluss pro Breiteneinheit für jede beliebige Stelle x:

$$\tilde{Q} = -K\,(h - z_0)\,\frac{\partial h}{\partial x} = \frac{K}{2}\,\frac{(h_1 - z_0)^2 - (h_2 - z_0)^2}{L} = K\,\overline{M}\,\frac{h_1 - h_2}{L}\,, \tag{3.18}$$

wobei die mittlere Mächtigkeit $\overline{M} = [(h_1 - z_0) + (h_2 - z_0)]/2$ durch die Randbedingungen gegeben ist.

Zur dimensionslosen Betrachtung ist zu den Größen h^* und x^* (Gl. 3.9) noch die dimensionslose minimale durchströmte Aquifermächtigkeit

$$h_2^* = \frac{h_2 - z_0}{\Delta H} \tag{3.19}$$

zu definieren. Damit ergibt sich als dimensionslose Lösung für den ungespannten Aquifer

$$h^*(x^*) = h_2^*\left[\sqrt{1 + \frac{1 + 2\,h_2^*}{h_2^{*2}}\,(1 - x^*)} - 1\right] \tag{3.20}$$

und für den spezifischen Durchfluss pro Breiteneinheit

$$\tilde{Q} = K\left(\frac{1}{2} + h_2^*\right)\Delta H\,\frac{\Delta H}{L}\,. \tag{3.21}$$

Werden in Gleichung (3.20) große Werte für $h_2^* >> 1$ betrachtet, vereinfacht sich diese zu

$$h^*(x^*) \simeq 1 - x^*\,, \tag{3.22}$$

was der Lösung für den gespannten Aquifer (Gl. 3.10) entspricht. Eine solche Betrachtung ist dann gegeben, falls die minimale durchströmte Mächtigkeit $h_2 - z_0$ sehr viel größer als die Piezometerhöhendifferenz $h_1 - h_2$ ist. Solche Bedingungen finden sich bei lokalen Betrachtung in mächtigen Aquiferen mit kleinen hydraulischen Gradienten. Diese Näherung ermöglicht in der Praxis zudem die Betrachtung einer mittleren Mächtigkeit $\overline{M}$, wenn die Aquifersohle nicht eben oder leicht geneigt ausgebildet ist.

Eine weitere einfache Konfiguration stellt der sogenannte **halbgespannte** bzw. **Leaky-Aquifer** dar, bei der ein gespannter Aquifer betrachtet wird, der über eine gering durchlässige Schicht mit einem darüber oder darunter liegenden Aquifer hydraulisch verbunden ist (Abb. 3.5). Die gering durchlässige Schicht ist durch eine homogene und isotrope hydraulische Leitfähigkeit K_L und eine konstante Dicke d_L gekennzeichnet. In Abhängigkeit des Unterschieds der Piezometerhöhen zwischen den beiden Aquiferen findet eine Zusickerung q_L in den oder aus dem betrachteten gespannten Aquifer statt. Diese Zusickerung kann mit Hilfe der Formulierung des Darcy-Gesetzes für die gering durchlässige Schicht abgeschätzt werden

$$q_L(x) = \frac{K_L}{d_L}\Big(h_L - h(x)\Big) = \kappa\Big(h_L - h(x)\Big)\,, \tag{3.23}$$

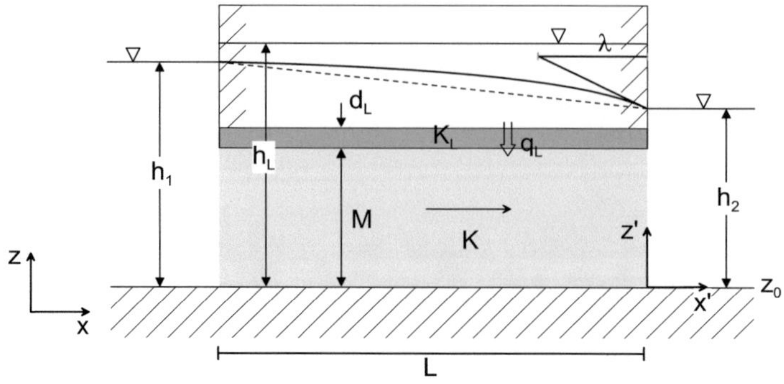

Abbildung 3.5: *Vertikalschnitt A – A' (Abb. 3.1): Grabenströmung in einem halbgespannten (leaky) Aquifer.*

wobei $\kappa = K_L/d_L$ der *Leakage-Koeffizient* ist (s. Kap 2.3.8, Gl. 2.76) und die Piezometerhöhe h_L in dem angrenzenden Aquifer als konstant betrachtet wird, da dort keine Strömung angenommen wird. Die Zusickerung q_L lässt sich bei der ersten Integration $\int dz$ als Randbedingung berücksichtigen

$$\begin{aligned} 0 = \int_0^M \frac{\partial}{\partial x} q_x + \int_0^M \frac{\partial}{\partial z} q_z = M\,K\,\frac{\partial^2 h}{\partial x^2} + q_z(M) - q_z(0) = T\,\frac{\partial^2 h}{\partial x^2} + q_L(x) \\ \text{bzw.} \quad \frac{\partial^2 h}{\partial x^2} + \frac{\kappa_L}{T}\Big(h_L - h(x)\Big) = \frac{\partial^2 h}{\partial x^2} + \frac{h_L - h}{\lambda_L^2} = 0\,. \end{aligned} \tag{3.24}$$

Dabei wird

$$\lambda_L = \sqrt{\frac{T}{\kappa_L}} = \sqrt{\frac{M\,d_L\,K}{K_L}} = d_L\sqrt{\frac{T}{T_L}} \tag{3.25}$$

als *Leakage-Faktor* bezeichnet. Wird weiterhin angenommen, dass eine Vertikalströmung q_z bedingt durch die Zusickerung q_L vernachlässigt werden kann, hängen die verbleibenden Größen nicht von z ab. Damit kann der Faktor der Mächtigkeit M aus der zweiten Integration $\int dz$ wieder eliminiert werden.

Die allgemeine Lösung dieser verbleibenden Differenzialgleichung (Gl. 3.24) lautet

$$h(x) = h_L + C_1\,e^{+\frac{x}{\lambda_L}} + C_2\,e^{-\frac{x}{\lambda_L}}\,. \tag{3.26}$$

Als spezielle Lösung ergibt sich nach Einsetzen der Randbedingungen (Gl. 3.6):

$$h(x) = h_L + (h_1 - h_L)\,\frac{\sinh((L-x)/\lambda_L)}{\sinh(L/\lambda_L)} + (h_2 - h_L)\,\frac{\sinh(x/\lambda_L)}{\sinh(L/\lambda_L)}\,. \tag{3.27}$$

In einem Leaky-Aquifer ist der spezifische Durchfluss pro Breiteneinheit ortsabhängig und gegeben durch

$$\tilde{Q}(x) = -T\,\frac{\partial h}{\partial x} = \frac{T}{\lambda_L}\left[(h_1 - h_L)\,\frac{\cosh((L-x)/\lambda_L)}{\sinh(L/\lambda_L)} - (h_2 - h_L)\,\frac{\cosh(x/\lambda_L)}{\sinh(L/\lambda_L)}\right]\,. \tag{3.28}$$

Speziell am rechten Rand $x=L$ gilt

$$\tilde{Q}(L) = -\,T\,\frac{\partial h}{\partial x}\bigg|_{x=L} = \frac{T}{\lambda_L}\left[\frac{h_1-h_L}{\sinh(L/\lambda_L)} - \frac{h_2-h_L}{\tanh(L/\lambda_L)}\right]. \tag{3.29}$$

Für den Fall $L\to\infty$ entspricht dieser Durchfluss $\tilde{Q}(L)$ dem in einem gespannten Aquifer der Länge λ_L, wenn die Randbedingung $h_1=h_L$ (Abb. 3.5).

Zur dimensionslosen Darstellung der Lösung sind die Piezometerhöhe h_L, der Leakagefaktor λ_L und der spezifische Durchfluss pro Breiteneinheit $\tilde{Q}$ mittels der Größen

$$\begin{aligned} h_L^* &= \frac{h_L-h_1}{\Delta H} \\ \lambda^* &= \frac{\lambda_L}{L} \\ \tilde{Q}^* &= \frac{\tilde{Q}}{T}\,\frac{L}{\Delta H} \end{aligned} \tag{3.30}$$

zu beschreiben. Für die dimensionslose Piezometerhöhe ergibt sich dann

$$h^*(x^*) = 1 + h_L^* - h_L^*\,\frac{\sinh((1-x^*)/(\lambda^*))}{\sinh(1/\lambda^*)} - (1+h_L^*)\,\frac{\sinh(x^*/\lambda^*)}{\sinh(1/\lambda^*)} \tag{3.31}$$

und für den dimensionslosen spezifischen Durchfluss pro Breiteneinheit

$$\tilde{Q}^*(x^*) = -\,\frac{h_L^*}{\lambda^*}\,\frac{\cosh((1-x^*)/\lambda^*)}{\sinh(1/\lambda^*)} + \frac{1+h_L^*}{\lambda^*}\,\frac{\cosh(x^*/\lambda^*)}{\sinh(1/\lambda^*)} \tag{3.32}$$

bzw.

$$\tilde{Q}^*(1) = -\,\frac{h_L^*}{\lambda^*}\,\frac{1}{\sinh(1/\lambda^*)} + \frac{1+h_L^*}{\lambda^*}\,\frac{1}{\tanh(1/\lambda^*)}. \tag{3.33}$$

Die Parameter h_L^* und λ^* besitzen unterschiedliche hydraulische Auswirkungen auf den Verlauf der dimensionslosen Piezometerhöhe $h^*(x)$ und den dimensionslosen spezifischen Durchfluss pro Breiteneinheit $\tilde{Q}^*(x)$ (Abb. 3.6). Der Parameter h_L^* beschreibt den hydraulischen Gradienten zwischen dem betrachteten und dem angrenzenden Aquifer und gibt damit direkt die Stärke der hydraulischen Beeinflussung unabhängig vom Parameter λ^* an. Ein positiver Wert $h_L^*>0$ bedeutet einen Zufluss zu ein negativer Wert $h_L^*<0$ einen Abfluss aus dem betrachteten Aquifer. Der Parameter λ^* hingegen beschreibt die hydraulische Wirksamkeit der gering durchlässigen Trennschicht. Diese ist charakterisiert zum einen durch das Verhältnis der Transmissivitäten des Aquifers T und der Trennschicht T_L und zum anderen durch das Verhältnis der Länge des Aquifers bzw. der Trennschicht L und der Mächtigkeit der Trennschicht d_L. Ein Wert dieses Parameters $\lambda^*<0,1$ bedeutet die hydraulische Dominanz des angrenzenden Aquifers, was die Anwendung des Konzepts des halbgespannten oder Leaky-Aquifers nicht mehr erlaubt. Der dimensionslose, spezifische Durchfluss $\tilde{Q}^*$ kommt über größere Bereiche zum Erliegen (Abb. 3.6).

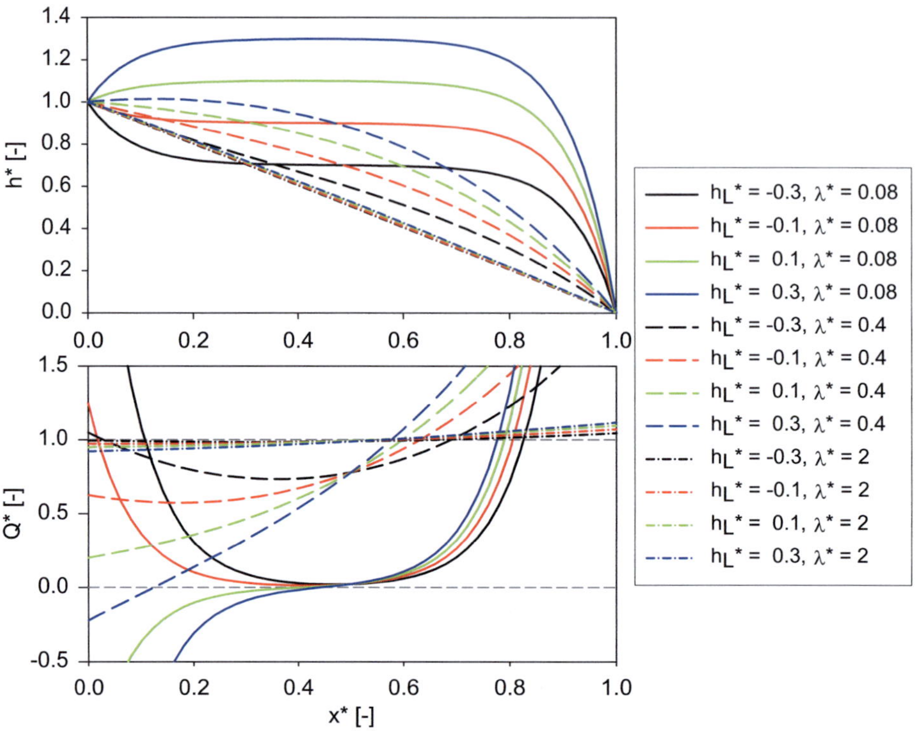

Abbildung 3.6: *Einfluss der dimensionslosen Parameter h_l^* und λ^* auf die dimensionslose Piezometerhöhe $h^*(x^*)$ und den dimensionslosen spezifischen Durchfluss pro Breiteneinheit $\tilde{Q}^*(x^*)$.*

Eine weitere einfache Konfiguration unter Betrachtung einer Zusickerung ist der **ungespannte Aquifer mit Grundwasserneubildung** (Abb. 3.7). Unter diesen Bedingungen kann die Grundwasserströmung durch Kombination der Ansätze für den einfachen ungespannten Aquifer und den Leaky-Aquifer beschrieben werden. Bei der ersten Integration $\int dz$ ist sowohl die durch Grundwasserspiegel $\tilde{h}(x)$ und horizontale Aquifersohle z_0 ortsabhängige, durchströmte Mächtigkeit $\tilde{h}(x) - z_0$ als auch die Grundwasserneubildungsrate q_N zu berücksichtigen. Unter Verwendung der Dupuit-Annahme erhält man damit die Differenzialgleichung:

$$\frac{\partial}{\partial x}\left[(h - z_0)\, K\, \frac{\partial h}{\partial x}\right] + q_N = 0\,. \qquad (3.34)$$

Da alle Größen in dieser Differenzialgleichung keine Abhängigkeit in z-Richtung aufweisen, erhält man bei der zweiten Integration $\int dz$ wieder in jedem Term einen Faktor $h - z_0$, der eliminiert werden kann. Diese Gleichung kann ebenfalls durch Variablensubstitution (vgl. Gl. 3.16) und Einsetzten der Randbedingungen (Gl. 3.6) gelöst werden:

$$h(x) = z_0 + \sqrt{(h_1 - z_0)^2 - \left[(h_1 - z_0)^2 - (h_2 - z_0)^2\right]\frac{x}{L} + \frac{q_N}{K}\, x\,(L - x)}\,. \qquad (3.35)$$

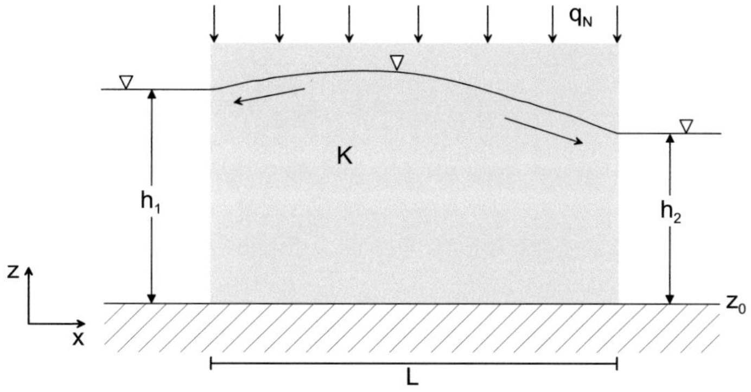

Abbildung 3.7: *Vertikalschnitt A – A' (Abb. 3.1): Grabenströmung in einem ungespannten Aquifer mit freiem Grundwasserspiegel und Grundwasserneubildung.*

In einem ungespannten Aquifer mit Grundwasserneubildung ist der spezifische Durchfluss pro Breiteneinheit wie in einem Leaky-Aquifer ortsabhängig und gegeben durch

$$\tilde{Q}(x) = K\,\frac{(h_1 - z_0)^2 - (h_2 - z_0)^2}{2\,L} - \frac{q_N}{2}\,(L - 2x)\,. \tag{3.36}$$

In Abhängigkeit der Grundwasserneubildungsrate kann bei dieser Lösung eine Wasserscheide auftreten, an der der hydraulische Gradient $\partial h/\partial x = 0$ verschwindet. Damit existiert dort kein spezifischer Durchfluss $\tilde{Q} = 0$, was bedeutet, dass über die Wasserscheide kein Wasseraustausch stattfindet. Wasserscheiden stellen daher eine natürliche Randbedingung, eine Randstromlinie (Gl. 2.74), dar. Die Lage der Wasserscheide x_W kann direkt durch Ableitung der Gleichung (3.35) ermittelt werden:

$$x_W = \frac{L}{2}\left[1 - \frac{K}{q_N}\,\frac{(h_1 - z_0)^2 - (h_2 - z_0)^2}{L^2}\right]. \tag{3.37}$$

Für kleine Grundwasserneubildungsraten q_N wird $x_W < 0$ und es tritt keine Wasserscheide auf. Für große Grundwasserneubildungsraten q_N liegt die Wasserscheide maximal bei $x_W \simeq L/2$.

Unter Verwendung der bereits definierten Größen ΔH, h^*, x^* (alle Gl. 3.9), h_2^* (Gl. 3.19) und der Größe

$$\tilde{Q}_N^* = \frac{q_N\,L}{K\left(\dfrac{1}{2} + h_2^*\right)\Delta H\,\dfrac{\Delta H}{L}}\,, \tag{3.38}$$

dem Verhältnisses der gesamten Zusickerung durch Grundwasserneubildung und des spezifischen Durchflusses durch einen ungespannten Aquifer (Gl. 3.21), kann auch für diesen Fall eine dimensionslose Lösung angegeben werden:

$$h^*(x^*) = h_2^*\left[\sqrt{1 + \frac{1 + 2\,h_2^*}{h_2^{*2}}\left(1 + \frac{\tilde{Q}_N^*}{2}\,x^*\right)(1 - x^*)} - 1\right]. \tag{3.39}$$

Die Lage des Wasserspiegels x_W^* ergibt sich dann zu

$$x_W^* = \frac{1}{2}\left(1 - \frac{2}{\tilde{Q}_N^*}\right). \tag{3.40}$$

Eine Wasserscheide bildet sich erst für $\tilde{Q}_N^* > 2$ aus, d.h. wenn die gesamte Zusickerung mehr als doppelt so hoch ist wie der spezifische Durchfluss durch denselben ungespannten Aquifer ohne Grundwasserneubildung. Der spezifische Durchfluss pro Breiteneinheit ist dann

$$\tilde{Q}(x^*) = K\left(\frac{1}{2} + h_2^*\right)\Delta H \,\frac{\Delta H}{L}\left[1 - \tilde{Q}_N^*\left(\frac{1}{2} - x^*\right)\right]. \tag{3.41}$$

Die in diesem Abschnitt vorgestellten Konfigurationen stellen die einfachsten **Äquivalenzmodelle** für natürliche Aquifere dar. Unter den betrachteten Vereinfachungen kann jeder reale Aquifer in eine der beschriebenen Konfigurationen oder eine Kombination daraus überführt werden. Aquifersysteme lassen sich mittels Kopplungen dieser Konfigurationen analysieren.

3.1.2 Direkte Integration, implizit

In manchen Fällen ist es zwar möglich eine Differenzialgleichung direkt durch Integration zu lösen, doch kann die gefundene Lösung nicht mehr nach der unbekannten, abhängigen Variablen aufgelöst werden. Die Lösung kann dann nur implizit formuliert werden. Der gefundene funktionale Zusammenhang lässt sich jedoch immer grafisch darstellen.

Am Beispiel der stationären Sickerströmung in der ungesättigten Bodenzone kann diese Lösungsmethode demonstriert werden. Dazu wird das modifizierte Darcy-Gesetz (Gl. 2.57) ein-dimensional in z-Richtung betrachtet:

$$\begin{aligned} q &= K_s\, k_r(\psi)\left(-\frac{\partial \psi}{\partial z} + 1\right) \\ \text{bzw.}\quad q &= K_s\, k_r(\theta)\left(-\frac{d\psi}{d\theta}\frac{\partial \theta}{\partial z} + 1\right). \end{aligned} \tag{3.42}$$

Dabei ist die konstante stationäre Sickerrate $q > 0$ definiert und es kann entweder die Wasserspannung ψ oder der Wassergehalt θ als unabhängige Variable verwendet werden, da diese beiden Größen über eine Retentionsbeziehung (Gl. 2.27, 2.28) direkt miteinander verknüpft sind. Die Wahl der Formulierung der Abhängigkeit der hydraulischen Leitfähigkeit $K(\psi)$ bzw. $K(\theta)$ (Gl. 2.54 bzw. 2.55) hat einen direkten Einfluss auf die Lösung. Hier wird die Formulierung nach Brooks & Corey (1966) verwendet (Gl. 2.55), womit sich die folgende Differenzialgleichung ergibt:

$$\frac{d\psi}{dz} = \frac{q}{K_s}\left(\frac{\psi}{\psi_0}\right)^{\eta_{BC}} - 1\,. \tag{3.43}$$

Für den Fall, dass die stationäre Sickerströmung weit oberhalb des Grundwasserspiegels in einem homogenen Boden betrachtet wird, kann von einer konstanten Wasserspannung ψ ausgegangen werden. Dann entfällt die Ableitung und die Auflösung der verbleibenden algebraischen Gleichung ist trivial:

$$\psi = \psi_0 \left(\frac{K_s}{q}\right)^{\frac{1}{\eta_{BC}}} . \tag{3.44}$$

In diesem Gleichgewichtszustand stellt sich die Wasserspannung ψ und damit auch der Wassergehalt θ (vgl. Gl. 2.27)

$$\theta = \theta_r + (\theta_s - \theta_r)\left(\frac{q}{K_s}\right)^{\frac{\lambda_{BC}}{\eta_{BC}}} , \tag{3.45}$$

unabhängig von der Tiefenlage z, jedoch in Abhängigkeit der Sickerrate q und der Bodenkennwerte K_s, ψ_0, bzw. θ_s, θ_r, λ_{BC} und η_{BC} ein. Der in diesem Gleichgewichtszustand wirksame hydraulische Gradient $dh/dz = 1$ wird als *Einheitsgradient* bezeichnet.

Eine nicht-triviale Lösung ergibt sich für den Fall, dass der Grundwasserspiegel einen Einfluss hat. Dann ist die Gleichung (3.43) für die untere Randbedingung $z_0 = \psi_0$ zu lösen, da für die Formulierung nach Brooks & Corey (1966) die Gleichung (3.43) nur für ungesättigte Verhältnisse definiert ist. Diese liegen nur oberhalb des geschlossenen Kapillarsaums vor, der wiederum durch die Bodenkenngröße ψ_0 charakterisiert wird. Zum Auffinden der Stammfunktion ist die Differenzialgleichung mit Hilfe einer Näherung erster Ordnung für $q/K(\psi) \ll 1$ umzuformen:

$$\int dz = -\int \frac{d\psi}{1 - \dfrac{q}{K(\psi)}} \simeq -\int \left[1 + \frac{q}{K_s}\left(\frac{\psi}{\psi_0}\right)^{\eta_{BC}}\right] d\psi . \tag{3.46}$$

Diese Näherung ist erfüllt, solange sich noch keine Gleichgewichtsbedingung (Gl. 3.44) mit dem Einheitsgradient eingestellt haben. Die Lösung lautet dann nach Bestimmung der Integrationskonstanten durch Einsetzen der Randbedingung

$$\begin{aligned} z &= z_0 + \psi_0 \left[1 - \frac{\psi}{\psi_0} + \frac{q}{K_s}\frac{1}{\eta_{BC}+1}\left(1 - \left(\frac{\psi}{\psi_0}\right)^{\eta_{BC}+1}\right)\right] \\ \textit{bzw.}\quad z &= z_0 + \psi_0 \left[1 - \left(\frac{\theta - \theta_r}{\theta_s - \theta_r}\right)^{-\frac{1}{\lambda_{BC}}} + \frac{q}{K_s}\frac{1}{\eta_{BC}+1}\left(1 - \left(\frac{\theta - \theta_r}{\theta_s - \theta_r}\right)^{-\frac{\eta_{BC}+1}{\lambda_{BC}}}\right)\right] . \end{aligned} \tag{3.47}$$

Sie gibt die Wasserspannung ψ bzw. den Wassergehalt θ implizit als $z(\psi)$ bzw. $z(\theta)$ an (Abb. 3.8). Die Höhe z_{max} über der Randbedingung z_0, bis zu der diese Lösung (Gl. 3.47) angewendet werden kann, lässt sich in guter Näherung durch Einsetzen der Gleichgewichtsbedingung (Gl. 3.44) ermitteln (vgl. Abb. 3.8):

$$z_{max} = z_0 + \psi_0 \left[1 + \frac{q}{K_s}\frac{1}{\eta_{BC}+1} - \left(1 + \frac{1}{\eta_{BC}+1}\right)\left(\frac{q}{K_s}\right)^{-\frac{1}{\eta_{BC}}}\right] . \tag{3.48}$$

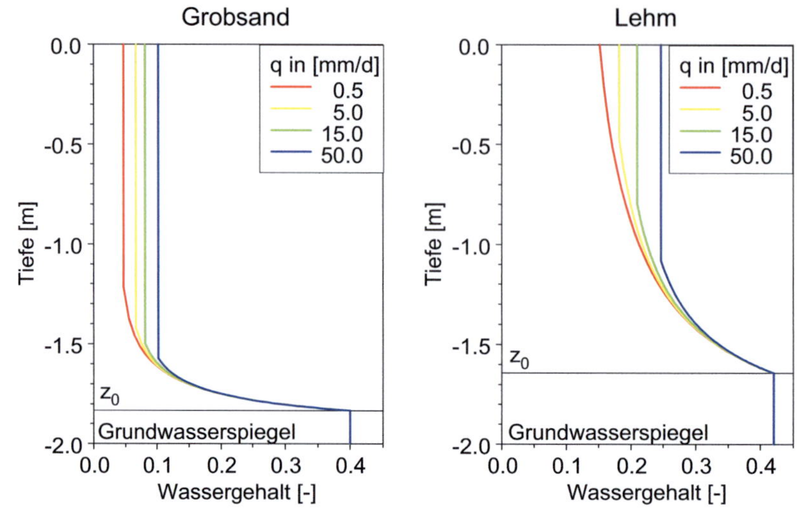

Abbildung 3.8: *Wassergehaltsverteilung über dem Grundwasserspiegel, $z = -2\,m$, bei unterschiedlichen stationären Infiltrationsraten in Grobsand und Lehm.*

Durch Erweiterung dieser impliziten Lösung (Gl. 3.47) können die Verhältnisse bei stationärer Infiltration q in einen geschichteten Boden oberhalb des Grundwasserspiegels beschrieben werden (Abb. 3.9). Die Ermittlung der Lösung erfolgt ausgehende vom Grundwasserspiegel nach oben zur Infiltrationsrandbedingung, d.h. für aufsteigende i. Dabei wird von der Kontinuität der Infiltrationsrate und der Saugspannungen an der Schichtgrenze z_{i-1} ausgegangen, so dass die resultierende Saugspannung der jeweils unteren Schicht $i-1$ als unabhängige Randbedingung für die jeweils darüber liegende Schicht i angenommen werden kann. Für die Schichten $i>1$ ist dann die folgende Fallunterscheidung bei der Näherung des Integranden in Gleichung (3.46) zu treffen:

$$\int dz \simeq \begin{cases} -\int \left[1 + \frac{q}{K_{s,i}} \left(\frac{\psi_i}{\psi_{0,i}}\right)^{\eta_{BC,i}}\right] d\psi_i, \text{ falls: } \psi_{i-1}(z_{i-1}) > \overline{\psi_i} \\ -\int \left[\frac{K_{s,i}}{q} \left(\frac{\psi_i}{\psi_{0,i}}\right)^{-\eta_{BC,i}} + \left(\frac{K_{s,i}}{q}\right)^2 \left(\frac{\psi_i}{\psi_{0,i}}\right)^{-2\eta_{BC,i}}\right] d\psi_i, \text{ falls: } \psi_{i-1}(z_{i-1}) < \overline{\psi_i} \end{cases} . \quad (3.49)$$

Dabei ist $\overline{\psi}_i$ die Lösung bei Einheitsgradient (Gl. 3.44) in der Schicht i. Die dazu gehörenden Lösungen sind dann für den Fall $\psi_{i-1}(z_{i-1}) > \overline{\psi_i}$

$$\begin{aligned} z = z_{i-1} + \psi_{0,i} \Bigg[& \frac{\psi_{i-1}(z_{i-1})}{\psi_{0,i}} - \frac{\psi_i}{\psi_{0,i}} + \\ & + \frac{q}{K_{s,i}} \frac{1}{\eta_{BC,i}+1} \left(\left(\frac{\psi_{i-1}(z_{i-1})}{\psi_{0,i}}\right)^{\eta_{BC,i}+1} - \left(\frac{\psi_i}{\psi_{0,i}}\right)^{\eta_{BC,i}+1} \right) \Bigg] \end{aligned} \quad (3.50)$$

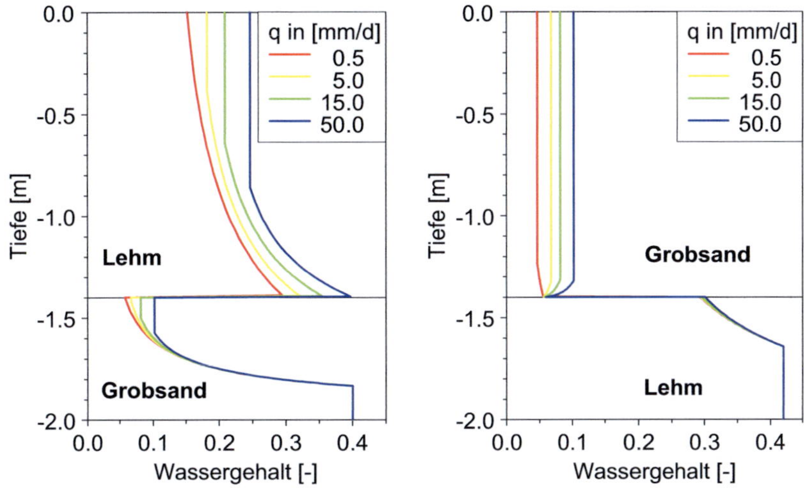

Abbildung 3.9: *Wassergehaltsverteilung über dem Grundwasserspiegel, $z = -2\,\mathrm{m}$, bei unterschiedlichen stationären Infiltrationsraten in zwei unterschiedlich geschichteten Bodenprofilen.*

und für den Fall $\psi_{i-1}(z_{i-1}) < \overline{\psi_i}$

$$\begin{aligned} z = z_{i-1} &+ \frac{K_{s,i}}{q}\,\frac{\psi_{0,i}}{1-\eta_{BC,i}}\left[\left(\frac{\psi_i}{\psi_{0,i}}\right)^{1-\eta_{BC,i}} - \left(\frac{\psi_{i-1}(z_{i-1})}{\psi_{0,i}}\right)^{1-\eta_{BC,i}}\right] + \\ &+ \frac{K_{s,i}^2}{q^2}\,\frac{\psi_{0,i}}{1-2\,\eta_{BC,i}}\left[\left(\frac{\psi_i}{\psi_{0,i}}\right)^{1-2\,\eta_{BC,i}} - \left(\frac{\psi_{i-1}(z_{i-1})}{\psi_{0,i}}\right)^{1-2\,\eta_{BC,i}}\right] \end{aligned} \tag{3.51}$$

Unter Verwendung der Retentionsbeziehung (Gl. 2.27) kann die Lösung für den Wassergehalt θ angegeben werden.

3.1.3 Reihenentwicklung

Im Allgemeinen ist jedoch für nicht-lineare Differenzialgleichungen meist ein solcher Lösungsweg nicht möglich. Stattdessen kann die gesuchte Funktion in Form einer Potenzreihe dargestellt werden und die Lösung der Differenzialgleichung über Koeffizientenvergleich ermittelt werden. Diese Lösungsmethode wird im Folgenden am Beispiel eines ungespannten, unendlich ausgedehnten Aquifers mit horizontaler Basis $z_0 = 0$, der lateral geflutet wird (Abb. 3.10), dargestellt. Die zu Grunde liegende partielle Differenzialgleichung ist instationär, ein-dimensional (tiefengemittelt) und nicht-linear:

$$S\,\frac{\partial h}{\partial t} = K\,\frac{\partial}{\partial x}\left(h\,\frac{\partial h}{\partial x}\right). \tag{3.52}$$

Die Anfangsbedingung ist gleich der Randbedingung bei $x = L \to \infty$:

$$h(x,0) = h(\infty,t) = H_2\,. \tag{3.53}$$

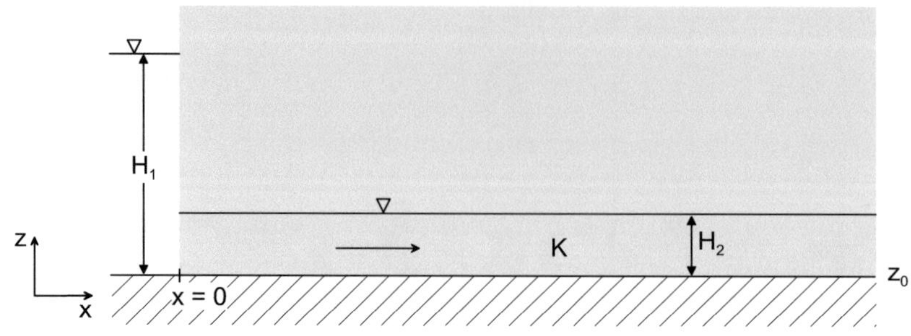

Abbildung 3.10: *Laterale Infiltration in einen ungespannten Aquifer, z.B. durch plötzlich auftretendes Hochwasser.*

Die Randbedingung bei $x=0$

$$h(0,t) = H_1 > H_2 \tag{3.54}$$

bedingt die laterale Infiltration. Dies entspricht stark vereinfacht den Verhältnissen bei plötzlich auftretendem Hochwasser in einem Fließgewässer.

Durch Variablentransformation

$$\xi = \frac{x}{\alpha\sqrt{t}} \tag{3.55}$$

erhält man die folgende gewöhnliche nicht-lineare Differenzialgleichung

$$\frac{d^2h^2}{d\xi^2} + \frac{S\,\alpha^2}{K}\,\xi\,\frac{dh}{d\xi} = 0\,. \tag{3.56}$$

Zur weiteren Vereinfachung werden folgende Substitutionen vorgenommen:

$$u = \frac{h}{H_1} \tag{3.57}$$

$$\alpha = \sqrt{\frac{2\,K\,H_1}{S}}\,. \tag{3.58}$$

Nach Einsetzen in Gleichung (3.56) erhält man die folgende gewöhnliche nicht-lineare Differenzialgleichung für $u(\xi)$:

$$u\,\frac{d^2u}{d\xi^2} + \left(\frac{du}{d\xi}\right)^2 + \xi\,\frac{du}{d\xi} = 0 \tag{3.59}$$

mit den Randbedingungen

$$\begin{aligned} u(0) &= 1 \\ u(\infty) &= \frac{H_2}{H_1}\,. \end{aligned} \tag{3.60}$$

Diese Differenzialgleichung (Gl. 3.59) kann nicht mehr geschlossen gelöst werden. Zum Auffinden der Lösung wird mit Hilfe der Taylorreihenentwicklung um den Punkt ξ_0 der

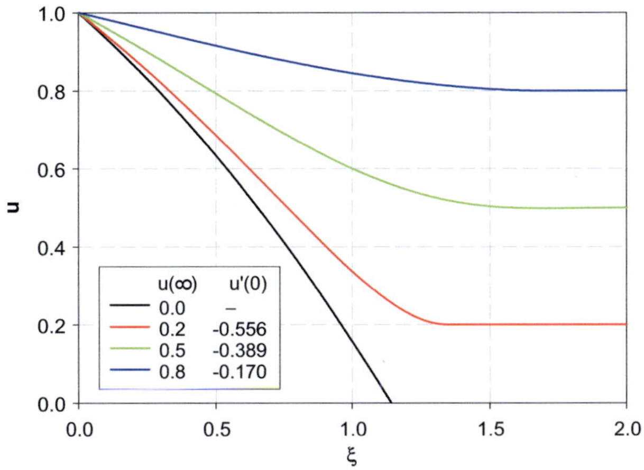

Abbildung 3.11: *Lösung der nicht-linearen Differenzialgleichung (Gl. 3.59) für unterschiedliche Randbedingungen $u(\infty)$.*

Funktionswert für den Punkt $\xi = \xi_0 + \Delta\xi$ betrachtet:

$$u(\xi) = u(\xi_0) + u'(\xi_0)\,\Delta\xi + \frac{u''(\xi_0)}{2!}\,\Delta\xi^2 + \frac{u'''(\xi_0)}{3!}\,\Delta\xi^3 + \ldots = u(\xi_0) + \sum_{n=1}^{\infty} \frac{u^{(n)}(\xi_0)}{n!}\,\Delta\xi^n\,. \quad (3.61)$$

Können ausgehend vom Punkt $\xi_0 = 0$ die Ableitungen $u^{(n)}(0)$ bestimmt werden, kann sukzessive die gesamte Lösung ermittelt werden, da sich auch die Ableitungen $u^{(n)}(\xi)$ sukzessive ebenfalls durch Taylorreihenentwicklung bestimmen lassen:

$$u^{(n)}(\xi) = u^{(n)}(\xi_0) + \sum_{l=1}^{\infty} \frac{u^{(l+n)}(\xi_0)}{l!}\,\Delta\xi^l\,. \quad (3.62)$$

Die Ableitungen $u^{(n)}(0)$ lassen sich durch Koeffizientenvergleich der jeweiligen Potenzen von $\Delta\xi$ ermitteln, nachdem die Taylorreihe (Gl. 3.61) für $\xi = \Delta\xi$ in die Differenzialgleichung (Gl. 3.59) eingesetzt wurde. Der Wert $u(0) = 1$ ist durch die Randbedingung bei $x = 0$ vorgegeben. Die Randbedingung $u(\infty) = H_2/H_1$ definiert eindeutig den vorzugebenden Wert $u'(0)$, der im speziellen Fall allerdings nur durch Ausprobieren bestimmt werden kann. Die Ableitungen für $n > 2$ können damit rekursiv bestimmt werden:

$$u^{(n)}(0) = -(n-2)\,u^{(n-2)}(0) - \frac{n!}{2} \sum_{l=1}^{n-1} \frac{u^{(l)}(0)\,u^{(n-l)}(0)}{l!\,(n-l)!}\,. \quad (3.63)$$

Der Verlauf des Wasserspiegels $h(x,t)$ kann dann aus der so ermittelten Lösung $u(\xi)$ (Abb. 3.11) errechnet werden.

Einen Spezialfall stellt die Randbedingung $u(\infty) = 0$ dar. In diesem Fall kann die Ermittlung der Lösung direkt über Koeffizientenvergleich einer Reihenentwicklung erfolgen. Dazu wird davon ausgegangen, dass ein Punkt ξ' mit $u(\xi') = 0$ existiert und dort die

Ableitungen $u'(\xi') = -c \neq 0$ und $u''(\xi') \neq \infty$ sind. Durch Einsetzen dieser Bedingungen am Punkt ξ' in die Differenzialgleichung (Gl. 3.59) ergibt sich:

$$\xi' = -u' = c\,. \tag{3.64}$$

Die Lösung der Differenzialgleichung kann dann durch die Reihenentwicklung

$$u(\xi) = a_0 + a_1\,(\xi - c) + a_2\,(\xi - c)^2 + a_3\,(\xi - c)^3 + \ldots = a_0 + \sum_{n=1}^{\infty} a_n\,(\xi - c)^n \tag{3.65}$$

angegeben werden. Durch Einsetzen der Randbedingung $u(\xi') = 0$ ergibt sich der Koeffizient $a_0 = 0$. Durch Einsetzen dieser Reihenentwicklung (Gl. 3.65) in die Differenzialgleichung (Gl. 3.59) können die weiteren Koeffizienten bestimmt werden:

$$\begin{aligned} a_1 &= -\,c \\ a_2 &= -\,\frac{1}{4} \\ a_n &= \frac{(n-1)\,a_{n-1} + \dfrac{n\,(n+1)}{2} \displaystyle\sum_{l=2}^{n-1} a_l\,a_{n+1-l}}{n^2\,c}\,, \quad \text{für n} \geq 3\,. \end{aligned} \tag{3.66}$$

Die Randbedingung $u(0) = 1$ liefert darüber hinaus die Bestimmungsgleichung für den Parameter c:

$$1 = -a_1\,c + a_2\,c^2 - a_3\,c^3 + \ldots\,. \tag{3.67}$$

Nach Einsetzen der Koeffizienten aus Gleichung (3.66) erhält man

$$c = \frac{1}{\sqrt{1 - \dfrac{1}{4} + \dfrac{1}{72} + \dfrac{1}{576} + \dfrac{11}{86400} + \dfrac{1}{115200} + \ldots}} \simeq 1{,}14275\ldots\,, \tag{3.68}$$

wodurch die Lösung (Gl. 3.65) eindeutig bestimmt ist (Abb. 3.11).

3.1.4 Potenzialtheorie

Unter stationären Bedingungen ohne Quell-/Senkenterm vereinfacht sich die Bilanzgleichung (Gl. 2.66) zu

$$\vec{\nabla} \cdot \vec{q}(\vec{x}) = 0\,. \tag{3.69}$$

Kann das Vektorfeld $\vec{q}(\vec{x})$ durch den Gradient einer skalaren Funktion

$$\vec{q}(\vec{x}) = \vec{\nabla} g(\vec{x}) \tag{3.70}$$

ausgedrückt werden, wird diese Funktion $g(\vec{x})$ als *Potenzialfunktion* bezeichnet. Für den Fall einer Grundwasserströmung in einem homogenen, anisotropen Aquifer bildet die Piezometerhöhe das Potenzial $g(\vec{x}) = -K_0 h(\vec{x})$, wobei der anisotrope Fall durch Koordinatentransformation in den isotropen Fall überführt werden kann (s. Kap. 3.1.1, Gl. 3.2).

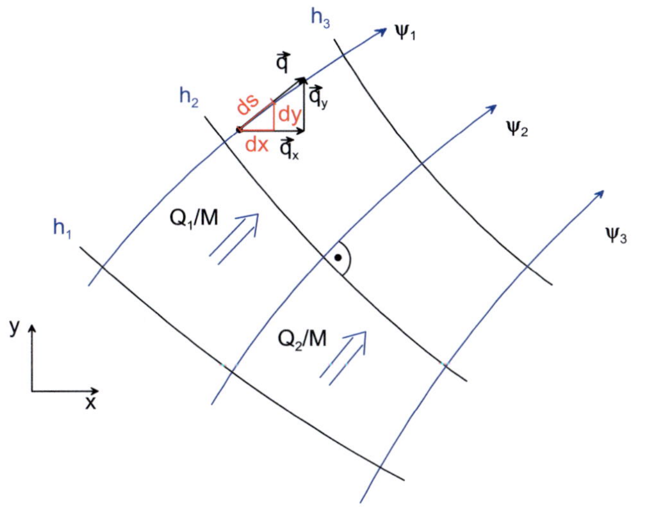

Abbildung 3.12: *Isolinien der Potenzialfunktion $h(x, y)$ und der Stromfunktion $\Psi(x, y)$: Potenzial- und Stromlinien.*

Die somit zu lösende Differenzialgleichung

$$\vec{\nabla}\left(\vec{\nabla}h(\vec{x})\right) = 0 \tag{3.71}$$

wird als *Laplace* oder *Potenzial-Gleichung* bezeichnet. Die Potenzialtheorie bildet die Grundlage zur Ermittlung der Existenz eines Potenzials und damit zur Lösung einer Laplace-Gleichung. Hier sollen nur die Eigenschaften der Lösung und die Möglichkeiten der Anwendung dieser Theorie im Bereich der Grundwasserhydraulik beschrieben werden. Da ein homogener Aquifer betrachtet wird, besitzt der Parameter $-K_0$ für die Lösung der Laplace-Gleichung (Gl. 3.71) keine Bedeutung, weswegen meist die Piezometerhöhe h und nicht die Funktion g als Potenzial betrachtet werden. Die Linien gleicher Piezometerhöhe h werden als Potenziallinien bezeichnet.

Das Vektorfeld $\vec{q}(\vec{x})$ ist per Definition tangential zur Bewegungsrichtung (Abb. 3.12). Damit ist für eine infinitesimale Bewegung $\vec{ds}$ in zwei Dimensionen (x, y)

$$\frac{q_x}{q_y} = \frac{dx}{dy}. \tag{3.72}$$

Durch Einsetzen der Gleichung (3.70) und Umformen ergibt sich:

$$0 = \frac{\partial g}{\partial y}\,dx - \frac{\partial g}{\partial x}\,dy. \tag{3.73}$$

Die kontinuierliche Bewegung erzeugt Stromlinien, entlang denen die *Stromfunktion* Ψ als konstant definiert ist. Damit ist

$$d\Psi = \frac{\partial \Psi}{\partial x}\,dx + \frac{\partial \Psi}{\partial y}\,dy = 0 \tag{3.74}$$

Der formale Vergleich der Gleichungen (3.73) und (3.74) ergibt, dass die Ableitungen der Stromfunktion Ψ über die *Cauchy-Riemann-Bedingungen* mit den Ableitungen der Potenzialfunktion g verknüpft sind:

$$\frac{\partial \Psi}{\partial x} = \frac{\partial g}{\partial y}, \quad \frac{\partial \Psi}{\partial y} = -\frac{\partial g}{\partial x}. \tag{3.75}$$

Aus den Cauchy-Riemann-Bedingungen (Gl. 3.75) kann direkt abgeleitet werden, dass Strom- und Potenziallinien senkrecht aufeinander stehen. Die Berechnung des Skalarprodukts der jeweiligen Gradienten ergibt

$$\vec{\nabla} g \cdot \vec{\nabla} \Psi = \frac{\partial g}{\partial x}\frac{\partial \Psi}{\partial x} + \frac{\partial g}{\partial y}\frac{\partial \Psi}{\partial y} = \frac{\partial g}{\partial x}\frac{\partial g}{\partial y} - \frac{\partial g}{\partial y}\frac{\partial g}{\partial x} = 0. \tag{3.76}$$

Somit stehen die Gradienten senkrecht aufeinander. Da die Potenzial- und Stromlinien jeweils senkrecht zu ihren Gradienten sind, sind diese selbst auch senkrecht zueinander. Prinzipiell lässt sich diese Betrachtungsweise auf drei Dimensionen erweitern. Dann ist die Stromfunktion durch folgende Bedingungen definiert:

$$\frac{\partial \Psi}{\partial x} = \frac{\partial g}{\partial y} - \frac{\partial g}{\partial z}, \quad \frac{\partial \Psi}{\partial y} = \frac{\partial g}{\partial z} - \frac{\partial g}{\partial x}, \quad \frac{\partial \Psi}{\partial z} = \frac{\partial g}{\partial x} - \frac{\partial g}{\partial y}. \tag{3.77}$$

Daraus ergeben sich Stromlinien, die senkrecht auf Potenzialflächen stehen.

Durch diese Zusammenhänge können einige für die praktische Beschreibung und Charakterisierung der Grundwasserströmung hilfreiche Gegebenheiten abgeleitet werden. Bei bekanntem Verlauf der Stromlinien kann im Allgemeinen der durch ein Bündel benachbarter Stromlinien gegebene Durchfluss direkt berechnet werden. Betrachtet werden dazu zwei Stromlinien, die in zwei Dimensionen (x,y) ein solches Bündel begrenzen (Abb. 3.12). Der Durchfluss pro Tiefeneinheit $\tilde{Q}_{AB}$ zwischen den beliebig gewählten Punkten A und B auf diesen beiden Stromlinien lässt sich dann durch

$$\tilde{Q}_{AB} = \int_A^B \vec{q}\, d\vec{n} \tag{3.78}$$

entlang einer ebenfalls beliebigen Verbindungslinie zwischen den Punkten A und B bestimmen. Wird ein infinitesimal kleines Stück dieser Verbindungslinie durch dx und dy charakterisiert, sind die Komponenten des Normalenvektors $dn_x = dy$ und $dn_y = -dx$. Eingesetzt in Gleichung (3.78) erhält man:

$$\tilde{Q}_{AB} = \int_A^B (q_x\, dy - q_y\, dx) = \int_A^B (-d\Psi) = \Psi_A - \Psi_B\,. \tag{3.79}$$

Da die Stromfunktionen entlang von Stromlinien konstant sind, ist der Durchfluss pro Tiefeneinheit $\tilde{Q}$ zwischen zwei gegebenen Stromlinien ebenfalls konstant. Die Erweiterung

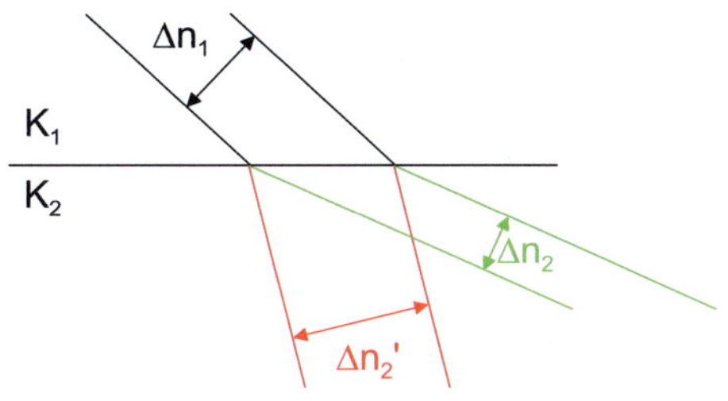

Abbildung 3.13: *Stromlinienverlauf beim Übergang zwischen zwei Bereichen unterschiedlicher hydraulischer Leitfähigkeit K_1, K_2.*

dieser Betrachtung auf drei Dimensionen führt zu *Stromröhren* mit konstantem Durchfluss Q, die durch die Berandung eines entsprechenden Fließquerschnitts definiert sind. Bei Betrachtung des Transports in solchen Stromröhren ist somit ein Austausch zwischen benachbarten Stromröhren ausgeschlossen, so dass entlang einer Stromröhre generell eine ein-dimensionale Betrachtungsweise möglich ist.

Eine Konsequenz aus der Kontinuität in einer Stromröhre ist z.B. der Verlauf einer Stromröhre, wenn diese über die Grenzfläche zwischen zwei Bereichen mit unterschiedlicher hydraulischer Leitfähigkeit verläuft (Abb. 3.13). Bei zwei-dimensionaler Betrachtung gilt

$$\tilde{Q} = konst = \Delta n_1 \, q_1 = \Delta n_2 \, q_2 \,. \tag{3.80}$$

Unter der Annahme einer geringen Veränderung des hydraulischen Gradienten an der Grenzfläche ist für den Fall, dass $K_1 > K_2$ ist (rot), $q_1 > q_2$ und somit $\Delta n_1 < \Delta n_2$, woraus eine Richtungsänderung der Strömung weg von der Grenzfläche resultiert. Hingegen ist für den Fall, dass $K_1 < K_2$ ist (grün), $q_1 < q_2$ und somit $\Delta n_1 > \Delta n_2$, was einer Richtungsänderung der Strömung hin zur Grenzfläche bedingt.

Die wichtigste Anwendung der Potenzialtheorie liegt in der grafischen Konstruktion der Strom- und Potenziallinien für eine zwei-dimensionale Grundwasserströmung in einem

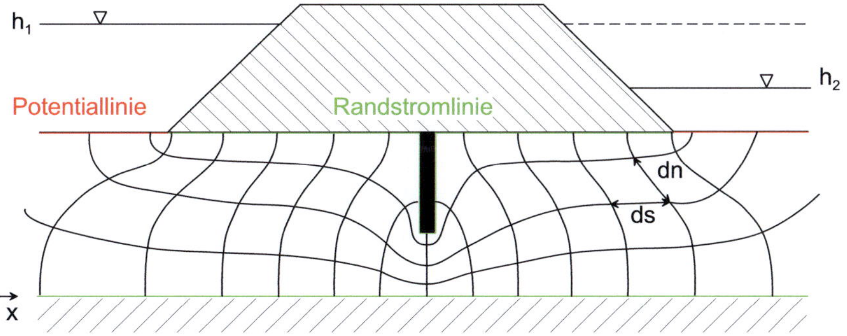

Abbildung 3.14: *Strömungsnetz aus Strom- und Potenziallinien für eine Dammunterströmung.*

homogenen und isotropen Aquifer mit komplexen Rändern und Randbedingungen. Ausgehend von Festpotenzialrändern und Randstromlinien lassen sich mit Hilfe der Orthogonalitätsbedingung alle Strom- und Potenziallinien festlegen, z.B. für eine Dammunterströmung (Abb. 3.14). Das resultierende Strömungsnetz definiert direkt lokale hydraulische Gradienten und Strömungsrichtungen. Bei festen Abständen der Potenzialschritte, bekannten Aquifereigenschaften und durch Betrachtung von Stromröhren ist zudem eine quantitative Auswertung hinsichtlich des Durchflusses in jedem Segment i des Strömungsnetzes durchführbar:

$$\tilde{Q}_i = K \, \frac{\Delta H/N}{\Delta s_i} \, \Delta n_i \, . \tag{3.81}$$

3.1.5 Laplace Transformation

Zur analytischen Lösung von Differenzialgleichungen, die eine zeitabhängige Entwicklung beschreiben, wie die hier betrachteten Bilanzgleichungen (Gln. 2.66, 2.99), bietet sich die Laplace-Transformation an (s. z.B. Bronstein & Semendjajew, 1987). Diese Integraltransformation kann für Funktionen angewendet werden, die für $t \geq 0$ definiert und integrierbar sind. Für solche Funktionen $f(t)$ lässt sich dann die zugehörige Laplace-Transformierte angeben

$$F(s) = \int_0^\infty e^{-st} \, f(t) \, dt \, , \tag{3.82}$$

wobei die Variable s im Allgemeinen eine komplexe Größe ist. Diese Transformation ist linear, so dass sie sich nur auf lineare zeitabhängige Differenzialgleichungen anwenden lässt. In allen Termen, die keine Zeitableitungen enthalten, kann die Funktion $f(t)$ durch ihre Laplace-Transformierte $F(s)$ ersetzt werden. Die Zeitableitungen werden durch diese Transformation eliminiert, wie z.B. die erste Ableitung:

$$\int_0^\infty e^{-st} \, \frac{df(t)}{dt} \, dt = s \, F(s) - f_0 \, . \tag{3.83}$$

Dabei ist f_0 die Anfangsbedingung. Für die Laplace-Transformierte $F(s)$ bleibt somit eine stationäre Differenzialgleichung zu lösen, wie sie auch in den vorangegangenen Abschnitten betrachtet wurden.

Um die Lösung $f(t)$ zu erhalten, ist allerdings die Rücktransformation der Laplace-Transformierten $F(s)$ erforderlich. Diese Rücktransformation erfordert eine Integration über die komplexe Variable s

$$f(t) = \frac{1}{2\pi i} \int_{c-i\infty}^{c+\infty} e^{st} \, F(s) \, ds \, , \tag{3.84}$$

Dieses Integral kann mit Hilfe des Residuen-Satzes berechnet werden, wenn die Funktion $F(s)$ im Gebiet $\mathbf{G}$, mit $Re\, s \geq c$, bis auf endlich viele singuläre Punkte a_k analytisch ist (s. z.B. Bronstein & Semendjajew, 1987). Diese singulären Punkte sind m-fache Polstellen der Funktion $F(s)$ und das Integral (Gl. 3.84) kann damit ersetzt werden durch

$$f(t) = \sum_{i=1}^{k} \left(\frac{1}{(m-1)!} \lim_{s \to a} \frac{d^{m-1}}{ds^{m-1}} \left[(s - a_i)^m \, F(s) \, e^{st} \right] \right) . \tag{3.85}$$

Für eine Vielzahl von Funktionen $F(s)$ kann diese Rücktransformation bereits in Tabellenwerken nachgeschlagen werden (z.B. Bronstein & Semendjajew, 1987; Abramovic & Stegun, 1965; Häfner et al., 1992). In vielen anderen wichtigen Anwendungsfällen ist diese Rücktransformation allerdings nur numerisch möglich.

Die Anwendung der Laplace-Transformation soll an Hand der ein-dimensionalen instationären Strömung bei sprunghafter Veränderung einer Randbedingung mit vorgegebener Piezometerhöhe, wie sie z.B. eine stark vereinfachte Hochwassersituation in einem Fluss darstellt, und an Hand des rein advektiv-dispersiven Stofftransports von einer instantanen sowie einer kontinuierlichen Flächenquelle betrachtet werden.

Eine ein-dimensionale instationäre Grabenströmung in einem gespannten Aquifer wird durch die Differenzialgleichung

$$S \frac{dh}{dt} = T \frac{d^2h}{dx^2} \tag{3.86}$$

beschrieben. Der Fall einer Grundwasserströmung in einen unendlich ausgedehnten Aquifer auf Grund einer Hochwasserwelle kann durch folgende Anfangs- und Randbedingungen vereinfacht dargestellt werden. Diese Verhältnisse sind vergleichbar zu den im Kap. 3.1.3 betrachteten (s. Abb. 3.10). Allerdings ist die Differenzialgleichung (Gl. 3.86) hier linear. Als Anfangsbedingung wird ein horizontalen Druckspiegel $h(x, 0) = h_0$ gewählt. Als Randbedingung am Rand $x = 0$ wird der Wasserspiegel des Hochwassers $h(0, t) = h_1$ und am Rand im Unendlichen der Anfangsdruckspiegel $h(\infty, t) = h_0$ vorgegeben. Die zu lösende Differenzialgleichung für die Laplace-Transformierte $H(x, s)$ ist dann

$$S\,(s\,H - h_0) = T \frac{d^2H}{dx^2} , \tag{3.87}$$

mit den Randbedingungen

$$\begin{aligned} H(0, s) &= \frac{h_1}{s} \\ H(\infty, s) &= \frac{h_0}{s} . \end{aligned} \tag{3.88}$$

Als Lösung dieser Differenzialgleichung unter den gegebenen Randbedingungen ergibt sich

$$H(x, s) = \frac{h_0}{s} + \frac{h_1 - h_0}{s} \, e^{-\sqrt{\frac{T}{S} s}\, x} . \tag{3.89}$$

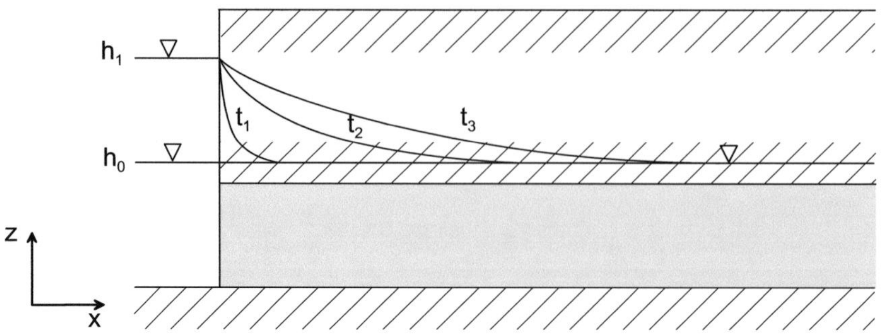

Abbildung 3.15: *Entwicklung des Druckspiegels $h(x,t)$ in einem gespannten Aquifer bei Flusshochwasser.*

Nach Rücktransformation (s. Häfner et al., 1992) ist dann die Piezometerhöhe (Abb. 3.15) durch die komplementäre Fehlerfunktion erfc (s. Anhang A.1) bestimmt:

$$h(x,t) = h_0 + (h_1 - h_0)\,\mathrm{erfc}\left(\frac{x}{2\sqrt{\frac{T}{S}\,t}}\right). \tag{3.90}$$

Der ein-dimensionale rein advektiv-dispersive Stofftransport in einem gleichförmigen Geschwindigkeitsfeld wird durch die Differenzialgleichung (Gl. 2.139)

$$\frac{\partial c}{\partial t} = -v_a\,\frac{\partial c}{\partial x} + D\,\frac{\partial^2 c}{\partial x^2} \tag{3.91}$$

beschrieben. Der Fall der instantanen Flächenquelle ist durch die folgenden Anfangs- und Randbedingungen definiert. Die Anfangsbedingung ist durch die Konzentration $c(x,0)=0$ gegeben. Die Randbedingung an der Flächenquelle, $x=0$, ist über die Dirac'sche Deltafunktion

$$\delta(t) = \begin{cases} \infty & \mathit{für}\ t=0 \\ 0 & \mathit{sonst} \end{cases} \tag{3.92}$$

durch die instantane Massenzugabe ΔM in den Transportquerschnitt A

$$c(0,t) = \frac{\Delta M}{A\,v_a}\,\delta(t) \tag{3.93}$$

vorgegeben. Die Randbedingung im Unendlichen entspricht der Anfangskonzentration $c(\infty,t)=0$. Die zu lösende Differenzialgleichung für die Laplace-Transformierte $C(x,s)$ ist dann

$$s\,C - 0 = -v_a\,\frac{dC}{dx} + D\,\frac{d^2C}{dx^2}\,, \tag{3.94}$$

mit den Randbedingungen

$$\begin{aligned} C(0,s) &= \frac{\Delta M}{A\,v_a} \\ C(\infty,s) &= 0\,. \end{aligned} \tag{3.95}$$

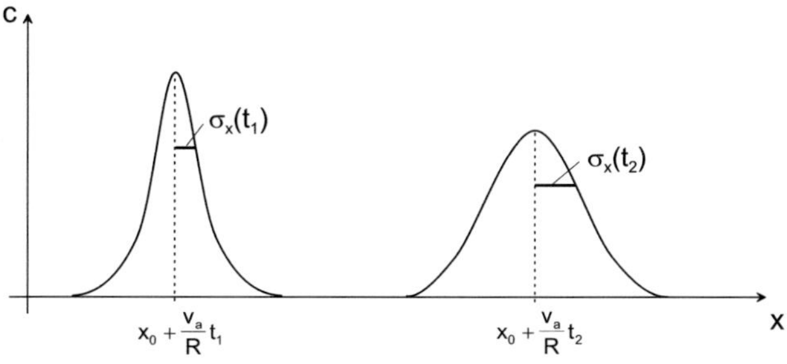

Abbildung 3.16: *Entwicklung der Konzentration $c(x,t)$ bei instantaner Zugabe über eine Flächenquelle (1d).*

Dabei spielt die Laplace-Transformierte der Deltafunktion $\delta(t-t_0)$

$$\int_0^\infty e^{-st}\,\delta(t-t_0)\,dt = e^{-st_0} \tag{3.96}$$

keine Rolle, da hier $t_0 = 0$ definiert wurde. Als Lösung dieser Differenzialgleichung unter den gegebenen Randbedingungen ergibt sich

$$C(x,s) = \frac{\Delta M}{A\,v_a}\, e^{\frac{v_a}{2D}\,x}\, e^{-\sqrt{\frac{v_a^2}{4D^2}+\frac{s}{D}}\,x}\,. \tag{3.97}$$

Nach Rücktransformation (s. Häfner et al., 1992) ist dann die Konzentration

$$c(x,t) = \frac{\Delta M\,x}{A\,v_a\,t\,\sqrt{4\pi Dt}}\, e^{-\frac{(x-v_a t)^2}{4Dt}}\,. \tag{3.98}$$

Diese Lösung (Abb. 3.16) entspricht einer Gauß-Verteilung mit dem Mittelwert $\mu = x - v_a t$ und der Standardabweichung $\sigma_x = \sqrt{2Dt}$. Der Mittelwert bewegt sich mit der Transportgeschwindigkeit v_a und die Standardabweichung nimmt mit der Zeit t zu.

In gleicher Weise kann für eine instantane Linienquelle der Länge H mit

$$c(0,0,t) = \frac{\Delta M}{H\,v_a}\,\delta(t) \tag{3.99}$$

und eine instantane Punktquelle mit

$$c(0,0,0,t) = \frac{\Delta M}{v_a}\,\delta(t) \tag{3.100}$$

für die Stoffausbreitung in einer gleichförmigen Strömung in x-Richtung die Konzentration ermittelt werden

$$c(x,y,t) = \frac{\Delta M\,x}{H\,v_a\,t^2\,2\pi\,\sqrt{4D_x D_y}}\, e^{-\frac{(x-v_a t)^2}{4D_x t}-\frac{y^2}{4D_y t}} \tag{3.101}$$

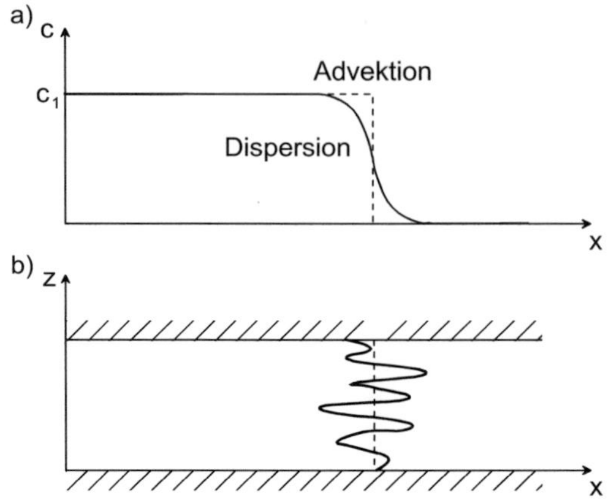

Abbildung 3.17: *Entwicklung einer Konzentrationsfront $c(x,t)$ bei kontinuierlicher Zugabe in einer Flächenquelle (1d): a) ein-dimensionale Beschreibung; b) tatsächliche Situation im Vertikalschnitt.*

bzw.

$$c(x,y,z,t) = \frac{\Delta M\, x}{v_a\, t\, \sqrt{2\pi}^3 \sqrt{8 D_x D_y D_z t^3}}\, e^{-\frac{(x-v_a t)^2}{4D_x t} - \frac{y^2}{4D_y t} - \frac{z^2}{4D_z t}} \,. \tag{3.102}$$

Dabei kann der Dispersionstensor im Allgemeinen anisotrop sein.

Ebenfalls mit Hilfe der Laplace-Transformation kann die analytische Lösung der Differenzialgleichung (Gl. 3.91) für eine kontinuierliche Flächenquelle mit der konstanten Konzentration $c(0,t) = c_1$ hergeleitet werden. Die Konzentration im Unendlichen ist dabei wieder gleich der Anfangskonzentration $c(\infty,t) = c(x,0) = 0$. Als Lösung ergibt sich dann für die Konzentration (Ogata & Banks, 1961) unter Verwendung der komplementären Fehlerfunktion erfc (s. Anhang A.1)

$$c(x,t) = \frac{c_1}{2}\left[\operatorname{erfc}\left(\frac{x - v_a t}{2\sqrt{D\, t}}\right) + e^{\frac{v_a x}{D}} \operatorname{erfc}\left(\frac{x + v_a t}{2\sqrt{D\, t}}\right)\right] . \tag{3.103}$$

Für den Fall advektiv dominierter Strömung vereinfacht sich diese Lösung weit weg vom Rand $x = 0$ zu

$$c(x,t) = \frac{c_1}{2} \operatorname{erfc}\left(\frac{x - v_a t}{2\sqrt{D\, t}}\right) . \tag{3.104}$$

Diese ein-dimensionale Lösung (Abb. 3.17a) beschreibt vereinfacht die tatsächliche Konzentrationsfront im Raum. Diese ist nicht glatt sondern besitzt auf Grund der lokalen Geschwindigkeitsunterschiede eine komplexe Struktur (Abb. 3.17b), wobei die tiefengemittelten Konzentrationen mit Hilfe der Dispersion erfasst werden.

3.2 Numerische Verfahren

3.2.1 Grundsätzliches

Numerische Verfahren zur Lösung von Differenzialgleichungen spielen immer dann eine Rolle, wenn das Modellgebiet eine komplexe geometrische Form besitzt, keine einfachen Anfangs- und Randbedingungen oder heterogene Parameterfelder vorliegen. Die allgemeine, hier betrachtete Bilanzgleichung (Gl. 2.12) kann zudem einen nicht-linearen Charakter bekommen (s. Gl. 2.68). Da alle in Betracht kommende, numerische Verfahren nur die Lösung linearer Differenzialgleichungen ermöglichen, muss im letzteren Falle eine Linearisierung erfolgen.

Die unterschiedlichen Verfahren lassen sich nach ihrer Eignung zur Lösung der unterschiedlichen Differenzialgleichung gruppieren. Das *finite Differenzen-Verfahren* kann wie das *finite Volumen-Verfahren* sowohl zur Lösung der Strömungs- (Gl. 2.66) als auch der Transportgleichung (Gl. 2.99) verwendet werden. Diese Verfahren sind jedoch auf strukturierte Gitter, das finite Differenzen-Verfahren auf Gitterlinien parallel zu den Koordinatenachsen beschränkt. Das *finite Elemente-Verfahren* sowie das *Randelemente-Verfahren* sind eigentlich auf Poisson-Gleichungen, das sind Differenzialgleichungen mit ausschließlich zweiten Ableitung, beschränkt. Die Verwendung unstrukturierter Gitter ermöglicht dabei eine gute Darstellung geometrischer Details. Durch Anwendung spezifischer numerischer Methoden, wie "*upstream weighting*", können auch advektiv dominierte Transportprobleme, die einfache Ableitungen enthalten, gelöst werden. Alle diese Verfahren werden auch als *Euler-Verfahren* bezeichnet, da sie an ein ortsfestes Koordinatensystem gebunden sind.

Das "*particle tracking*"-*Verfahren*, das "*random walk*"-*Verfahren* und das *Charakteristiken Verfahren* stehen insbesondere zur Lösung advektiv dominierter Transportprobleme zur Verfügung. Bei diesen Verfahren werden rein advektive Partikelbewegungen im Strömungsfeld entlang Bahnlinien berechnet, wobei die Existenz solcher Bahnlinien gegeben ist, wenn die Potenzialtheorie angewendet werden kann. Diese Verfahren werden als *Lagrange-Verfahren* bezeichnet, da die bewegten Partikel als mit der Strömung mitbewegte (Advektion) Koordinatensysteme aufgefasst werden können.

Die einzelnen Verfahren unterscheiden sich im Wesentlichen dadurch, wie sie die räumlichen und zeitlichen Ableitungen approximieren. Dabei bestimmen diese Verfahren die Lösung immer nur für einzelne, d.h. diskrete, Berechnungspunkte (*Knoten*), wobei deren lokale Umgebung als homogen angenommen wird (*Elemente, Zellen*). Die Festlegung der Berechnungspunkte wird als Diskretisierung bezeichnet. Diese Betrachtung lässt sich für die Zeitabhängigkeit verallgemeinern. Es werden einzelne *Zeitpunkte* festgelegt, für die eine stationäre Betrachtung erfolgt. Ist das numerische Verfahren in der Lage die

Diskretisierung in Raum und Zeit zur Approximation der Gradienten an die aktuellen Berechnungsergebnisse anzupassen, spricht man von so genannten *adaptiven Verfahren*.

Auf Grund der erforderlichen Diskretisierungen besitzen auch die numerischen Verfahren ihre Schwächen. Die erhaltene Lösung ist immer nur eine Näherungslösung, deren Genauigkeit je nach Verfahren durch verschiedene Faktoren bestimmt wird. Durch Annäherung der Ableitungen über die erforderliche Diskretisierung wird zudem *numerische Dispersion* in der Lösung erzeugt. Weiterhin können unter bestimmten Bedingungen numerische *Instabilitäten* in Form von *Oszillationen* sowohl beim Auffinden der Lösung als auch in der Lösung selbst auftreten. Bei der Optimierung der Diskretisierung zur Vermeidung dieser Faktoren stehen die wesentlichen Parameter in Konkurrenz miteinander, so dass eine komplette Vermeidung dieser numerisch bedingten Probleme im Allgemeinen nicht möglich ist.

Eine wesentliche Herausforderung bei der Anwendung numerischer Modelle stellt die Eingabe der Parameterfelder dar. Generell muss für jeden Parameter ein Wert für jedes Diskretisierungselement definiert werden. Da die tatsächliche Werteverteilung der einzelnen Parameter im Allgemeinen nicht bekannt ist, müssen sinnvolle Annahmen getroffen werden. Die in der Praxis häufigste Methode ist einen einheitlichen Mittelwert, d.h. eine homogene Parameterverteilung, vorzugeben. Die aufwändigste Methode ist, auf Basis geostatistischer Datenanalyse unter Verwendung stochastischer Algorithmen heterogene Parameterfelder zu generieren. Die geostatistische Analyse erfordert allerdings eine gewisse Datendichte. Liegen Messwerte der numerisch zu berechnenden Größen vor, können über Anpassung der numerischen Lösung an diese Messwerte die Parameterverteilungen ermittelt werden. Diese Art der Ermittlung der Parameterverteilungen wird als Kalibrierung bezeichnet. Erfolgt diese Anpassung automatisch wird von *inverser Modellierung* gesprochen. Im Allgemeinen ist die auf diese Weise ermittelte Verteilung nicht eindeutig, da meist viel mehr Diskretisierungselemente und damit unbekannte Parameterwerte vorliegen als Messwerte.

Numerische Modelle haben ihre Stärke dadurch erhalten, dass sie mit Hilfe von Computerprogrammen berechnet werden können und die technischen Möglichkeiten heute in vielen Fällen eine sehr gute Abbildung der Realität in Form einer an das Problem angepassten, hochaufgelösten Diskretisierung ermöglichen. Allerdings stößt man dabei immer noch an die Grenzen der Computertechnik, da eine drei-dimensionale, instationäre Betrachtung enorme Datenmengen und damit auch enormen Rechenzeitbedarf erfordert. Auch nicht zu unterschätzen ist der Aufwand für die Bereitstellung dieser Daten in Form von Randbedingungen und Parameterfeldern. Die eingesetzte Software besitzt unabhängig von der zu lösenden Differenzialgleichung, dem verwendeten numerischen Verfahren und der verwendeten Programmiersprache generell dieselbe grundlegende Struktur (Abb. 3.18). Zuerst werden die Eingabedaten gelesen. Dann wird durch Anwendung des gewählten

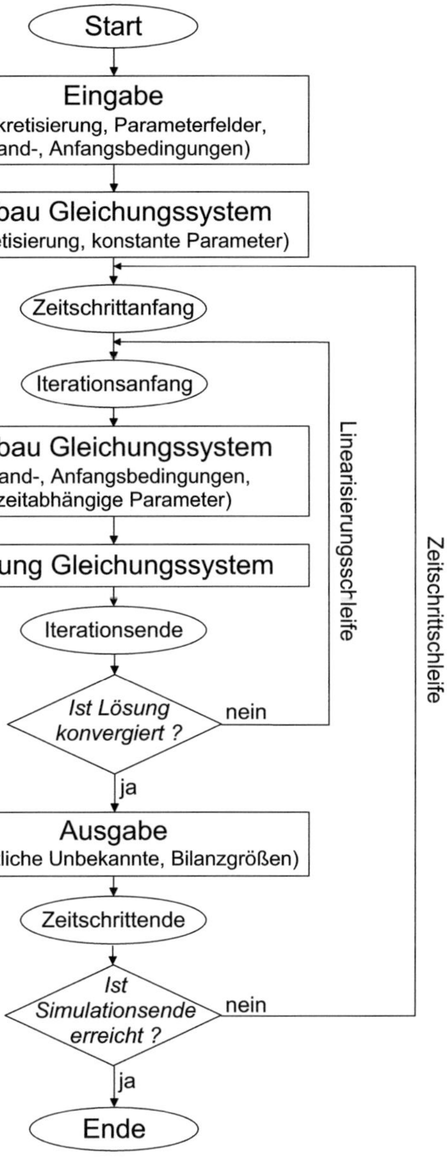

Abbildung 3.18: *Allgemeines Schema des Programmablaufs zur Berechnung von Strömung und Transport im Untergrund.*

numerischen Verfahrens die Differenzialgleichung in ein algebraisches Gleichungssystem überführt. Bei instationären Anwendungen erfolgt die Abarbeitung einer Zeitschrittschleife, innerhalb der das Gleichungssystem für jeden Zeitschritt gelöst wird. Gegebenenfalls ist zur Linearisierung bei der eigentlichen Gleichungslösung noch eine weitere Iterationsschleife zu durchlaufen. Am Ende der Zeitschrittschleife erfolgt die Ausgabe der Ergebnisse.

Zur numerischen Lösung der Transportgleichung mit reaktiven Transportprozessen wird meist das *Zwei-Schritt-Verfahren* angewendet, das auf der Methode des *"operator splitting"* beruht, wie es z.B. von Schäfer (1992) beschrieben wird. In einem ersten Schritt wird der reine strömungsmechanische Transport (Gl. 2.100) ohne den Quell-/Senkenterm gelöst und so die Konzentrationsverteilung über die Diskretisierungselemente ermittelt. Ausgehend von der Lösung aus dem ersten Schritt wird dann entkoppelt in einem zweiten Schritt für jedes Diskretisierungselement getrennt das Gleichungssystem gelöst, das die Reaktionen bilanziert (Gl. 2.80). Beide Lösungsschritte erfolgen innerhalb eines Zeitschrittes.

3.2.2 Finite Differenzen

Das *finite Differenzen-Verfahren* eignet sich natürlicherweise zur Lösung von Erhaltungsgleichungen, wie sie zur Bilanzierung von Strömungs- und Transportvorgängen im Untergrund verwendet werden. Dieses Verfahren ist exakt massenerhaltend, basiert auf kontinuierlichen Netzwerkstrukturen und ist sehr einfach mit jeder Programmiersprache in einen Computercode zu implementieren.

Die *finite Differenzen-Näherung* nähert die Ableitung einer Funktion df/dx unter Verwendung von arithmetischen Kombinationen von ausgewerteten Funktionswerten $f(x_i)$ an vorgegebenen Knotenpunkten x_i an. Diese Näherung kann direkt aus der Taylorreihenentwicklung der betrachteten Funktion am Punkt $(x+\Delta x)$ hergeleitet werden:

$$f(x+\Delta x) = f(x) + \left.\frac{df}{dx}\right|_x \Delta x + \frac{1}{2!}\left.\frac{d^2 f}{dx^2}\right|_x \Delta x^2 + \cdots + R_n\,. \tag{3.105}$$

Wird diese Gleichung (3.105) nach df/dx aufgelöst und verwendet man die Schreibweise $f(x) = f(x_i) = f_i$ bzw. $f(x+\Delta x) = f(x_{i+1}) = f_{i+1}$, erhält man direkt

$$\frac{df}{dx} = \frac{f_{i+1} - f_i}{\Delta x} - \frac{R_2}{\Delta x}\,. \tag{3.106}$$

Dabei bildet der erste Term auf der rechten Seite der Gleichung (3.106) die *Vorwärtsdifferenz-Näherung* (Abb. 3.19). Der zweite Term bildet das Restglied mit den Ableitungen höherer Ordnung und gibt direkt den Fehler dieser Näherung an. Die Auswertung dieses Restglieds ergibt einen Fehler der Ordnung

$$\mathcal{O}\left(\frac{1}{2!}\frac{d^2 f}{dx^2}(\Delta x)\right)\,. \tag{3.107}$$

Damit ist die Vorwärtsdifferenz-Näherung von der Genauigkeit der Ordnung Δx.

Wird die Taylorreihenentwicklung der Funktion $f(x)$ am Punkt $(x-\Delta x)$ durchgeführt, erhält man in derselben Weise die *Rückwärtsdifferenz-Näherung* (Abb. 3.19)

$$\frac{df}{dx} = \frac{f_i - f_{i-1}}{\Delta x} - \frac{R_2}{\Delta x}\,. \tag{3.108}$$

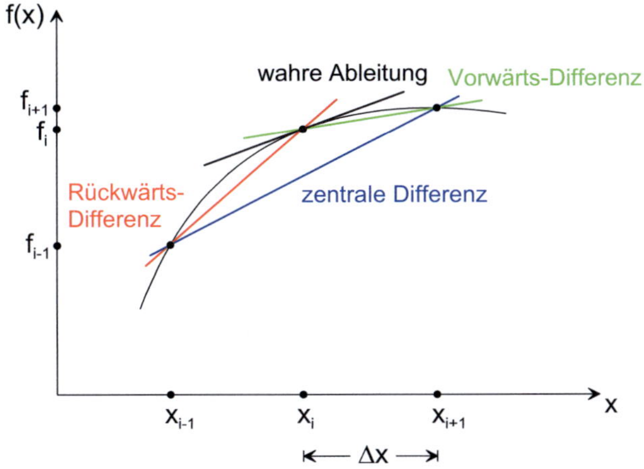

Abbildung 3.19: *Approximation der Ableitung der Funktion $f(x)$ am Punkt x_i durch verschiedene Differenzen-Näherungen.*

Diese besitzt somit denselben Fehler und dieselbe Genauigkeit wie die Vorwärtsdifferenz-Näherung.

Eine Verbesserung der Genauigkeit kann dadurch erzielt werden, dass der arithmetische Mittelwert der Vorwärts- und Rückwärtsdifferenz-Näherung verwendet wird. Diese Betrachtungsweise führt zur *zentralen Differenz-Näherung* (Abb. 3.19):

$$\frac{df}{dx} = \frac{f_{i+1} - f_{i-1}}{2\,\Delta x} - \frac{R_3}{\Delta x}\,. \tag{3.109}$$

Der Fehler, der durch das Restglied R_3 verbleibt, und somit die Genauigkeit sind von der Ordnung Δx^2.

Die finite Differenz-Näherung für die zweite Ableitung ergibt sich aus der Änderung der Rückwärts- $(df/dx)_R$ zur Vorwärtsdifferenz-Näherung $(df/dx)_V$ am Punkt x. Dazu ist eine Taylorreihenentwicklung für die Ableitungsfunktion df/dx durchzuführen. Da diese Näherungen jedoch nur am Punkt x selbst definiert sind, ist für diese Entwicklung $\Delta x = 0$ anzusetzen. Damit reduziert sich diese Taylorreihe auf $(df/dx)_V = (df/dx)_R$. Die Auswertung dieser Gleichung ergibt:

$$\frac{d^2 f}{dx^2} = \frac{f_{i+1} - 2\,f_i + f_{i-1}}{\Delta x^{\,2}} - \frac{R_4}{\Delta x^{\,2}}\,. \tag{3.110}$$

Der Fehler, der durch das Restglied R_4 verbleibt, und somit die Genauigkeit sind von der Ordnung Δx^2.

Die Anwendung des finite Differenzen-Verfahrens beruht darauf, dass durch die jeweilige Näherungen das infinitesimal kleine Bilanzvolumen, für das die Differenzialgleichung gilt, auf eine Stützstelle, einen Knoten reduziert wird. Die Festlegung der Knoten, die

Diskretisierung, beim finite Differenzen-Verfahren erfolgt auf Basis eines regelmäßigen Gitters, welches das betrachtete Gebiet abbildet. Dabei können nun die Knoten auf zwei unterschiedliche Weisen bzgl. dieses Gitters festgelegt und damit die Bilanzgleichungen ausgewertet werden. Werden die Knoten den Schnittpunkten der Gitterlinien zugeordnet, werden diese Knoten als *gitterzentriert* bezeichnet. Das Bilanzvolumen muss dann um diese Knoten definiert werden. Die andere Möglichkeit ist, dass die Gitterlinien die einzelnen Bilanzvolumina, Zellen, definieren. Die Konten, an denen die Näherungen der Ableitungen durchgeführt werden, werden dabei den Zellmittelpunkten zugeordnet und werden als *zellzentrierte* Konten bezeichnet. Diese beiden Methoden und das resultierende Gleichungssystem werden im Folgenden am Beispiel einer stationären, tiefengemittelten Strömung ohne Quellen/Senken in einem gespannten, heterogenen, isotropen Aquifer der Mächtigkeit M näher betrachtet. Die Aquiferparameter, in diesem Beispiel die Transmissivität, sind dabei für die einzelnen Gitterzellen definiert.

Anwendung auf Strömungungsgleichung

Für den Fall der gitterzentrierten Knoten bei unregelmäßigem Abstand zwischen den Gitterlinien, d.h. Δx und Δy sind verschieden, wird das Bilanzvolumen um einen Knoten durch die Mitte auf der Gitterlinie zum jeweiligen Nachbarknoten definiert (Abb. 3.20). Die Bilanzgleichung unter Verwendung der Vorwärtsdifferenz-Näherung für den Knoten (i,j) ergibt sich dann zu

$$\begin{aligned} &- T_{i-,j-}\frac{\Delta y_{j-}}{2}\frac{h_{i-1,j}-h_{i,j}}{\Delta x_{i-}} - T_{i-,j+}\frac{\Delta y_{j+}}{2}\frac{h_{i-1,j}-h_{i,j}}{\Delta x_{i-}} + \\ &+ T_{i+,j-}\frac{\Delta y_{j-}}{2}\frac{h_{i,j}-h_{i+1,j}}{\Delta x_{i+}} + T_{i+,j+}\frac{\Delta y_{j+}}{2}\frac{h_{i,j}-h_{i+1,j}}{\Delta x_{i+}} - \\ &- T_{i-,j-}\frac{\Delta x_{i-}}{2}\frac{h_{i,j-1}-h_{i,j}}{\Delta y_{j-}} - T_{i+,j-}\frac{\Delta x_{i+}}{2}\frac{h_{i,j-1}-h_{i,j}}{\Delta y_{j-}} + \\ &+ T_{i-,j+}\frac{\Delta x_{i-}}{2}\frac{h_{i,j}-h_{i,j+1}}{\Delta y_{j+}} + T_{i+,j+}\frac{\Delta x_{i+}}{2}\frac{h_{i,j}-h_{i,j+1}}{\Delta y_{j+}} = 0\,, \end{aligned} \tag{3.111}$$

Durch Umformen erhält man daraus die Entwicklungsgleichung für den Knoten (i,j):

$$\begin{aligned} &- \frac{T_{i-,j-}\Delta y_{j-} + T_{i-,j+}\Delta y_{j+}}{2\,\Delta x_{i-}} h_{i-1,j} - \frac{T_{i+,j-}\Delta y_{j-} + T_{i+,j+}\Delta y_{j+}}{2\,\Delta x_{i+}} h_{i+1,j} - \\ &- \frac{T_{i-,j-}\Delta x_{i-} + T_{i-,j+}\Delta x_{i+}}{2\,\Delta y_{j-}} h_{i,j-1} - \frac{T_{i+,j-}\Delta x_{i-} + T_{i+,j+}\Delta x_{i+}}{2\,\Delta y_{j+}} h_{i,j+1} + \\ &+ \left[\frac{T_{i-,j-}\Delta y_{j-} + T_{i-,j+}\Delta y_{j+}}{2\,\Delta x_{i-}} + \frac{T_{i+,j-}\Delta y_{j-} + T_{i+,j+}\Delta y_{j+}}{2\,\Delta x_{i+}} + \right. \\ &\quad \left. + \frac{T_{i-,j-}\Delta x_{i-} + T_{i-,j+}\Delta x_{i+}}{2\,\Delta y_{j-}} + \frac{T_{i+,j-}\Delta x_{i-} + T_{i+,j+}\Delta x_{i+}}{2\,\Delta y_{j+}}\right] h_{i,j} = 0\,, \end{aligned} \tag{3.112}$$

bzw. in verallgemeinerter Form

$$a_{i+1,j}\,h_{i+1,j} + a_{i-1,j}\,h_{i-1,j} + a_{i,j+1}\,h_{i,j+1} + a_{i,j-1}\,h_{i,j-1} - a_{i,j}\,h_{i,j} = 0\,. \tag{3.113}$$

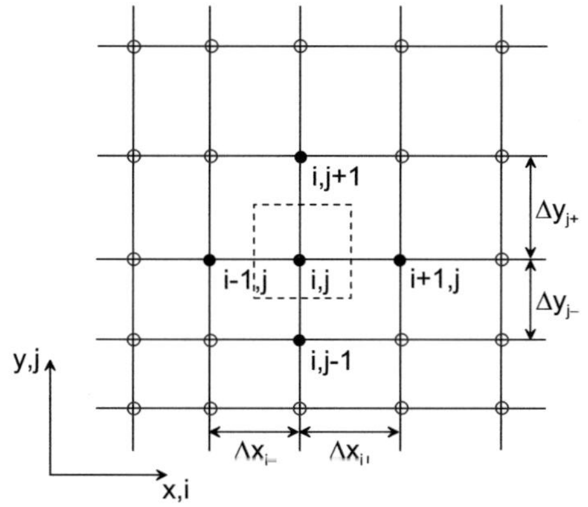

Abbildung 3.20: *Gitterzentrierte Knoten und zugehörige Bilanzvolumina in einem Gitter mit variablen Abständen der Gitterlinien.*

Die Randbedingungen werden ebenfalls in Form dieser Entwicklungsgleichungen eingearbeitet. So stellt eine Dirichlet-Randbedingung keine Unbekannte dar und taucht als feste Größe in den Entwicklungsgleichungen der Nachbarknoten auf. Sie kann somit auf die rechte Seite der entsprechenden Entwicklungsgleichung gebracht werden. Eine Neumann-Randbedingung wird direkt als Flussrate über den entsprechenden Randknoten auf der rechten Seite angegeben. Bei einer Cauchy- bzw. Leakage-Randbedingung wird ebenfalls auf der rechten Seite als Leakage-Fluss angegeben, wobei jedoch der Teil mit der Unbekannten auf die linke Seite transferiert werden muss. Da Randknoten keine vier Nachbarknoten aufweisen, muss das Bilanzvolumen und damit die Entwicklungsgleichung entsprechend angepasst werden, indem die nicht vorhandenen Terme aus der Gleichung (3.112) gestrichen werden. Quell-/Senkenterme im Gebiet werden wie Neumann-Randbedingungen betrachtet und als Flussrate an dem jeweiligen Knoten angegeben.

Die auf diese Weise erhaltenen Entwicklungsgleichungen stellen ein Gleichungssystem mit N unbekannten Piezometerhöhen dar. Werden die Knoten fortlaufend nummeriert, stellt jeder dieser Entwicklungsgleichungen eine Zeile in einer Matrizengleichung dar:

$$\sum_{k=1}^{N} K_{lk} \, h_k = Q_l, \quad l, k = 1 \ldots N, \text{ Anzahl der Knoten}. \tag{3.114}$$

Die quadratische Matrix mit den Koeffizienten K_{lk} wird als *Koeffizientenmatrix* bezeichnet. Die einzelnen Koeffizienten enthalten die Angaben zur Diskretisierung Δx, Δy, hydraulischen Leitfähigkeit K und Mächtigkeit M bzw. Transmissivität T. Der Vektor Q_l ist der *Flussvektor*. Dieser enthält die Flussraten an allen Knoten, die nur dann von 0 verschieden sind, wenn an dem jeweiligen Knoten ein Quell-/Senkenterm oder eine Randbedingung definiert ist. Eine Ausnahme bilden die Knoten in direkter Nachbarschaft einer Dirichlet-Randbedingung. In den Entwicklungsgleichungen solcher Knoten treten die vorgegebenen Piezometerhohen mit den entsprechenden Transmissivitätswerten und den Angaben zur Diskretisierung auf der rechten Seite als Flussrate auf. Diese Terme beschreiben dann die Zu- bzw. Abflüsse an dem jeweiligen Randknoten mit Dirichlet-Randbedingung.

Die Lösung des Gleichungssystem erhält man durch Invertieren der Koeffizientenmatrix:

$$h_k = \sum_{k=1}^{N} K_{kl}^{-1} \, Q_l \,. \tag{3.115}$$

Das Invertieren der Koeffizientenmatrix ist meist sehr aufwändig, da die Matrix im Allgemeinen unsymmetrisch ist und der Aufwand direkt von der Anzahl der definierten Knoten abhängt. Um die Invertierung insbesondere bei großer Knotenanzahl effizient zu machen, wurden in den vergangenen Jahren verschiedene, iterative Algorithmen entwickelt. Diese können speziell die gering besetzten Matrizen, wie sie zur Berechnung der Grundwasserströmung und des Transports erstellt werden, effizient invertieren. Eines der ersten iterativen Verfahren war das *PCG-Verfahren* ("preconditioned conjugated gradient"), das z.B. von Hill (1990) in das Programm MODFLOW (McDonald & Harbaugh, 1984) implementiert wurde. Dieses Verfahren wurde z.B. von Ashby & Falgout (1996) für Mehrgitteranwendungen erweitert. Eine alternative Entwicklung zur Verbesserung der Effizienz unter Anwendung der Mehrgitterverfahren ist z.B. das *SAMG-Verfahren* (Algebraische Mehrgitterverfahren für Systeme, Stüben 1999, 2001, 2002), das unter anderem im finite Elemente-Programm FEFLOW (Diersch, 2006) implementiert ist. Eine weiteres noch allgemeineres Verfahren zur Invertierung der Matrix in Gleichung (3.115) ist das *LINSOL-Verfahren* (Häfner et al., 1999; Häfner & Schönauer, 2002; Schönauer & Häfner, 2002) das für ganz unterschiedliche Gleichungssysteme sehr effizient ist, unter anderem bei voll besetzten Matrizen.

Im Falle der zellzentrierten Knoten (Abb. 3.21) vereinfachen sich die Entwicklungsgleichungen, da die jeweilige Zelloberfläche der zu betrachtenden Querschnittsfläche entspricht

$$\begin{aligned} &-\Delta y_j \frac{2\,(h_{i-1,j}-h_{i,j})}{\dfrac{\Delta x_{i-1}}{T_{i-1,j}}+\dfrac{\Delta x_i}{T_{i,j}}} + \Delta y_j \frac{2\,(h_{i,j}-h_{i+1,j})}{\dfrac{\Delta x_i}{T_{i,j}}+\dfrac{\Delta x_{i+1}}{T_{i+1,j}}} - \\ &-\Delta x_i \frac{2\,(h_{i,j-1}-h_{i,j})}{\dfrac{\Delta y_{j-1}}{T_{i,j-1}}+\dfrac{\Delta y_j}{T_{i,j}}} + \Delta x_i \frac{2\,(h_{i,j}-h_{i,j+1})}{\dfrac{\Delta y_j}{T_{i,j}}+\dfrac{\Delta y_{j+1}}{T_{i,j+1}}} = 0\,. \end{aligned} \tag{3.116}$$

Diese Entwicklungsgleichung kann ebenfalls auf die allgemeine Form (Gl. 3.113) gebracht werden und stellt wiederum eine Zeile der Matrixgleichung (Gl. 3.114) dar.

Die Einarbeitung der Randbedingungen erfolgt in derselben Weise wie bei den gitterzentrierten Knoten. Es muss ebenfalls eine Anpassung der Entwicklungsgleichungen für die Randknoten durch Eliminieren der entsprechenden Terme aus Gleichung (3.116) erfolgen. Allerdings hat diese Formulierung der finiten Differenzen mittels zellzentrierter Knoten den Nachteil, dass die jeweilige Randbedingung nicht am Rand des Gebietes, d.h. an der entsprechenden Zelloberfläche sondern am Zellmittelpunkt definiert werden muss.

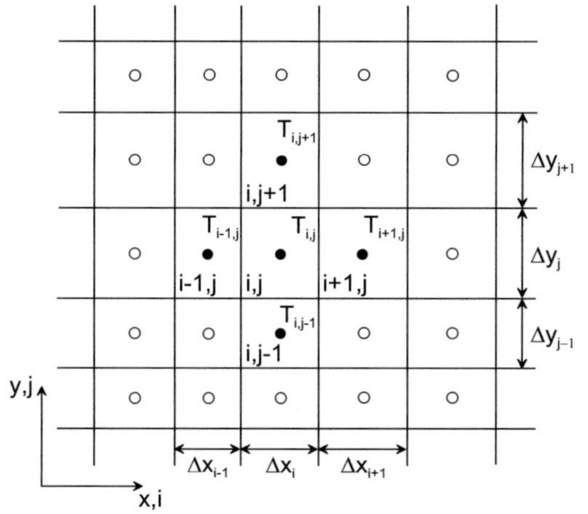

Abbildung 3.21: *Zellzentrierte Knoten und zugehörige Bilanzvolumina in einem Gitter mit variablen Abständen der Gitterlinien.*

Zeitdisktretisierung

Die Zeitdiskretisierung erfolgt in der Regel unabhängig vom numerischen Verfahren, das zur Lösung der Differenzialgleichung mit den räumlichen Ableitungen verwendet wird, mit dem finite Differenzen-Verfahren. In den Differenzialgleichungen tritt immer nur die erste Zeitableitung $\partial f/\partial t$ auf. Als Stützstellen für die finite Differenz-Näherung stehen daher nur zwei aufeinander folgende Zeitschritte zur Verfügung. Dabei lassen sich zwei Betrachtungsweisen unterscheiden, wenn die räumliche Verteilung der Funktionswerte $f(x_i)$ zum Zeitpunkt t^λ betrachtet wird. Wird ausgehend von dieser Verteilung $f(x_i, t^\lambda)$ der darauffolgende Zeitschritt $t^\lambda + \Delta t$ bzw. $t^{\lambda+1}$ betrachtet, findet eine Extrapolation in die Zukunft statt. Diese Betrachtungsweise wird als *explizit* bezeichnet. Wird hingegen ausgehend von der Verteilung aus dem vorangegangenem Zeitschritt $f(x_i, t^\lambda - \Delta t)$ bzw. $f(x_i, t^{\lambda-1})$ die Verteilung des aktuellen Zeitschritts $f(x_i, t^\lambda)$ bestimmt, findet eine Interpolation in der Gegenwart statt. Diese Betrachtungsweise wird als *implizit* bezeichnet.

In verallgemeinerter Form erhält man dann für die Betrachtung einer instationären Grundwasserströmung in einem gespannten, homogenen und isotropen Aquifer unter Verwendung eines regelmäßigen Gitters die folgende Entwicklungsgleichung für den Knoten i, j

$$\begin{aligned} S\,\frac{h_{i,j}^{\lambda} - h_{i,j}^{\lambda-1}}{\Delta t} = {} & T\left(\frac{h_{i+1,j}^{\lambda-1} - 2\,h_{i,j}^{\lambda-1} + h_{i-1,j}^{\lambda-1}}{\Delta x^2} + \frac{h_{i,j+1}^{\lambda-1} - 2\,h_{i,j}^{\lambda-1} + h_{i,j-1}^{\lambda-1}}{\Delta y^2}\right)\Theta\; + \\ & + T\left(\frac{h_{i+1,j}^{\lambda} - 2\,h_{i,j}^{\lambda} + h_{i-1,j}^{\lambda}}{\Delta x^2} + \frac{h_{i,j+1}^{\lambda} - 2\,h_{i,j}^{\lambda} + h_{i,j-1}^{\lambda}}{\Delta y^2}\right)(1-\Theta) \end{aligned} \tag{3.117}$$

Der Parameter Θ steuert dabei die Gewichtung von expliziter und impliziter Betrachtungsweise. $\Theta = 1$ bedeutet rein explizit und $\Theta = 0$ rein implizit. Die gleiche Gewichtung beider Betrachtungsweisen $\Theta = 0,5$ wird als *Crank-Nicolson-Schema* bezeichnet. Randbedingungen werden, wie im vorangegangenen Abschnitt dargestellt, eingearbeitet. Die Entwicklungsgleichungen aller Knoten lassen sich wieder in der Matrixgleichung (Gl. 3.114) zusammenfassen. Die Angaben zur Zeitdiskretisierung Δt und zum Speicherkoeffizienten sind hierbei sowohl in der Koeffizientenmatrix K_{lk} als auch im Flussvektor Q_l zu finden.

Diese Betrachtungsweisen haben sehr unterschiedliche numerische Eigenschaften. So enthält wie aus Gleichung (3.117) ersichtlich bei der expliziten Betrachtung, $\Theta = 1$, jede Entwicklungsgleichung nur eine Unbekannte $h_{i,j}^{\lambda}$. Die Verwendung dieses expliziten Schemas vereinfacht das Gleichungssystem und reduziert somit den Aufwand der numerischen Lösung beträchtlich. Allerdings gehen bei expliziter Betrachtungsweise die räumlichen Beziehungen verloren, was dieses Schema sehr anfällig für Instabilitäten macht. Im Gegensatz dazu ist implizite Schema sehr aufwändig, erhält aber immer die räumlichen Beziehungen, da in jedem Zeitschritt ein vollständiges Gleichungssystem zu lösen ist. Dadurch ist dieses Schema in allen Fällen stabil. Eine besondere Bedeutung kommt dieser unterschiedlichen Betrachtungsweise bei der numerischen Lösung der Transportgleichung zu.

Anwendung auf Transportgleichung

Eine große Herausforderung an numerische Verfahren stellt die Lösung der Transportgleichung (Gl. 2.100) dar, die fast immer instationär betrachtet wird. Dies liegt darin begründet, dass in dieser Gleichung sowohl erste als auch zweite räumliche Ableitungen auftreten. Am Beispiel der ein-dimensionalen Transportgleichung

$$\frac{\partial c}{\partial t} = -\vec{v}_a \frac{\partial c}{\partial x} + D \frac{\partial^2 c}{\partial x^2} \tag{3.118}$$

sollen die auftretenden Schwierigkeiten verdeutlicht werden. Die finite Differenzen-Näherung der Transportgleichung (Gl. 3.118) für eine einheitliche Diskretisierung, $\Delta x = konst.$, $\Delta t = konst.$, lautet dann

$$\begin{aligned} \frac{c_i^{\lambda} - c_i^{\lambda-1}}{\Delta t} = & \left[-v_a \frac{(c_{i+1}^{\lambda} - c_i^{\lambda})\Phi - (c_i^{\lambda} - c_{i-1}^{\lambda})(1-\Phi)}{\Delta x} + D \frac{c_{i+1}^{\lambda} - 2\,c_i^{\lambda} + c_{i-1}^{\lambda}}{\Delta x^2} \right] \Theta + \\ & + \left[-v_a \frac{(c_{i+1}^{\lambda-1} - c_i^{\lambda-1})\Phi - (c_i^{\lambda-1} - c_{i-1}^{\lambda-1})(1-\Phi)}{\Delta x} + \right. \\ & \left. + D \frac{c_{i+1}^{\lambda-1} - 2\,c_i^{\lambda-1} + c_{i\ 1}^{\lambda-1}}{\Delta x^2} \right] (1-\Theta)\,, \end{aligned} \tag{3.119}$$

wobei die räumliche Ableitung entweder durch die Vorwärtsdifferenz-Näherung $\Phi = 1$, zentrale Differenz-Näherung $\Phi = 0,5$ oder die Rückwärtsdifferenz-Näherung $\Phi = 0$ approximiert werden kann. Diese Gleichung kann nach Multiplikation mit Δt durch die beiden Kenngrößen Co und Pe^* charakterisiert werden:

$$\begin{aligned} c_i^\lambda - c_i^{\lambda-1} = Co\Big[&- \left(c_{i+1}^\lambda - c_i^\lambda\right)\Phi - \left(c_i^\lambda - c_{i-1}^\lambda\right)(1-\Phi) + \\ &+ \frac{1}{Pe^*}\left(c_{i+1}^\lambda - 2\,c_i^\lambda + c_{i-1}^\lambda\right)\Big]\Theta + \\ + Co\Big[&- \left(c_{i+1}^{\lambda-1} - c_i^{\lambda-1}\right)\Phi - \left(c_i^{\lambda-1} - c_{i-1}^{\lambda-1}\right)(1-\Phi) + \\ &+ \frac{1}{Pe^*}\left(c_{i+1}^{\lambda-1} - 2\,c_i^{\lambda-1} + c_{i-1}^{\lambda-1}\right)\Big](1-\Theta)\,. \end{aligned} \tag{3.120}$$

Die Courant-Zahl

$$Co = \frac{v_a\,\Delta t}{\Delta x} \leq 1 \tag{3.121}$$

definiert eine Beziehung zwischen der räumlichen und zeitlichen Diskretisierung. Die in Gleichung (3.121) angegebene Beschränkung garantiert, dass bei der numerischen Lösung der Transport in jedem Diskretisierungselement bilanziert wird und kein Element "übersprungen" wird. Die Gitter-Peclet-Zahl

$$Pe^* = \frac{v_a\,\Delta x}{D} \leq 2 \tag{3.122}$$

unterliegt der in Gleichung (3.122) angegebenen Beschränkung, um sicher zu stellen, dass bei der numerischen Lösung der Anteil der Dispersion bzw. Diffusion gegenüber dem advektiven Transport nicht zu gering gewichtet wird.

Diese beiden Kenngrößen sind direkt mit der Qualität der numerischen Lösung der Transportgleichung verknüpft. Sie kontrollieren die Stabilität und die numerische Dispersion der numerischen Lösung. Diese beiden Effekte hängen zudem von der gewählten Differenzen-Näherung für den advektiven Term und dem gewählten Zeitschema ab. Die zentrale Differenz sowie das implizite Zeitschema sind immer stabil. Allerdings erzeugt das implizite Schema große numerische Dispersion. Das explizite Schema ist nur bei Einhaltung des Stabilitätskriteriums $Co \leq 1$ stabil. Die numerische Dispersion wird durch den Fehler bei der finiten Differenzen-Näherung hervorgerufen und ist damit direkt abhängig von der Diskretisierung Δx.

Die auftretenden numerischen Schwierigkeiten liegen in der Struktur der Entwicklungsgleichungen an den Knoten bei advektiv dominiertem Transport begründet. Im Fall des rein expliziten Zeitschemas ist zwar kein Gleichungssystem zu lösen, dafür kann die räumliche Beziehung zwischen den Knoten verloren gehen. Sobald das gewählte Zeitschema implizite Anteile enthält, erhält dieses Gleichungssystem eine zunehmend asymmetrische Struktur, die bei Lösung in Form von numerischer Dispersion ausgeglichen wird.

Das finite Differenzen-Verfahren ist beispielsweise unter Verwendung zellzentrierter Knoten in dem weit verbreiteten Programm MODFLOW (McDonald & Harbaugh, 1984) implementiert. Mit MODFLOW lassen sich instationäre, drei-dimensionale Grundwasserströmungen in gespannten und ungespannten Aquiferen berechnen. Dabei können mehrere Arten von hydrogeologischen Randbedingungen definiert werden, die alle in Form der grundlegenden mathematischen Randbedingungen (Gl. 2.73 – 2.75) implementiert sind. Das Programm MT3DMS (Zheng & Wang, 1999) verwendet unter anderem auch das finite Differenzen-Verfahren zur Berechnung des Stofftransports. MT3DMS verwendet dazu direkt das Strömungsfeld aus MODFLOW. Um das Courant-Kriterium (Gl. 3.121) einzuhalten, ist eine automatische Anpassung der Zeitschritte für die Transportberechnung implementiert.

3.2.3 Finite Elemente

Eine grundsätzlich andere Methode, die Ableitungen in der Differenzialgleichung zu approximieren und eine Lösung zu finden, wird beim *finite Elemente-Verfahren* angewendet. Der verwendete Lösungsansatz basiert auf der Variationsmethode, die dem Fachgebiet Funktionalanalysis in der Mathematik zugeordnet ist. In der Funktionalanalysis werden Mengen bestehend aus Funktionen betrachtet, in denen der Abstand zwischen den einzelnen Elementen, den Funktionen, durch eine Metrik definiert ist. Solche Mengen werden als Hilberträume bezeichnet. Das Prinzip der Variationsmethode besteht darin, dass das Volumenintegral über die Differenzialgleichung mit der unbekannten Funktion f gebildet wird, die als Lösung gesucht ist

$$I = \int_V \{L\, f(\vec{x})\}\; dV\,. \tag{3.123}$$

L ist dabei ein beliebiger Differenzialoperator, der die Differenzialgleichung beschreibt. Die gesuchte Lösung dieser Integralgleichung ist dann durch das Minimum der Variation

$$\frac{\delta I}{\delta f} = 0 \tag{3.124}$$

gegeben. Die Existenz dieser Lösung ist direkt von der Existenz des Integrals (Gl. 3.123) abhängig. Dieses Integral existiert nicht für den Fall einer lokalen Singularität. Diese Art der Singularität lässt sich dadurch vermeiden, dass der Bereich, in dem diese auftritt, aus dem Betrachtungsgebiet ausgeschnitten wird, indem z.B. eine innere Randbedingung definiert wird.

Zur numerischen Modellierung ist es auch beim finite Elemente-Verfahren erforderlich, die Betrachtung auf eine Anzahl endlich vieler Knoten zu beschränken. Die gesuchte, unbekannte Funktion $f(\vec{x})$ lässt sich mit Hilfe von Interpolationsfunktionen $\phi_k(\vec{x})$ an jedem Knoten k durch die Funktionswerte $\hat{f}_k$ annähern:

$$f(\vec{x}) = \sum_{k=1}^{N} \hat{f}_k\; \phi_k(\vec{x})\,. \tag{3.125}$$

Dabei ist N die Anzahl der vorab festgelegten Knoten. Das Einsetzen in das Integral (Gl. 3.123) ergibt:

$$\int_V \left\{ L \left[\sum_{k=1}^{N} \hat{f}_k \, \phi_k(\vec{x}) \right] \right\} dV = \int_V \varepsilon \, dV \,. \tag{3.126}$$

Auf Grund der Näherung mittels der Funktionswerte $\hat{f}$ entsteht ein Fehlerterm, der dazu führt, dass diese Betrachtung nicht mehr exakt massenerhaltend ist. Durch Wahl geeigneter Ansatzfunktionen $\omega_l(\vec{x})$ für jeden Knoten l kann dieser Fehlerterm eliminiert werden:

$$\int_V \omega_l(\vec{x}) \, \varepsilon \, dV = 0 \,. \tag{3.127}$$

Damit erhält man N Gleichungen

$$\int_V \omega_l(\vec{x}) \left\{ L \left[\sum_{k=1}^{N} \hat{f}_k \, \phi_k(\vec{x}) \right] \right\} dV = 0 \,. \tag{3.128}$$

Anwendung auf Strömungungsgleichung

Für das Beispiel der stationären Grundwasserströmung in einem heterogenen, anisotropen Aquifer mit einem Quell-/Senkenterm lauten diese Gleichungen (Gl. 3.128)

$$\int_V \omega_l(\vec{x}) \left\{ \vec{\nabla} \left(\underline{\mathbf{K}}(\vec{x}) \, \vec{\nabla} \left[\sum_{k=1}^{N} \hat{h}_k \, \phi_k(\vec{x}) \right] \right) - W_0(\vec{x}) \right\} dV = 0 \,. \tag{3.129}$$

Über partielle Integration und Anwendung des Gauß'schen Integralsatzes erhält man aus Gleichung (3.129)

$$\sum_{k=1}^{N} \left\{ \int_V \vec{\nabla}\omega_l(\vec{x}) \, \underline{\mathbf{K}}(\vec{x}) \, \vec{\nabla}\phi_k(\vec{x}) \, dV \right\} \hat{h}_k + \int_\Gamma \omega_l(\vec{x}) \, q_n \, d\Gamma - \int_V \omega_l(\vec{x}) \, W_0(\vec{x}) \, dV = 0 \,. \tag{3.130}$$

Dabei ist Γ die äußere Berandung bzw. Oberfläche des Volumens V. Der Term mit dem Randfluss $\int_\Gamma \omega_l(\vec{x}) \, q_n \, d\Gamma$ wird als natürliche Randbedingung bezeichnet. Die gesuchte Lösung $\hat{h}_k$ für alle N Knoten ergibt sich dann durch Lösung des entstanden Gleichungssystems

$$\begin{aligned} &\sum_{k=1}^{N} K_{lk} \, \hat{h}_k = Q_l, \\ \text{mit:} \quad & K_{lk} = \int_V \vec{\nabla}\omega_l(\vec{x}) \, \underline{\mathbf{K}}(\vec{x}) \, \vec{\nabla}\phi_k(\vec{x}) \, dV \\ & Q_l = - \int_\Gamma \omega_l(\vec{x}) \, q_n \, d\Gamma + \int_V \omega_l(\vec{x}) \, W_0(\vec{x}) \, dV \,. \end{aligned} \tag{3.131}$$

Zur Festlegung der Interpolationsfunktionen $\phi_k(\vec{x})$ und Ansatzfunktionen $\omega_l(\vec{x})$ ist die Zuordnung einzelner Knoten zu *finiten Elemente* erforderlich, die das Betrachtungsgebiet

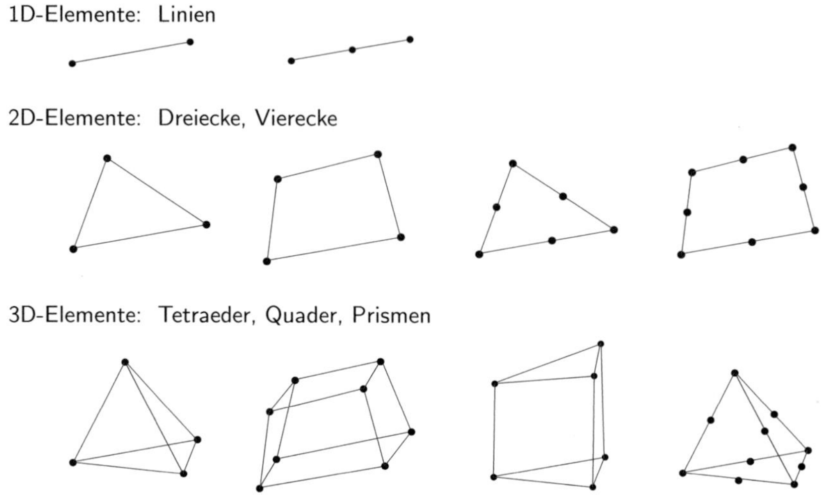

Abbildung 3.22: *Finite Elemente unterschiedlicher Dimensionalität mit und ohne Zwischenknoten auf den Elementkanten.*

vollständig und ohne gegenseitige Überlappung überdecken. Die Dimension der gewählten Elemente (Abb. 3.22) ist dabei an das zu lösende Problem anzupassen, da einzelne Größen, wie die Aquiferparameter oder Geschwindigkeiten, für die Elemente und nicht für die Knoten zu definieren sind. Treten Knoten nur an den Ecken der Elemente auf (Abb. 3.22), besitzen diese geradlinige Kanten. Für diesen Fall sind die Interpolationsfunktionen linear. Liegen hingegen auch Knoten auf den Kanten der Elemente (Abb. 3.22), müssen diese Kanten nicht mehr geradlinig sein und jeder Zwischenknoten erhöht den Grad des Polynoms der Interpolationsfunktion um eins. Allerdings ist dabei darauf zu achten, dass gemeinsame Kanten benachbarter Elemente gleich definiert sind. Ein höherer Grad des Polynoms der Interpolationsfunktion bedeutet eine höhere Genauigkeit der Näherung. Diese Genauigkeit kann in vergleichbarer Weise auch dadurch erhöht werden, dass unter Verwendung der Zwischenknoten die Anzahl der finiten Elemente erhöht wird, also eine Verfeinerung der Diskretisierung erfolgt. Der Vorteil des finiten Elemente-Verfahrens liegt darin begründet, dass die Festlegung der Knoten vollkommen beliebig ist und damit durch die definierten Elemente sehr flexibel jegliche Art von geometrischen Strukturen nachgebildet werden kann.

Der einfachste Weg die Ansatzfunktion $\omega_l(\vec{x})$ zu definieren, ist das *Galerkin-Verfahren*. Sie wird für jeden Knoten l gleich der Interpolationsfunktionen $\phi_l(\vec{x})$ gesetzt:

$$\omega_l(\vec{x}) = \phi_l(\vec{x})\,. \tag{3.132}$$

Das Gleichungssystem (Gl. 3.131) wird dann für jedes Element aufgestellt, wobei angenommen wird, dass die Elementgrößen in jedem Element homogen sind. Für jedes Element

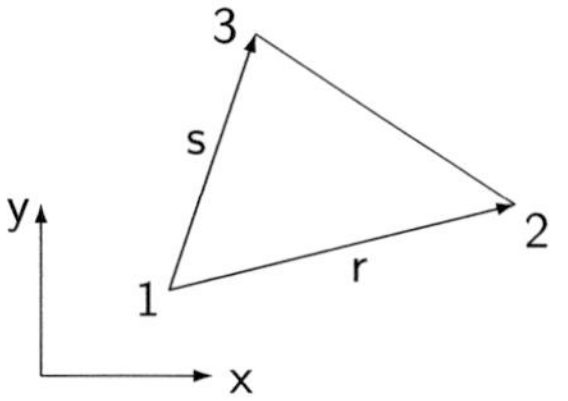

$$\text{allg.:} \quad \phi_l(r,s) = a_0 + a_1\, r + a_2\, s$$

$$\phi_1(r,s) = 1 - r - s$$
$$\phi_2(r,s) = r$$
$$\phi_3(r,s) = s$$

Abbildung 3.23: *Finites Dreieck-Element mit lokalen Koordinaten und Definition der Interpolationsfunktionen an den Knoten $l=1,\,2,\,3$; für die lokalen Koordinaten im Dreieck-Element ist die Bedingung $r+s\leq 1$ zu erfüllen.*

muss dann eine lokale Knotennummerierung erfolgen. Die Interpolationsfunktionen $\phi_l(\vec{r})$ werden in dem betrachteten Element in einem lokalen Koordinatensystem $\vec{r}$ angegeben, das durch die Elementkanten aufgespannt wird (Abb. 3.23). Dies erfordert bei der Aufstellung der Elementmatrix

$$K_{lk} = \int\limits_{V_E} \left(\vec{\nabla}_r\, \phi_l(\vec{r})\right)^T \underline{\mathbf{J}}^{-1^T} \underline{\mathbf{K}}_E\, \underline{\mathbf{J}}^{-1} \left(\vec{\nabla}_r\, \phi_k(\vec{r})\right) det\, \underline{\mathbf{J}}\;\, dV_E \tag{3.133}$$

eine Koordinatentransformation von den ursprünglichen Koordinaten $\vec{x}$ in die lokalen $\vec{r}$. Die ursprünglichen Koordinaten $\vec{x}$ können dabei mit Hilfe der Interpolationsfunktionen $\phi_l(\vec{r})$ und den Koordinaten der N_e Elementknoten $\vec{x}_l$ ausgedrückt werden:

$$x_\beta = \sum_{l=1}^{N_e} \phi_l x_{l\beta}\,. \tag{3.134}$$

$\underline{\mathbf{J}}$ ist die Jakobi-Matrix mit

$$J_{\alpha\beta} = \frac{\partial\, x_\beta}{\partial\, r_\alpha} = \sum_{l=1}^{N_e} \frac{\partial\, \phi_l}{\partial\, r_\alpha}\, x_{l\beta}\,. \tag{3.135}$$

Die Ausführung der Integration $\int\limits_{V_E} \ldots\, dV_E$ (Gl. 3.133) muss im Allgemeinen numerisch erfolgen. Der Term $\vec{\nabla}_r\, \phi_l$ im Integrand hängt von der Definition von ϕ_l ab, die Jakobi-Matrix $\underline{\mathbf{J}}$ von der Form des Elements.

Zur Bestimmung der Lösung für das Gesamtgebiet werden die Elemente, auch unterschiedlicher Dimension, an den jeweiligen Knoten gekoppelt (Abb. 3.24). Die globale Koeffizientenmatrix erhält man dann durch Addition der Beiträge der einzelnen Knoten zur den jeweiligen Elementmatrizen K_{lk} unter Beachtung der globalen Nummerierung der Knoten.

Die Behandlung des Flussvektors Q_l (Gl. 3.131) erfolgt analog zur Koeffizientenmatrix. Für jeden Knoten eines einzelnen Elements erhält man dann

$$Q_l = -\int\limits_{\Gamma_E} \phi_l\, q_n\, d\Gamma_E + \int\limits_{V_E} \phi_l\, W_0\, det\, \underline{\mathbf{J}}\, dV_E\,. \tag{3.136}$$

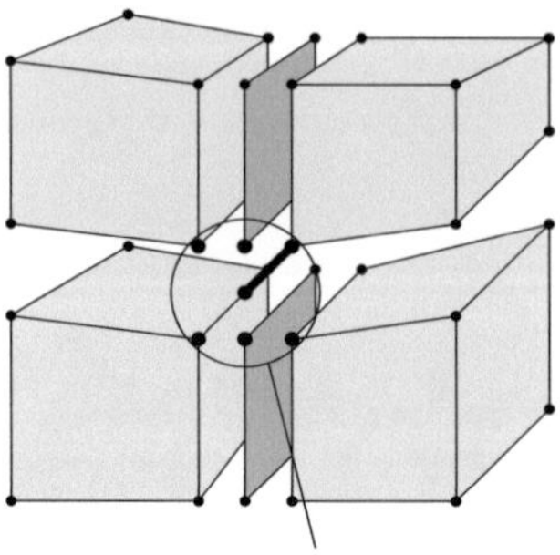

Abbildung 3.24: *Kopplung von Elementen, auch unterschiedlicher Dimensionalität, an gemeinsamen Knoten (nach Wollrath & Helmig, 1991).*

Die Berechnung dieser Integrale muss im Allgemeinen ebenfalls numerisch erfolgen. In das erste gehen die Flussrandbedingungen q_n ein. Im Falle einer Leakagerandbedingung $q_n = \kappa\,(h_L - h)$ kann das Randintegral mit Hilfe der Knotenwerte berechnet werden

$$\begin{aligned} \int\limits_{\Gamma_E} \phi_l\, q_n\, d\Gamma_E &= \int\limits_{\Gamma_E} \phi_l\, \kappa \sum_{k=1}^{N_e} \phi_k\, ((\hat{h}_L)_k - \hat{h}_k)\, d\Gamma_E \\ &= \kappa \sum_{k=1}^{N_e} ((\hat{h}_L)_k - \hat{h}_k) \int\limits_{\Gamma_E} \phi_l\, \phi_k\, d\Gamma_E\,. \end{aligned} \tag{3.137}$$

Allerdings ist dabei zu beachten, dass die Beiträge der Knoten $\hat{h}_k$ in die Koeffizientenmatrix und nur die Beiträge $(\hat{h}_L)_k$ auf der rechten Seite zu implementieren sind.

Die Berücksichtigung von Dirichlet-Randbedingungen, vorgegebenen Piezometerhöhen $\hat{H}_k$, ist aufwändiger als beim finite Differenzen-Verfahren. Die vorgegebenen Piezometerhöhen $\hat{H}_k$ sind keine Unbekannten und müssen daher aus dem Vektor der Unbekannten eliminiert werden. Dazu wird die entsprechende Zeile und Spalte der Koeffizientenmatrix gestrichen und der Beitrag $K_{lk}\,\hat{H}_k$ auf der rechten Seite subtrahiert. Auf diese Weise erhält man ein reduziertes Gleichungssystem. Die Lösung dieses Gleichungssystems erfolgt dann wieder durch Invertieren der Koeffizientenmatrix K_{lk} (vgl. Kap. 3.2.2).

Instationäre Strömungsgleichung

Im Falle instationärer Betrachtungen ist auch der Speicherterm in den einzelnen Elementen entsprechend zu berechnen. Generell können alle im vorangegangenen Abschnitt betrachteten Zeitschema verwendet werden. Exemplarisch erhält man für das rein implizite Zeitschema

$$\begin{aligned}\int\limits_{V_E} \phi_l\, S_0\, \frac{h^\lambda(\vec{x}) - h^{\lambda-1}(\vec{x})}{\Delta t}\, dV_E &= \frac{S_0}{\Delta t} \int\limits_{V_E} \phi_l \sum_{k=1}^{N_e} \phi_k \left(\hat{h}_k^\lambda - \hat{h}_k^{\lambda-1}\right) dV_E \\ &= \frac{S_0}{\Delta t} \sum_{k=1}^{N_e} \left(\hat{h}_k^\lambda - \hat{h}_k^{\lambda-1}\right) det\,\underline{\mathbf{J}} \int\limits_{V_E} \phi_l\, \phi_k\, dV_E\,.\end{aligned} \tag{3.138}$$

Auch hier werden die Beiträge von $\hat{h}_k^\lambda$ in die Koeffizientenmatrix und die Beiträge von $\hat{h}_k^{\lambda-1}$ auf die rechte Seite eingearbeitet.

Anwendung auf Transportgleichung

In der Transportgleichung treten alle für den Fall der instationären Strömung betrachteten Terme in analoger Form auf. Die Advektion bedingt allerdings einen zusätzlichen Term

$$\int\limits_{V} \phi_l\, \vec{v}_a\, \vec{\nabla} \left(\sum_{k=1}^{N} \hat{c}_k\, \phi_k\right) dV\,, \tag{3.139}$$

der für jedes Element einen weiteren Beitrag in der Koeffizientenmatrix liefert. Die Integrale

$$\int\limits_{V_E} \phi_l(\vec{r})\, \vec{v}_a^{\,T}\, \underline{\mathbf{J}}^{-1} \left(\vec{\nabla}_r\, \phi_k(\vec{r})\right) det\,\underline{\mathbf{J}}\;\, dV_E\,, \tag{3.140}$$

die in die Elementmatrix eingehen, sind im Allgemeinen wieder numerisch zu lösen.

Diese Formulierung ist ähnlich dem zentralen Differenzen-Verfahren und damit instabil und somit eigentlich völlig ungeeignet advektiv dominierte Probleme zu lösen. Zur Lösung solcher Problemstellungen wurden sogenannte *"upwind"-Verfahren* entwickelt, die eine Stabilisierung der Lösung ermöglichen. Das *Petrov-Galerkin-Verfahren* (Cantekin & Westerink, 1990) verwendet dazu Ansatzfunktionen höherer Ordnung. Beim *"streamline"-Petrov-Galerkin-Verfahren* (Brooks & Hughes, 1982) werden die Parameter der Ansatzfunktion in Abhängigkeit der Geschwindigkeit $\vec{v}_a$ gewählt. Auch die Wahl der Diskretisierung entlang von Stromlinien (Cirpka et al., 1999) führt zu einer Stabilisierung.

Das finite Elemente-Verfahren ist beispielsweise in den Programmen FEFLOW (Diersch, 2006), FRAC3DVS (Therrien & Sudicky, 1996) oder ROCKFLOW (Wollrath & Helmig, 1991) implementiert. Mit diesen können sowohl Grundwasserströmung als auch Stofftransport berechnet werden. Dabei ist die Möglichkeit gegeben durch die gleichzeitige Verwendung von Elementen unterschiedlicher Dimensionalität (s. Abb. 3.24) auch Kluftnetze in einer porösen Gesteinsmatrix zu beschreiben. Das Programm ROCKFLOW (Wollrath & Helmig, 1991) bietet zudem nicht-lineare Fließgesetze zur Beschreibung von turbulenten Strömungen an.

3.2.4 Finite Volumen

Das *finite Volumen-Verfahren* basiert auf der gleichen mathematischen Methode wie das finite Elemente-Verfahren. Es liegt im Allgemeinen ebenfalls ein unstrukturiertes Netz zu Grunde. Allerdings werden die Bilanzgleichungen nicht für einzelne Elemente formuliert, deren Ecken durch die Knoten vorgegeben sind, sondern um die einzelnen Knoten werden Bilanzvolumina definiert, die z.B. durch die Senkrechten zu den Halbierenden der Elementkanten abgegrenzt werden können (Voronoi-Diskretisierung) (Abb. 3.25). Auf diese Weise ist direkt die Erhaltung der Flussgrößen zwischen diesen Bilanzvolumina gegeben.

Zur Berechnung dieser Bilanzvolumina werden wie beim finite Elemente-Verfahren Interpolations- und Wichtungsfunktionen definiert. Im Falle des finite Volumen-Verfahrens vereinfacht sich die Wichtungsfunktion zu

$$\omega_l(\vec{x}) = \begin{cases} 1\,, & falls\ \vec{x} \in B_l \\ 0\,, & falls\ \vec{x} \notin B_l \end{cases} \ . \tag{3.141}$$

Für die Interpolationsfunktionen werden wie beim finite Elemente-Verfahren die Nachbarknoten betrachtet. Auf diese Weise entspricht das finite Volumen-Verfahren für den Fall strukturierter Gitter dem finite Differenzen-Verfahren mit zellzentrierten Knoten.

Das finite Volumen-Verfahren hat sich in der Anwendung auf Berechnung der Strömung im porösen Medium bis jetzt nicht in dem Maße durchgesetzt wie in der Strömungsmechanik freier Fluide.

3.2.5 Randelemente

Das *Randelemente-Verfahren* ist dem finite Elemente-Verfahren sehr verwandt. Es wird ebenfalls die Lösung einer Differenzialgleichung durch Integration und gewichtete Residuen gesucht (vgl. Gl. 3.128). Dabei sind die Knoten auf dem Rand des Gebietes definiert und

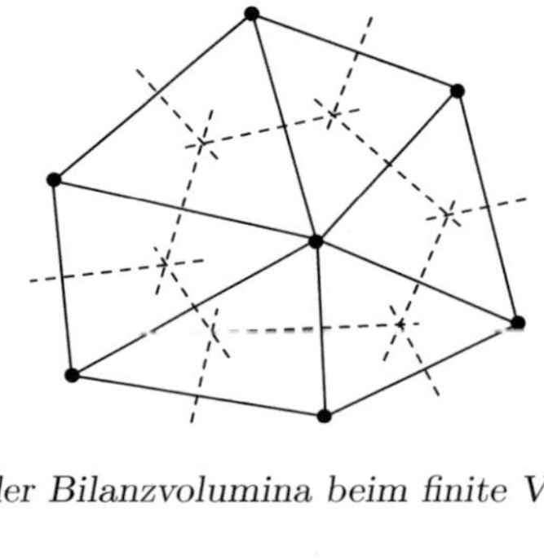

Abbildung 3.25: *Definition der Bilanzvolumina beim finite Volumen-Verfahren in unstrukturiertem Gitter.*

die Volumenintegrale werden in Randintegrale überführt. Das Randelemente-Verfahren eignet sich in besonderem Maße zur Lösung von Problemen, die mit der Potenzialtheorie betrachtet werden können, wie z.B. die stationäre Grundwasserströmung in einem homogenen, isotropen Aquifer ohne Quell-/Senkenterm (vgl. Gl. 3.71):

$$\int_V \left(\nabla^2 h(\vec{x})\right) \omega(\vec{x})\, dV = 0\,. \tag{3.142}$$

Durch zweifache partielle Integration erhält man aus Gl. 3.142:

$$\int_V \left(\nabla^2 \omega\right) h\, dV = \int_\Gamma h \frac{\partial \omega}{\partial n}\, d\Gamma - \int_\Gamma \omega\, q_n\, d\Gamma\,. \tag{3.143}$$

wobei $q_n = \partial h / \partial n$ als die Ableitung senkrecht zum Rand Γ definiert ist.

Unter Verwendung der Potenzialtheorie kann die Ansatzfunktion $\omega = h^*(\vec{\xi}, \vec{x})$ der Fundamentallösung der Laplace-Gleichung gesetzt werden, welche Lösung der Differenzialgleichung

$$\nabla^2 h^*(\vec{\xi}, \vec{x}) = -\delta(\vec{\xi} - \vec{x}) \tag{3.144}$$

ist, wobei $\delta(\vec{\xi} - \vec{x})$ die Dirac'sche Delta-Funktion (Gl. 3.92) ist. Diese Fundamentallösung bei zwei-dimensionalen Problemen ist

$$h^*(\vec{\xi}, \vec{x}) = \frac{1}{2\pi} \ln\left(\frac{1}{|\vec{\xi} - \vec{x}|}\right) \tag{3.145}$$

und

$$h^*(\vec{\xi}, \vec{x}) = \frac{1}{4\pi} \left(\frac{1}{|\vec{\xi} - \vec{x}|}\right) \tag{3.146}$$

bei drei-dimensionalen Problemen. Durch Einsetzen der Fundamentallösung in Gl. 3.143 erhält man

$$\frac{\vartheta(\vec{\xi})}{2\,\pi}\, h(\vec{\xi}) + \int_\Gamma h(\vec{x})\, q^*_n(\vec{\xi}, \vec{x})\, d\Gamma(\vec{x}) = \int_\Gamma q_n(\vec{x})\, h^*(\vec{\xi}, \vec{x})\, d\Gamma(\vec{x})\,. \tag{3.147}$$

Dabei sind $\vec{\xi}$ die Punkte im Volumen V, $\vec{x}$ die Punkte auf dem Rand Γ und $q^*_n = \partial h^* / \partial n$ die Ableitung der Fundamentallösung $h^*(\vec{\xi}, \vec{x})$ senkrecht zum Rand. In zwei Dimensionen entspricht der Winkel $\vartheta(\vec{\xi})$ dem Kreisbogen, der um den Punkt $\vec{\xi}$ innerhalb des Gebiets gezogen werden kann. Beispielsweise ist dann für einen innen liegenden Punkt $\vartheta(\vec{\xi}) = 2\,\pi$ und $\vartheta(\vec{\xi}) = \pi$ für einen Punkt auf einem "glatten" Rand. Diese speziellen Zusammenhänge gelten auch in drei Dimensionen.

Diese Integralgleichung (Gl. 3.147) kann bei gegebenen Randbedingungen numerisch gelöst werden, wenn nur Punkte $\vec{\xi}$ auf dem Rand Γ betrachtet werden und der Rand in diskrete Randelemente unterteilt wird. Dadurch reduziert sich der Aufwand der Lösung. Es werden nur die Randknoten anstatt der großen Anzahl Knoten im Gebiet und damit

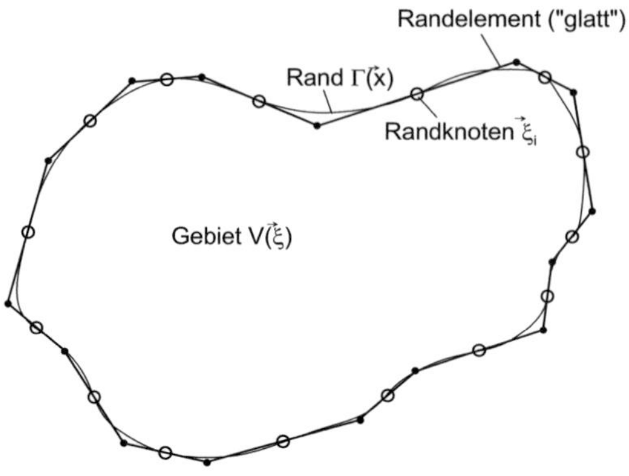

Abbildung 3.26: *Diskretisierung des Randes $\Gamma(\vec{x})$ eines Gebiets $V(\vec{\xi})$ in "glatte" Randelemente mit zentralen Randknoten $\vec{\xi_i}$.*

eine Dimension weniger betrachtet. Der einfachste Fall ist, dass die Punkte $\vec{\xi_i}$ im Zentrum geradliniger, konstanter Randelemente liegen, die somit immer als "glatt" angesehen und in denen die relevanten Funktionen als konstant angenommen werden können (Abb. 3.26). Gl. 3.147 vereinfacht sich somit zu

$$\frac{1}{2}\,h_i + \sum_{j=1}^{N}\left(\int\limits_{\Gamma_j} {q^*}_{n,ij}\; d\Gamma\right) h_j = \sum_{j=1}^{N}\left(\int\limits_{\Gamma_j} {h^*}_{ij}\; d\Gamma\right) q_{n,j}\,. \tag{3.148}$$

Für jeden Randknoten i erhält man eine Gleichung, in der die Summe über alle N Randelemente gebildet wird. Da die Funktionen h_j und $q_{n,j}$ im jeweiligen Element j konstant ist, können diese aus dem Integral herausgezogen werden. In jedem Randelement j ist entweder $\overline{h}_j$ vorgegeben und somit $q_{n,j}$ unbekannt oder $\overline{q}_{n,j}$ vorgegeben und somit h_j unbekannt. Damit enthält man das Gleichungssystem

$$\sum_{j=1}^{N} H_{ij}\,h_j = \sum_{j=1}^{N} G_{ij}\,q_{n,j}\,. \tag{3.149}$$

mit N Gleichungen und N Unbekannten. Dabei sind

$$\begin{aligned} H_{ij} &= \begin{cases} \hat{H}_{ij} + \frac{1}{2} & falls\ i = j \\ \hat{H}_{ij} & falls\ i \neq j \end{cases} \\ \hat{H}_{ij} &= \int\limits_{\Gamma_j} {q^*}_{n,ij}\; d\Gamma \\ G_{ij} &= \int\limits_{\Gamma_j} {h^*}_{ij}\; d\Gamma\,. \end{aligned} \tag{3.150}$$

Diese Integrale können numerisch bestimmt werden.

Durch Umsortieren der Unbekannten h_j und $q_{n,j}$ in den Vektor u_j erhält man das Gleichungssystem

$$\sum_{j=1}^{N} A_{ij}\, u_j = R_i\,. \tag{3.151}$$

Dabei enthält der Vektor R_i die bekannten Randbedingungen $\overline{h}_j$ und $\overline{q}_{n,j}$. Die $N \times N$-Matrix A_{ij} ist in diesem Falle allerdings vollständig besetzt. Das bedeutet, dass die Verringerung des Aufwands der Reduktion der Dimension und Knotenanzahl durch einen erhöhten Aufwand der Invertierung des Gleichungssystems (3.151) erkauft wird (vgl. auch Kap. 3.2.2).

Ist dieses Gleichungssystem (3.151) einmal gelöst, sind alle Piezometerhöhen h und spezifischen Durchflüsse q_n auf dem Rand Γ bekannt. Für alle Punkte i im Gebiet kann die Piezometerhöhe h_i analog zu Gl. (3.149) ermittelt werden durch (vgl. Gl. 3.148)

$$h_i = \sum_{j=1}^{N} G_{ij}\, q_{n,j} - \sum_{j=1}^{N} \hat{H}_{ij}\, h_j\,, \tag{3.152}$$

indem die entsprechenden Terme für die Randelemente j ausgewertet werden. Die spezifischen Flüsse am Knoten i können über die Ableitungen $\vec{\nabla} h_i$ berechnet werden.

Generell können mit dieser Methode auch komplexere Probleme gelöst werden. Sind im Gebiet L Brunnen vorhanden, definieren diese einen Quell-/Senkenterm in der Differenzialgleichung

$$\nabla^2 h(\vec{x}) = \sum_{l=1}^{L} Q_l\, \delta(\vec{x}-\vec{x}_l)\,. \tag{3.153}$$

Damit ergibt sich aus Gl. (3.147)

$$\frac{\vartheta(\vec{\xi})}{2\,\pi}\, h(\vec{\xi}) + \int_\Gamma h(\vec{x})\, q_n^*(\vec{\xi},\vec{x})\, d\Gamma(\vec{x}) + \sum_{l=1}^{L} Q_l\, h^*(\vec{\xi},\vec{x}_l) = \int_\Gamma q_n(\vec{x})\, h^*(\vec{\xi},\vec{x})\, d\Gamma(\vec{x})\,. \tag{3.154}$$

Der Zusatzterm lässt sich bei Anwendung der Randelemente einfach mitberechnen. Gebiete, in denen bereichsweise unterschiedliche hydraulische Leitfähigkeiten vorliegen, können durch Betrachtung von separaten Teilgebieten auch mit dem Verfahren der Randelemente berechnet werden. Es werden die Lösungen in den Teilgebieten ermittelt, die an den jeweiligen gemeinsamen Rändern zu koppeln sind. Für manche Anwendungen sind statt der oben vorgestellten konstanten Elemente lineare oder höher-wertige Elemente nötig. Solche sind z.B. erforderlich, wenn ein Teil des Randes von einer freien Oberfläche gebildet wird, wie z.B. bei einer Dammdurchsickerung. Das Auffinden der Lage dieses Randes erfordert dann eine zusätzliche Iteration.

3.2.6 "particle tracking"

Zur Berechnung des rein advektiven, bzw. advektiv dominierten, Stofftransports

$$\frac{\partial c}{\partial t} = -\vec{v}_a \, \vec{\nabla} c \tag{3.155}$$

eignet sich besonders das sogenannte *"particle tracking"-Verfahren*, bei dem die Bewegung von Teilchen, Partikeln, in einem vorgegebenen Geschwindigkeitsfeld betrachtet wird. Dazu wird den Teilchen eine feste Stoffkonzentration zugeordnet. Deren Bewegung bildet dann direkt die Bahnlinie des jeweiligen Teilchens ab. Die Bewegung eines Partikels von einem Ausgangsort $\vec{x_p}(t_0)$ in einem Zeitintervall $t - t_0$ ist gegeben durch

$$\vec{x}_p(t) = \vec{x}_p(t_0) + \int_{t_0}^{t} \vec{v}_a \left(\vec{x}_p(\tau), \tau\right) \, d\tau \,. \tag{3.156}$$

Diese Betrachtungsweise ist rein explizit, da alle Teilchen unabhängig voneinander bewegt werden.

Die Berechnung der Partikelbewegung (Gl. 3.156) erfolgt in der Regel numerisch. Dazu wird angenommen, dass in dem betrachteten Zeitschritt das Strömungsfeld $\vec{v}_a(\vec{x})$ ein kontinuierliches stationäres Vektorfeld ist. Die einfachste Möglichkeit der numerischen Integration ist das *1-Schritt-Euler-Verfahren*

$$\vec{x}_p(t + \Delta t) = \vec{x}_p(t) + \vec{v}_a \left(\vec{x}_p(t)\right) \Delta t \,. \tag{3.157}$$

Der Fehler bei diesem Verfahren ist von der Ordnung Δt^2. Wegen des expliziten Charakters der Partikelbewegung ist die Integration selbst bei der Wahl kleiner Zeitschritte Δt dann problematisch, falls sich das Strömungsfeld $\vec{v}_a(\vec{x}_p(t))$ im Raum stark ändert (Abb. 3.27). Mit dem *Runge-Kutta-Verfahren*, einem Verfahren 4. Ordnung, lässt sich insbesondere im Falle stark veränderlicher Strömungsfelder die Genauigkeit erhöhen. Dabei wird nicht nur das Geschwindigkeitsfeld am Ausgangsort $\vec{v}_a(\vec{x}_p(t))$ berücksichtigt, sondern noch an drei weiteren Punkten in Bewegungsrichtung. Die Partikelbewegung wird dann bestimmt durch

$$\vec{x}_p(t + \Delta t) = \vec{x}_p(t) + \left[\frac{\vec{v}_a(\vec{x}_1) + 2\,\vec{v}_a(\vec{x}_2) + 2\,\vec{v}_a(\vec{x}_3) + \vec{v}_a(\vec{x}_4)}{6}\right] \Delta t \,. \tag{3.158}$$

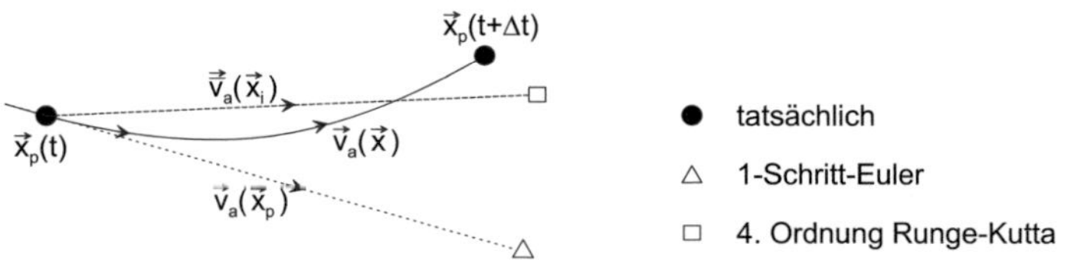

Abbildung 3.27: *Partikelbewegung im Zeitschritt Δt berechnet mit unterschiedlichen numerischen Algorithmen.*

Dabei sind die vier Punkte $\vec{x}_1, \vec{x}_2, \vec{x}_3, \vec{x}_4$ wie folgt definiert:

$$\begin{aligned}
\vec{x}_1 &= \vec{x}_p(t) \\
\vec{x}_2 &= \vec{x}_1 + \vec{v}_a(\vec{x}_1)\,\frac{\Delta t}{2} \\
\vec{x}_3 &= \vec{x}_1 + \vec{v}_a(\vec{x}_2)\,\frac{\Delta t}{2} \\
\vec{x}_4 &= \vec{x}_1 + \vec{v}_a(\vec{x}_3)\,\Delta t
\end{aligned} \tag{3.159}$$

Das Runge-Kutta-Verfahrens ist von der Genauigkeit Δt^5. Zur Auswertung der Partikelverteilung hinsichtlich Stoffkonzentrationen sind kleine Bilanzvolumina, Zellen, zu definieren. Die Größe dieser Zellen bestimmt direkt die numerische Dispersion des "particle tracking"-Verfahrens.

Im Allgemeinen schließt sich eine numerische Berechnung des Stofftransports an eine numerische Lösung für die Grundwasserströmung an. Dann liegt jedoch das Geschwindigkeitsfeld nicht kontinuierlich sondern nur für die jeweiligen Diskretisierungseinheiten vor. Die Geschwindigkeitskomponenten werden dabei über die hydraulischen Gradienten, also aus den numerisch berechneten Piezometerhöhen an den Knoten h_k^λ der finiten Elemente oder den Zellmittelpunkten bei finiten Differenzengittern, abgeleitet. Dadurch sind die Geschwindigkeiten an den Elementkanten oder im Element, bzw. an den Zellflächen definiert. Durch Interpolation muss dann die Geschwindigkeit an einem beliebigen Punkt berechnet werden. Ein Problem stellen dabei singuläre Punkte dar, die z.B. durch Grundwasserentnahmen an Brunnen hervorgerufen sind. Durch Interpolation kann das Strömungsfeld im unmittelbaren Nahbereich solcher Punkte, z.B. in einer Zelle, nicht nachgebildet werden. Eine Bahnlinie wird in jedem Fall einen solchen Brunnen passieren, wenn die Berechnung auf einem rein interpolierten Geschwindigkeitsfeld beruht (Abb. 3.28). Daher werden in Programmen wie MODPATH (Pollock, 1994) für den Nahbereich von Brunnen analytische Lösungen zur Beschreibung des Geschwindigkeitsfeldes verwendet.

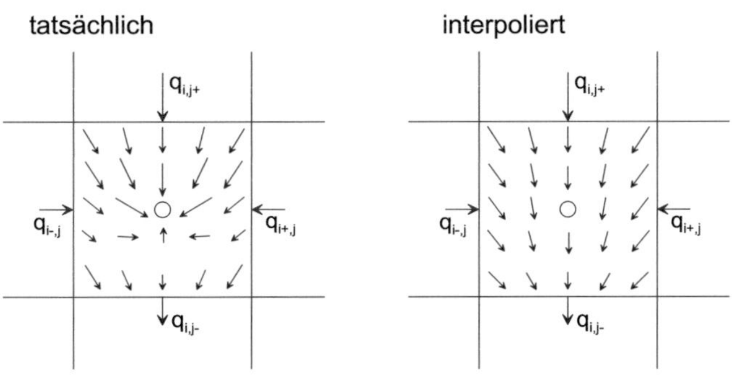

Abbildung 3.28: *Tatsächliches und interpoliertes Geschwindigkeitsfeld in einer Zelle mit Geschwindigkeiten an Zelloberflächen als Basis für die Interpolation.*

3.2.7 "random walk"

Das "*random walk*"-*Verfahren* ist eine Erweiterung des "particle tracking"-Verfahrens. Mit Hilfe des "random walk"-Verfahrens lassen sich kleinskalige, zufällige Schwankungen $\vec{v}_a'$ um ein mittleres Geschwindigkeitsfeld $\vec{v}_{a0}$ berücksichtigen

$$\vec{v}_a = \vec{v}_{a0} + \vec{v}_a' \,, \tag{3.160}$$

die zu Dispersionseffekten führen. Durch diese Darstellung des "wahren" Geschwindigkeitsfeldes $\vec{v}_a(\vec{x})$ kann z.B. das 1-Schritt-Eulerverfahren (Gl. 3.157) um einen Term ergänzt werden, der die Partikelbewegung bedingt durch die zufällige Schwankungsgröße $\vec{v}_a'$ erfasst.

In den meisten Anwendungen wird allerdings diese Schwankungsgröße $\vec{v}_a'$ durch einen Dispersionskoeffizienten ausgedrückt, so dass statt der rein advektiven Transportgleichung (Gl. 3.155) die advektiv-dispersive Transportgleichung betrachtet wird:

$$\frac{\partial c}{\partial t} = -\vec{v}_{a0}\, \vec{\nabla} c + \vec{\nabla}\left(\underline{\mathbf{D}} \vec{\nabla} c\right) . \tag{3.161}$$

Um die Unterschiede der Geschwindigkeitsschwankungen in die Raumrichtungen berücksichtigen zu können, wird die Dispersion als Tensor definiert. Wird dabei die Konzentration c als stochastische Variable aufgefasst, d.h. sie ist nicht exakt sondern durch eine statistische Verteilung definiert, kann diese Transportgleichung (Gl. 3.161) in eine Fokker-Planck-Gleichung (Gl. 2.20) umgeformt werden (Uffink, 1990):

$$\frac{\partial c}{\partial t} = -\vec{\nabla}\left[\left(\vec{v}_{a0} + \vec{\nabla}\,\underline{\mathbf{D}}\right) c\right] + \vec{\nabla}^2\left(\underline{\mathbf{D}}\, c\right) . \tag{3.162}$$

Dabei ist $\vec{\nabla}\,\vec{v}_{a0} = 0$ angenommen worden. Ito (1951) konnte zeigen, dass diese stochastische Transportgleichung durch die zeitliche Entwicklung einer Partikelverteilung gelöst werden kann, wenn der individuelle Partikelschritt durch

$$\vec{x}_p(t+\Delta t) = \vec{x}_p(t) + \left(\vec{v}_{a0}(\vec{x}_p(t)) + \vec{\nabla}\underline{\mathbf{D}}(\vec{x}_p(t))\right)\Delta t + Z\sqrt{2\,\underline{\mathbf{D}}(\vec{x}_p(t))\,\Delta t} \tag{3.163}$$

berechnet wird. Dabei wird der erste, advektive Term durch einen sogenannten Gegenterm im Falle eines heterogenen Dispersionstensors ergänzt. Der zweite, dispersive Term wird über eine gleich-verteilte Zufallszahl aus dem Intervall $[-1, 1]$ beschrieben ("*random walk*").

Auch die Richards-Gleichung lässt sich in eine Transportgleichung (Gl. 2.70) für den Wassergehalt θ überführen. Der Wassergehalt θ kann aufgrund der lokalen Verteilung des Porenwassers im ungesättigten Untergrund als stochastische Variable aufgefasst werden kann. Somit kann die Richardsgleichung ebenfalls als Fokker-Planck-Gleichung

$$\frac{\partial \theta}{\partial t} = \vec{\nabla}\left[\left(\underline{\mathbf{K}}\,\frac{1}{\theta}\,\vec{e}_z - \vec{\nabla}\,\underline{\mathbf{D}}_c\right)\theta\right] + \vec{\nabla}^2\left(\underline{\mathbf{D}}_c\,\theta\right) . \tag{3.164}$$

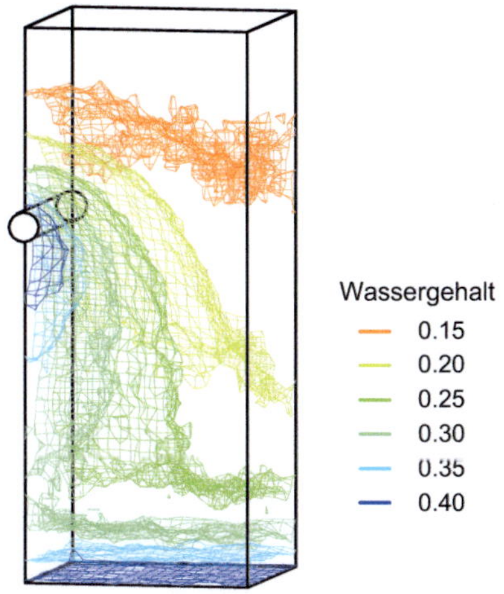

Abbildung 3.29: *Drei-dimensionale Wassergehaltsverteilung bei Versickerung an einer Rohrleckage berechnet mit WTM (Bücker-Gittel et al., 2003).*

formuliert werden und der Wassertransport in der ungesättigten Zone mit Hilfe des "random walk"-Verfahrens gelöst werden (Bücker-Gittel et al., 2003). Die einzelnen Partikel repräsentieren dabei ein festes Wasservolumen. Zur Bilanzierung ist das Modellgebiet in Zellen zu unterteilen, in denen die benötigten Bodenparameter und der Wassergehalt definiert werden. Die Linearisierung bei der Lösung der Gleichung (3.164) erfolgt durch Berechnung der Koeffizienten auf Basis der Wassergehaltsverteilung des jeweils letzten Zeitschritts. Das so entwickelte Modell WTM (Wasser-Transport-Modell) wurde zur Berechnung des Sickerwassertransports von einer Rohrleckage verwendet (Abb. 3.29). Die in Experimenten beobachteten Sickerbereiche konnten mit WTM gut nachgebildet werden (Mohrlok et al., 2004).

3.2.8 Methode der Charakteristiken

Das *Charakteristiken-Verfahren* bietet wie das "random walk"-Verfahren die Möglichkeit, die numerischen Probleme des finite Differenzen- und finite Elemente-Verfahrens bei der Lösung des advektiven Transports zu umgehen. Es basiert auf der entkoppelten Betrachtung von Advektion und Dispersion bei der numerischen Lösung. Zur Beschreibung der reinen Advektion wird dabei von der Euler-Betrachtung mit einem ortsfesten Koordinatensystem $\vec{x}$ in die Lagrange-Betrachtung mit einem mitbewegten Koordinatensystem $\vec{x}'$ gewechselt (Abb. 3.30):

$$\vec{x} \longrightarrow \vec{x}' = \vec{x} - \vec{v}_a\, t\,. \tag{3.165}$$

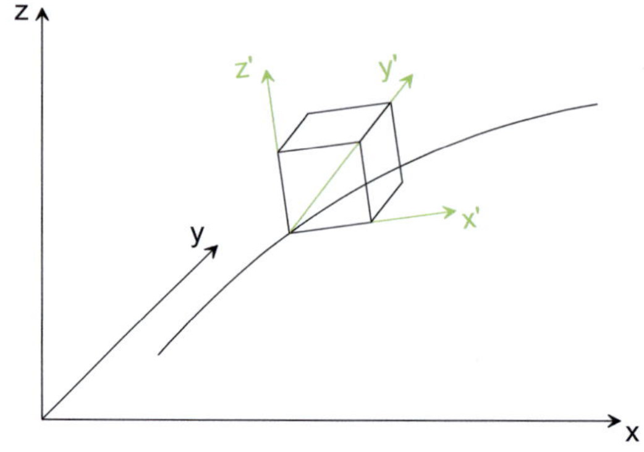

Abbildung 3.30: *Ortsfestes (Euler) und mitbewegtes (Lagrange) Koordinatensystem.*

Die reine Advektion (ohne Dispersion $\underline{\mathbf{D}}\,\vec{\nabla}c=0$) lässt sich ohne Einschränkung der Allgemeinheit an Hand der ein-dimensionalen Bewegung einer Konzentrationsfront mit $c=c_0$ betrachten (Abb. 3.31). Die Transportgleichung für eine solche Bewegung in x-Richtung lautet:

$$\frac{\partial c}{\partial t} = -\,v_a\,\frac{\partial c}{\partial x}\,, \tag{3.166}$$

wobei für das Geschwindigkeitsfeld ohne Quellen oder Senken $\vec{\nabla}\,\vec{v}_a=0$ gilt. Die allgemeine Lösung dieser Gleichung (3.166) lautet:

$$c(x,t) = f(x - v_a\,t)\,, \tag{3.167}$$

wobei $(x-v_at)=s$ eine Bahnlinie beschreibt. Wird diese Lösung entlang einer Bahnlinie $s=(x,t)$ im Raum-Zeit-Diagramm (Abb. 3.32) betrachtet, erhält man:

$$f\,[(x+v_a\,\tau) - v_a\,(t+\tau)] = f(x - v_a\,t) = f(s)\,. \tag{3.168}$$

Da somit den Bahnlinien ein fester Funktionswert $f(s)$ zugeordnet ist, werden diese auch als Charakteristiken bezeichnet. Die Charakteristiken $s(x,t)$ sind in dem mitbewegten Koordinatensystem feste Punkte (s. Abb. 3.30).

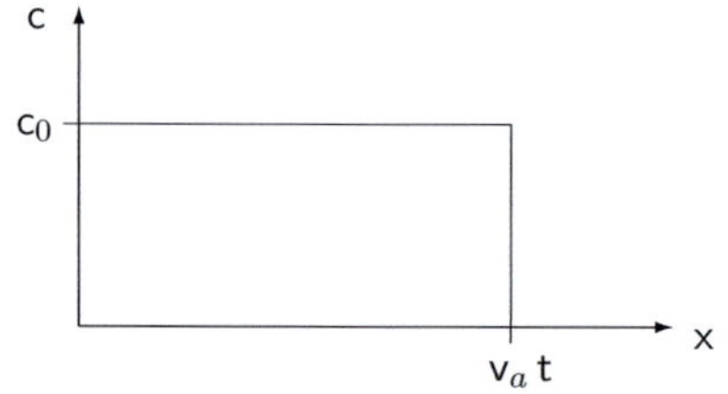

Abbildung 3.31: *Ein-dimensionale Bewegung einer Konzentrationsfront $c=c_0$.*

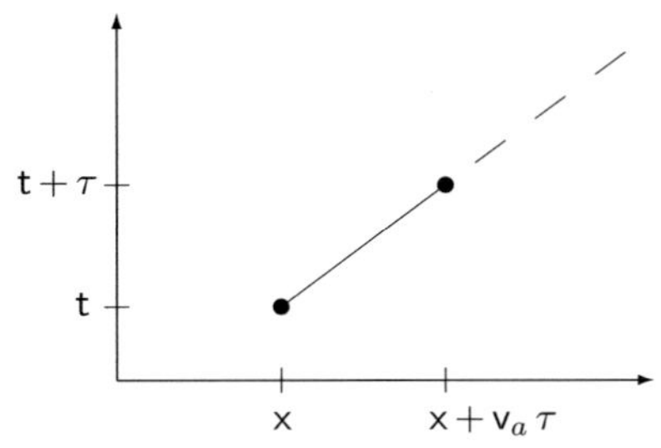

Abbildung 3.32: *Bahnlinie im Raum-Zeit-Diagramm.*

In diesem Lagrange-Koordinatensystem wird das Kontrollvolumen entlang der Bahnlinie bewegt. Für dieses mitbewegte Kontrollvolumen vereinfacht sich die rein advektive Transportgleichung (3.166)

$$\frac{dc}{dt} = \frac{\partial c}{\partial t} + \frac{dx}{dt}\frac{\partial c}{\partial x} = \frac{\partial c}{\partial t} + v_a \frac{\partial c}{\partial x} = 0\,, \tag{3.169}$$

d.h. die Anfangskonzentration in einem solchen Kontrollvolumen bleibt erhalten. Somit lautet die Lösung der Gleichung (3.166) (s. Abb. 3.31):

$$c(x,t) = \begin{cases} c_0 & \text{falls } x \leq v_a\, t \\ 0 & \text{falls } x > v_a\, t \end{cases}\,. \tag{3.170}$$

Beim Charakteristiken-Verfahren wird dieses ausgenutzt und es wird die Bewegung der Kontrollvolumina, die durch Partikel repräsentiert werden, in einem ersten Schritt unabhängig mit dem "particle tracking"-Verfahren berechnet. Somit wird der rein advektive Transport mit dem geeignetsten Verfahren berechnet. Für jedes dieser Kontrollvolumen bleibt dann für zusätzliche Dispersion noch die Differenzialgleichung

$$\frac{\partial c}{\partial t} = \underline{\mathbf{D}}\, \vec{\nabla}^2 c \tag{3.171}$$

zu lösen. Diese reine Diffusionsgleichung lässt sich in einem zweiten Schritt gut mit dem finiten Differenzen-Verfahren oder dem finiten Elemente-Verfahren lösen. Das Charakteristiken-Verfahren zählt somit auch zu den *Zwei-Schritt-Verfahren*.

Auf diese Weise lassen sich mit dem Charakteristiken-Verfahren numerische Oszillationen weitestgehend vermeiden und die numerische Dispersion auf ein geringes Maß beschränken. Allerdings sind bei dieser Methode sehr viele Kontrollvolumina, d.h. Partikel, zu verwenden, deren Verteilung durch die Bewegung im Geschwindigkeitsfeld in jedem Zeitschritt neu berechnet werden muss. Um den Rechenaufwand zu verringern, wird die Diffusionsgleichung (Gl. 3.171) wie in MT3DMS (Zheng & Wang, 1999) oftmals auf einem ortsfesten Gitter und nicht für die einzelnen Kontrollvolumina gelöst. Dadurch sind die Bedingungen in benachbarten Kontrollvolumina direkt bei der Lösung verfügbar, indem sich die Anfangskonzentrationen aus der Partikelverteilung ableiten lassen.

Kapitel 4

Äquivalenzmodelle

Bilanzmodelle zur quantitativen Beschreibung von Strömung und Transport im Untergrund lassen sich in der Regel nur unter äquivalenten Betrachtungen der physikalischen Prozesse erstellen. In den grundlegenden Bilanzgleichungen der Grundwasserhydraulik für Strömung (Gl. 2.67, 2.68) und Transport (Gl. 2.100) sind die spezifischen Durchflüsse (Darcy-Gesetz) und Stoffströme (Advektion, Dispersion) für ein endlich großes Bilanzvolumen, das REV, formuliert. Die Definition des REV beruht auf der Annahme eines **äquivalenten porösen Mediums**, das durch die *äquivalenten, effektiven Parameter* hydraulische Leitfähigkeit, Transportgeschwindigkeit und Dispersivität charakterisiert werden kann. Diese Parameter sind im REV per Definition immer konstant und damit homogen. Das REV-Konzept lässt sich dabei auf unterschiedlichen Skalen anwenden, was eine vereinfachte Betrachtung auch heterogener Aquifere auf großer Skala ermöglicht, wobei allerdings die effektiven Parameter skalenabhängig sind. Im Allgemeinen sind die äquivalenten, effektiven Parameter das Ergebnis entsprechender Mittelwertbetrachtungen auf der jeweiligen Skala.

Äquivalenzmodelle spielen in der Praxis eine sehr wichtige Rolle, da sie dazu dienen, physikalische Prozesse auf der betrachteten Skala möglichst einfach zu bilanzieren. In der Grundwasserhydraulik bilden definierte Bilanzvolumina die relevante Skala, auf der die Strömungs- und Transportprozesse in der ungesättigten oder gesättigten Zone zu bilanzieren sind (s. Kap. 2). Diese Bilanzvolumina sind an die erforderliche räumliche Differenzierung der betrachteten Prozesse gebunden. Werden diese Prozesse im Bilanzgebiet nicht weiter räumlich differenziert betrachtet, kann dieses als Ganzes durch ein Bilanzvolumen, einen Speicher oder Reservoir, repräsentiert werden. Ist eine räumliche Differenzierung erforderlich, wird das Bilanzgebiet in Teilgebiete unterteilt, die als Bilanzvolumina mit den entsprechenden äquivalenten effektiven Parametern aufzufassen sind. Im Folgenden sind eine Reihe von Äquivalenzmodellen dargestellt, die sich in der Komplexität der Beschreibung der betrachteten Strömungs- und Transportvorgänge im jeweiligen Bilanzgebiet unterscheiden.

4.1 Reservoirmodelle

Reservoirmodelle sind somit die einfachsten **Äquivalenzmodelle**, da sie das gesamte Bilanzgebiet als ein Bilanzvolumen erfassen. Sie bilanzieren die Änderungen einer Größe, z.B. des Wasservolumens oder der Stoffmenge, in einem Speicher bzw. Reservoir. Reservoirmodelle lassen sich nach der Art des Austauschs des Reservoirinhalts klassifizieren. Im Reservoir kann entweder eine vollständige Verdrängung, eine teilweise Verdrängung und Vermischung oder eine vollständige Vermischung des Reservoirinhalts stattfinden (s. Abb. 4.2). Dabei gibt es prinzipiell keinen Unterschied zwischen Volumenbilanzen (Strömung) und Massenbilanzen (Transport).

4.1.1 Speichermodelle

Zur Beschreibung einer Volumenänderung ΔV_W im Reservoir im Zeitschritt Δt bedingt durch einen Zufluss Q_{in} und einen Ausfluss Q_{out} wird ein *Speichermodell* verwendet

$$\left(Q_{in} - Q_{out}\right) \Delta t = \Delta V_W \, . \tag{4.1}$$

Diese Betrachtung entspricht der vollständigen Vermischung (s. Kap. 4.1.2), da die Reaktion am Auslauf ohne Zeitverzögerung erfolgt. Die Volumenänderung ΔV_W bewirkt im Allgemeinen eine Änderung der Druckverhältnisse, wodurch der Ausfluss Q_{out} je nach betrachtetem Reservoir auf unterschiedliche Weise mit dieser Volumenänderung hydraulisch verknüpft ist (Tab. 4.1). Wird in Gleichung (4.1) ein infinitesimal kleiner Zeitschritt dt betrachtet und für das jeweilige Reservoir die Beziehung aus Tabelle 4.1 eingesetzt, erhält man eine Differenzialgleichung für den entsprechenden Ausfluss Q_{out}. Die Lösung dieser Differenzialgleichung definiert das für das jeweilige Reservoir charakteristische Ausflussverhalten und ist abhängig von den Parametern, die das Reservoir beschreiben, dem Zufluss Q_{in} sowie dem Anfangsausfluss $Q_0 = Q_{out}(t=0)$.

Tabelle 4.1: *Volumenänderungen ΔV_W und hydraulische Zusammenhänge für den Ausfluss Q_{out} für unterschiedliche Reservoirs.*

Reservoir	Volumenänderung	Ausfluss
offener Behälter	$\Delta V_W = A_R \, \Delta h$	$Q_{out} = A_{out} \sqrt{2\, g\,(h - h_{out})}$
Quelleinzugsgebiet	$\Delta V_W = n_e \, A_R \, \Delta h$	$Q_{out} = A_{out} \dfrac{K}{L} \,(h - h_{out})$
ungesättigte Zone	$\Delta V_W = A_R \, H \, \Delta\theta$	$Q_{out} = A_R \, K(\theta)$

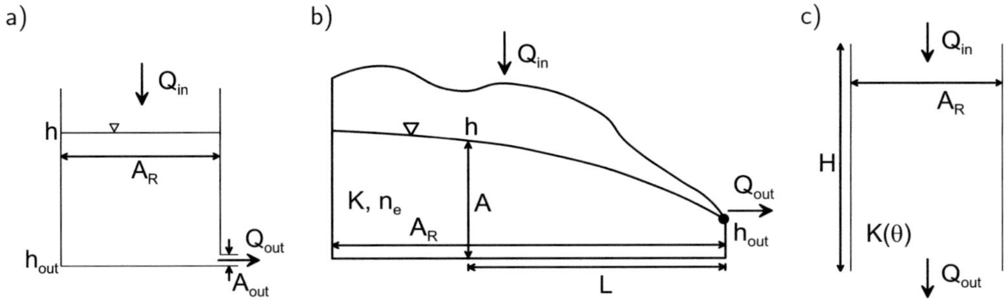

Abbildung 4.1: *Beispiele für Reservoirs: a) Behälter mit freiem Auslauf; b) Quelleinzugsgebiet c) Bodenwasserspeicher.*

Das einfachste Reservoir stellt ein offener Behälter mit konstanter horizontaler Querschnittsfläche A_R dar (Abb. 4.1a). Der Ausfluss Q_{out} über den Querschnitt A_{out} ist dabei durch den Energiesatz nach Bernoulli gegeben, wobei h die Höhenlage des Wasserspiegels im Behälter und h_{out} die Höhenlage des Behälterauslasses angeben. Der Ausfluss ist dann durch die Differenzialgleichung

$$\frac{dQ_{out}}{dt} = g\,\frac{A_{out}^2}{A_R}\,\frac{Q_{in} - Q_{out}}{Q_{out}} \tag{4.2}$$

gegeben. Die Lösung dieser Differenzialgleichung kann für den Ausfluss Q_{out} nur implizit angeben werden:

$$Q_{out} + Q_{in}\,\ln\!\left(\frac{Q_{in} - Q_{out}}{Q_{in} - Q_0}\right) = Q_0 - \frac{A_{out}^2}{A_R}\,g\,t\,. \tag{4.3}$$

In dem ungespannten Grundwasserreservoir eines Quelleinzugsgebiets (Abb. 4.1b) der Fläche A_R steht für die Volumenänderung durch Änderung des Grundwasserspiegels Δh der Anteil des Porenraums zur Verfügung, der durch die effektive Porosität n_e charakterisiert ist. Der Ausfluss Q_{out}, die Quellschüttung, kann durch einen vereinfachten Ansatz des Darcy-Gesetzes (Gl. 2.49) angegeben werden. Dabei wird eine einheitliche hydraulische Leitfähigkeit K des Aquifers angenommen. Der Grundwasserspiegel h wird in einer charakteristischen Entfernung L von der Quelle beschrieben, der auch der vertikale durchströmte Querschnitt A zugeordnet ist. Der hydraulische Gradient ist dann $(h - h_{out})/L$. Die Quellschüttung ist damit durch die Differenzialgleichung

$$\frac{dQ_{out}}{dt} = \frac{A\,K}{A_R\,L\,n_e}\,\Big(Q_{in} - Q_{out}\Big) \tag{4.4}$$

gegeben. Die Lösung dieser Differenzialgleichung für den Ausfluss Q_{out} kann explizit angeben werden:

$$Q_{out} = Q_{in} + \Big(Q_0 - Q_{in}\Big)\,e^{-\frac{A\,K}{A_R\,L\,n_e}\,t}\,. \tag{4.5}$$

Der Bodenwasserspeicher in der ungesättigten Zone (Abb. 4.1c) mit der Fläche A_R und der Höhe H wird charakterisiert durch den Wassergehalt θ. Der Ausfluss aus diesem

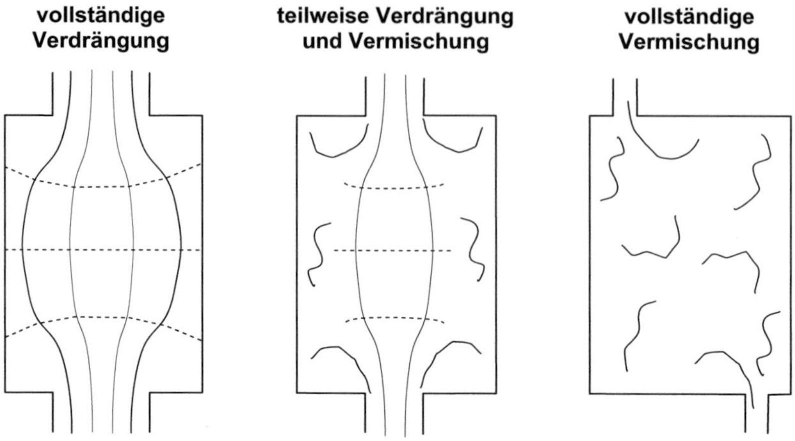

Abbildung 4.2: *Reservoirmodelle für unterschiedliche Arten des Austauschs des Reservoirinhalts.*

Bodenwasserspeicher wird vereinfacht durch den Einheitsgradient und die wassergehaltsabhängige hydraulische Leitfähigkeit $K(\theta)$ (Gl. 3.45) charakterisiert. Damit ergibt sich die Differenzialgleichung

$$\frac{dQ_{out}}{dt} = \frac{K_s}{H}\frac{\eta_{BC}}{\lambda_{BC}}\frac{Q_{in}-Q_{out}}{\theta_s-\theta_r}\left(\frac{Q_{out}}{A_R\,K_s}\right)^{1-\frac{\lambda_{BC}}{\eta_{BC}}}, \tag{4.6}$$

für die allerdings keine analytische Lösung angegeben werden kann.

4.1.2 Mischungsmodelle

Zur Bilanzierung des Stofftransports durch ein Reservoir werden *Mischungsmodelle* verwendet (Abb. 4.2). Die Stoffmenge bzw. Konzentration im Ausfluss c_{out} ist dabei in erster Linie abhängig von den Mischprozessen im Reservoir (Abb. 4.3). In den meisten Fällen angenommen wird, dass das Reservoirvolumen konstant bleibt, d.h. dass $Q_{out}=Q_{in}=Q$ ist. Eine wichtige Rolle bei allen Mischungsmodellen spielt die Zeitkonstante T_R, die den Austausch des gesamten Wasservolumens $V_R\,\theta$ im Reservoir bei konstanter Durchströmung definiert:

$$T_R = \frac{V_R\,\theta}{Q} = \frac{A_R\,L\,\theta}{Q}\,. \tag{4.7}$$

Dabei wird vorausgesetzt, dass das Reservoir in Strömungsrichtung die Länge L und den konstanten Fließquerschnitt A_R besitzt.

Wird bei Zufluss in ein Reservoir ein entsprechender Anteil des Reservoirinhalts vollständig verdrängt und fließt aus dem Reservoir ab, spricht man von einer *Propfenströmung*

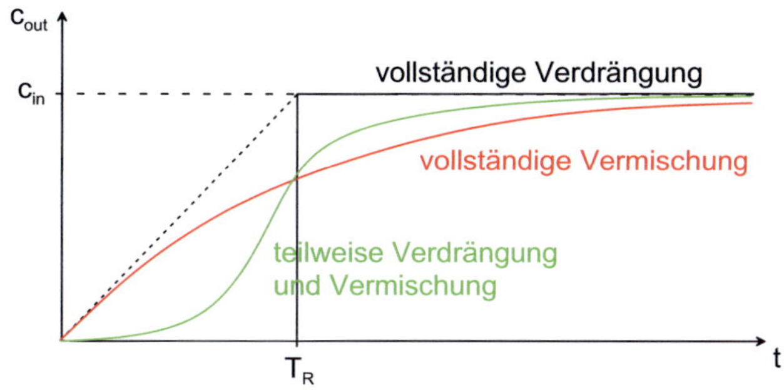

Abbildung 4.3: *Stofftransport durch ein Reservior in Abhängigkeit der Mischprozesse.*

bzw. vom *"piston flow"-Modell.* Die zugegebene Konzentration $c_{in}(t)$ kommt verzögert mit der Zeitkonstanten T_R (Gl. 4.7) am Auslass an:

$$c_{out}(t) = c_{in}(t - T_R)\,. \tag{4.8}$$

Es findet keine Vermischung im Reservoir statt.

Ist hingegen der Ausfluss aus einem Reservoir durch vollständige Vermischung des Zuflusses mit dem Reservoirinhalt bestimmt, ergibt sich das *Exponential-Modell.* Aus der Massenbilanz für das gesamte Wasservolumen im Reservoir ergibt sich folgende Differenzialgleichung

$$\frac{dc_{out}}{dt} = \frac{1}{T_R}\left(c_{in} - c_{out}\right). \tag{4.9}$$

Dabei ist die Konzentration im Ausfluss gleich der Konzentration im Reservoir. Bei konstanter Zuflusskonzentration $c_{in} = konst.$ und Anfangskonzentration c_0 ergibt sich als Lösung

$$c_{out}(t) = c_{in} + (c_0 - c_{in})\, e^{-\frac{t}{T_R}}\,. \tag{4.10}$$

Verdrängung spielt hierbei keine Rolle.

Wenn sowohl Verdrängung als auch Vermischung im Reservoir stattfindet, ergibt sich das *Dispersionsmodell.* Dann sind die Verhältnisse am Auslass anfangs durch den ursprünglichen Reservoirinhalt definiert, bevor dort der Einfluss der Vermischung auf Grund von Dispersionseffekten erkennbar wird. bei konstanter Zuflusskonzentration $c_{in} = konst.$ ergibt sich die Ausflusskonzentration $c_{out}(t)$ nach Gl. (3.103) mit $v_a = L/T_R$ und $x = L$.

4.2 Infiltrationsvorgänge in der ungesättigten Zone

Infiltrationsvorgänge in der ungesättigten Bodenzone spielen eine große Rolle für die Grundwasserneubildung. Die infiltrierende Wassermenge ist sowohl von den hydraulischen Eigenschaften und dem Speichervermögen des Bodens als auch der Infiltrationsquelle abhängig. Die bedeutendste natürliche Infiltrationsquelle ist der Niederschlag abzüglich der Verdunstung. Die resultierenden Infiltrationsraten unterliegen somit auch einer starken zeitlichen Variation. Daneben können bei Hochwasser in Überflutungsflächen sehr hohe Infiltrationsraten auftreten. Die bedeutendste anthropogene Infiltrationsquelle stellt die Beregnung in der Landwirtschaft dar. In Siedlungsgebieten sind Versickerungsbauwerke und undichte Wasser- bzw. Abwasserleitungen als Infiltrationsquellen zu nennen. Diese Wasserflüsse bilden auf Grund des gekoppelten Stofftransports den hauptsächlichen Eintragspfad für unterschiedliche Stoffe, auch Schadstoffe, von der Oberfläche und aus dem Boden ins Grundwasser.

4.2.1 Bodenwasserspeichermodell

Zur Abschätzung der Grundwasserneubildung aus Niederschlag wird vor allem in der Hydrologie meist ein *Bodenwasserspeichermodell* verwendet. Dabei wird die gesamte obere Bodenzone als Speicher betrachtet und die Zuflüsse und Abflüsse sowie die Speicheränderung in einem betrachteten Zeitschritt bilanziert (Abb. 4.4):

$$\frac{\Delta BW}{\Delta t} = N - ET_{akt} - A_o - SW \,. \tag{4.11}$$

Die hydrologischen Größen Niederschlag N, aktuelle/tatsächliche Verdunstung ET_{akt}, Sickerwasser SW und oberirdischer Abfluss A_o sind flächenbezogen in [mm/d], die Bodenwassermenge BW in [mm] angegeben.

Beim einfachsten Ansatz wird nur die oberste Bodenzone betrachtet, da dort die pflanzenbedingte Verdunstung, die Evapotranspiration ET_{akt}, die wesentlichste Bilanzgröße darstellt. Der Bodenwasserspeicher wird durch das pflanzenverfügbare Bodenwasser nFK (Gl. 2.32) gebildet, das nicht als Sickerwasser in tiefere Bodenschichten versickert bzw. nicht durch Kapillarkräfte so stark gebunden ist, dass die Pflanzen es dem Boden nicht entziehen können (s. Kap. 2.3.2). Zur Bilanzierung des Bodenwassers in Abhängigkeit der klimatischen Bedingungen wird die effektive Durchwurzelungstiefe der Pflanzen z_e auf einer Flächeneinheit als repräsentatives Bodenvolumen betrachtet. Der Bodenwasserspeicher ist somit definiert durch $0 \leq BW \leq nFK\, z_e$ (Abb. 4.4). Die Sickerwassermenge SW errechnet sich dann ausgehend von der Bodenwassermenge des vorangegangenen Zeitschritts BW_{alt} auf Basis der Wasserbilanz $BW = BW_{alt} + (N - ET_{akt} - A_o)\,\Delta t$ für den

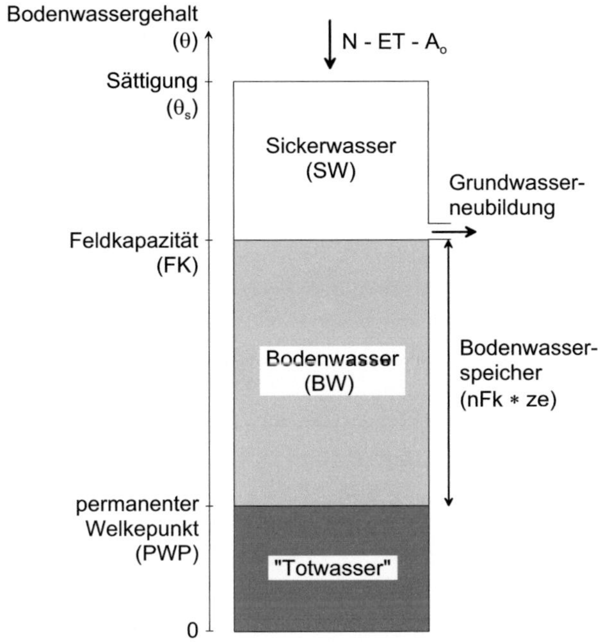

Abbildung 4.4: *Komponenten des Bodenwasserspeichermodells.*

jeweiligen Zeitschritt Δt

$$SW = \begin{cases} 0\,, & \text{falls: } BW \leq nFK\, z_e \\ N - ET_{akt} - A_o - \dfrac{nFK\, z_e - BW_{alt}}{\Delta t}\,, & \text{falls: } BW > nFK\, z_e \end{cases} \quad . \tag{4.12}$$

Sickerwasser SW tritt also nur bei Überlaufen des Bodenwasserspeichers $nFK\, z_e$ auf (Abb. 4.4).

Alle Ansätze zur Abschätzung der aktuellen Evapotranspiration ET_{akt} basieren auf einer empirischen Abschätzung der potenziellen Evapotranspiration ET_{pot} und einer Berücksichtigung des für die Verdunstung verfügbaren Bodenwassers. Zur Abschätzung der potenziellen Evapotranspiration ET_{pot} gibt es mehrere empirische Formeln, die meist auf Tagesbasis verwendet werden und eine recht unterschiedliche Datengrundlage erfordern. Die Formel von Penman-Monteith (Allen et al., 1998) findet weltweit Anwendung, benötigt aber auch die umfangreichste Datengrundlage. Es gehen sowohl Energiebilanzgrößen und Windgeschwindigkeit als auch Temperatur und Luftfeuchtedefizit ein. Die Formel nach Haude (1955) ist eine vereinfachte Formel auf Tagesbasis, die in der humiden Klimazone Mitteleuropas eine gute Abschätzung der potenziellen Evapotranspiration liefert:

$$ET_{pot} = X_M\, p_S(T_{14}) \left(1 - \frac{F_{14}}{100}\right) . \tag{4.13}$$

In diese Formel gehen nur die Lufttemperatur um 14 Uhr T_{14} $[°C]$, die relative Luftfeuchte um 14 Uhr F_{14} $[\%]$, der temperaturabhängige Sättigungsdampfdruck p_S $[mm\, Hg]$ und ein pflanzenabhängiger, empirischer Monatskoeffizient X_M $[mm/mm\, Hg]$ ein. Diese Monatskoeffizienten sind für unterschiedliche Pflanzenarten tabelliert (z.B. in Häckel, 1999) und berücksichtigen deren Vegetationsperioden.

Die aktuelle Evapotranspiration ET_{akt} ist bestimmt durch die potenziellen Evapotranspiration ET_{pot} und zudem limitiert durch die Wasserverfügbarkeit im Boden. Uhlig (1959) gibt ein Nomogramm für unterschiedliche Böden, charakterisiert durch den Bodenwasserspeicher $nFK\, z_e$, zur Abschätzung der mittleren jährlichen aktuellen Evapotranspiration ET_{akt} aus der mittleren jährlichen potenziellen Evapotranspiration ET_{pot} an. Zur Abschätzung der aktuellen Evapotranspiration ET_{akt} auf Tagesbasis stehen ebenfalls empirische Formeln zur Verfügung (z.B. Renger et al., 1974), in denen der Füllgrad des Bodenwasserspeichers berücksichtigt wird:

$$ET_{akt} = \begin{cases} ET_{pot} \left[0,2 + 2,0 \dfrac{BW}{nFK\, ze} - 1,2 \left(\dfrac{BW}{nFK\, ze} \right)^2 \right], & \text{falls: } BW \leq 0,7\, nFK\, z_e \\ ET_{pot}\,, & \text{sonst} \end{cases} \tag{4.14}$$

Dieses Bodenwasserspeichermodell liefert eine gute Abschätzung der klimatischen Wasserbilanz und bildet eine gute Basis für die Abschätzung des Bewässerungsbedarfs in der Landwirtschaft. Auch das auftretende Sickerwasser kann so gut abgeschätzt werden. Allerdings werden durch die Betrachtung des Speicherüberlaufs in der obersten Bodenzone nicht die Sickerprozesse im Detail abgebildet, wie sie z.B. in einer mächtigen ungesättigten Zone auftreten können. Dieses Modell ist daher nicht in der Lage, solche Speichervorgänge und auch Stofftransportprozesse zu erfassen.

Dieses Bodenwasserspeichermodell wurde in das Programm RECHARGE (Mohrlok et al., 1992) implementiert. Dieses eignet sich besonders zur Ermittlung der Grundwasserneubildung in Gebieten, in denen oberirdischer Abfluss vernachlässigbar ist, wie in Tiefländern, Hochebenen oder Karstgebieten. Dort kann vereinfacht angenommen werden, dass der gesamte Niederschlag, der nicht verdunstet, zur Grundwasserneubildung wird. So wurde mit dem Programm RECHARGE die Grundwasserneubildung in einem Karstgebiet auf der Schwäbischen Alb bestimmt (Kobus et al., 1992).

Im Folgenden ist unter Verwendung der Klimadaten der Wetterstation Sigmaringen der Einfluss der Vegetation und des Bodens auf die Grundwasserneubildung dargestellt. Die Vegetation beeinflusst die Grundwasserneubildung auf Grund der unterschiedlichen Monatskoeffizienten X_M für Gras, Mais, Buchen und Fichten (Tab. 4.2). Der Einfluss des Bodens erfolgt über die nutzbare Feldkapazität, den Bodenwasserspeicher. Es wurde ein Sandboden, $nFK\, ze = 60\, mm$, und ein schluffiger Lehm, $nFK\, ze = 180\, mm$, betrachtet.

Tabelle 4.2: *Monatskoeffizienten X_M [mm/mm Hg] für unterschiedliche Vegetationsarten, Gras, Mais, Buche, Fichte (nach Häckel, 1999).*

Monat	Gras	Mais	Buche	Fichte
Jan.	0,20	0,11	0,01	0,08
Feb.	0,20	0,11	0,00	0,04
März	0,25	0,11	0,04	0,14
Apr.	0,29	0,17	0,10	0,35
Mai	0,29	0,21	0,23	0,39
Juni	0,28	0,24	0,28	0,34
Juli	0,26	0,25	0,32	0,31
Aug.	0,25	0,26	0,26	0,25
Sept.	0,23	0,21	0,17	0,20
Okt.	0,22	0,18	0,10	0,13
Nov.	0,20	0,11	0,01	0,07
Dez.	0,20	0,11	0,00	0,05

Vegetation und Boden beeinflussen die Entstehung von Grundwasserneubildung, d.i. das Überlaufen des Bodenwasserspeichers, auf unterschiedliche Weise. Die Vegetation bestimmt die potenzielle Evapotranspiration ET_{pot} wohingegen die Bodenart die Größe des Bodenwasserspeichers $nFK\ ze$ definiert. Die Auswirkungen auf die Zeitreihen der Grundwasserneubildung sind beispielhaft nach der Trockenperiode im Herbst 1983 dargestellt. Auf Grund des kleineren Bodenwasserspeichers im Sandboden, $nFK\ ze = 60\,mm$, fand dort Grundwasserneubildung bei einem früheren Niederschlagsereignis (Ende November 1983) statt als im schluffigen Lehm (Mitte Dezember 1983) mit dem größeren Bodenwasserspeicher, $nFK\ ze = 180\,mm$, (Abb. 4.5). Das Einsetzen der Grundwasserneubildung für die einzelnen Vegetationsarten war zudem abhängig von den jeweiligen Monatskoeffizienten X_M. Für Buchenbestände mit dem kleinsten Monatskoeffizienten $X_M(Nov.) = 0,01$ ergab sich die geringste potenzielle Evapotranspiration, wodurch die Grundwasserneubildung im jeweiligen Boden zuerst einsetzte. Für die Vegetationsarten mit größeren Monatskoeffizienten setzte die Grundwasserneubildung entsprechend später ein. Als ab Anfang Januar 1984 der Bodenwasserspeicher für alle Vegetationsarten und Böden gefüllt war, zeigten sich für die Grundwasserneubildung keine Unterschiede mehr.

Bei der Betrachtung der langjährigen kumulativen Grundwasserneubildung auf Basis der Monatssummen zeigen sich ähnliche Effekte (Abb. 4.6). Allerdings sind dabei die Unterschiede auf Grund der Vegetation größer als auf Grund des Bodens. Die potenzielle Evapotranspiration für Buchen und Mais ist außerhalb der Vegetationsperiode (vgl. Tab. 4.2) deutlich kleiner als für Gras und Fichten. Damit ist dort die Grundwasserneubildung entsprechend höher. Ein größerer Bodenwasserspeicher führt zu einem geringeren Unterschied

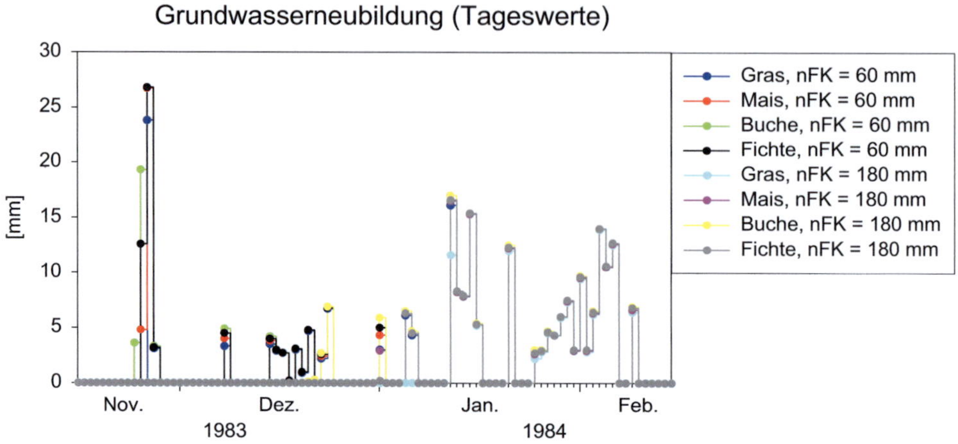

Abbildung 4.5: *Zeitreihen der Grundwasserneubildung nach der Trockenperiode im Herbst 1983 für unterschiedliche Vegetationsarten und Böden.*

in der Grundwasserneubildung als die Unterschiede in der potenzielle Evapotranspiration, z.B. zwischen Buchen und Fichten. Insgesamt ist die resultierende Grundwasserneubildung jedoch davon abhängig, wie der Bodenwasserspeicher beim jeweiligen Niederschlagsdargebot und der aktuellen Evapotranspiration überläuft. Dies hängt sowohl von den Monatskoeffizienten für die Vegetationsart und der Größe des Bodenwasserspeichers ab als auch von dem Füllgrad des Bodenwasserspeichers vor den einzelnen Niederschlagsereignissen.

4.2.2 Volumenbilanzmodell

Die Bilanzierung der Sickerprozesse in der ungesättigen Zone bei flächiger, instationärer Infiltration sind zur Abschätzung des Einflusses diffuser Schadstoffeinträge ins Grundwasser von Bedeutung. Eine Herausforderung stellt hierbei die Berücksichtigung der großen Variabilität der hydraulischen Eigenschaften des Bodens und der Sedimente sowohl in der Fläche als auch mit der Tiefe dar, die insbesondere in Tälern bedingt durch die Ablagerung der Sedimente zu finden ist. Potenzielle Infiltrationsquellen für Schadstoffe sind durch landwirtschaftlich genutzte Flächen, Überschwemmungsflächen an Fließgewässern und urbane Gebiete gegeben. Die stoffliche Belastung des Sickerwassers von landwirtschaftlich genutzten Flächen wird vorwiegend von Dünge- und Pflanzenschutzmitteln gebildet. In den Überflutungsflächen sind es die Stofffracht des Hochwasserabflusses und schwebstoffgebundener Stoffeintrag, die als Infiltrationsquellen vorliegen. Urbane Gebiete zeichnen sich in dieser Hinsicht durch Infiltrationsquellen unterschiedlicher Art aus. Großflächig werden Luft- und Bodenbelastungen durch versickerndes Niederschlagswasser ins Grundwasser transportiert. Kleinflächig sind es Regenwasserinfiltrationsanlagen und Sickergru-

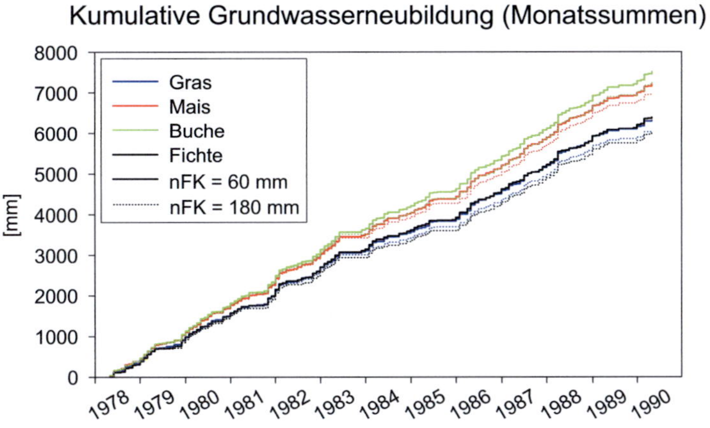

Abbildung 4.6: *Langjährige kumulative Grundwasserneubildung der Monatssummen für unterschiedliche Vegetationsarten und Böden.*

ben, die Belastungen von der Oberfläche bzw. Abwasser in den Untergrund eintragen. Die Lage des Grundwasserspiegels, als untere Randbedingung für die Sickerprozesse, stellt einen zusätzlichen charakteristischen Parameter dar.

Die Bilanzierung der Sickerprozesse unter Berücksichtigung dieser Variabilitäten mit einem drei-dimensionalen numerischen Modell ist praktisch unmöglich. Zur Vereinfachung der Bilanzierung kann in guter Näherung angenommen werden, dass die Sickerprozesse vorwiegend vertikal ablaufen. Die Annahme, dass die Sickerprozesse in benachbarten Flächen mit unterschiedlicher Struktur und hydraulischen Eigenschaften des Untergrunds unabhängig voneinander sind, ermöglicht für jede dieser Flächen mit einheitlichem Untergrund eine unabhängige, ein-dimensionale Betrachtung der flächigen Infiltrationsvorgänge (Mohrlok, 2006; Mohrlok & Bethge, 2007).

Die wichtigsten Größen zur Charakterisierung der Sickerprozesse sind das Speichervermögen für das Sickerwasser und dessen Verweilzeit im Untergrund, bis es am Kapillarsaum ins Grundwasser übertritt. Die Verweilzeit bildet dabei die grundlegende Zeitskala für die Stofftransportprozesse. Zur effektiven Abschätzung der Verweilzeiten bei instationären Infiltrationsbedingungen über eine längere Periode sind numerische Modellierungen nicht geeignet, da die Verweilzeiten vom spezifisch festgelegten Zeitpunkt der Infiltration abhängen. Für jeden zu betrachtenden Startzeitpunkt wäre dann eine eigene Transportsimulation erforderlich, was zu einem hohen Rechenaufwand führt.

Um dennoch in der Lage zu sein, für langjährige Infiltrationsperioden die Verweilzeiten effektiv abzuschätzen, wurde basierend auf der stationären analytischen Lösung für die Infiltration in einen geschichteten, ungesättigten Untergrund (Gl. 3.45, 3.50 bzw. 3.51) ein vereinfachtes *Volumenbilanzmodell* entwickelt. Dieses analytische Modell wurde in

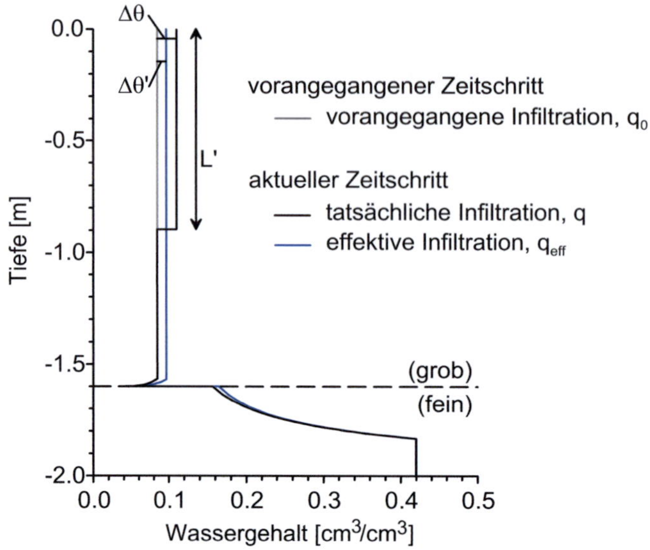

Abbildung 4.7: *Volumenbilanzansatz in UL_FLOW (Mohrlok, 2005) zur Beschreibung instationärer Infiltrationsraten.*

das Computerprogramm UL_FLOW (Mohrlok, 2005) implementiert und zur Ermittlung der Verweilzeiten in der ungesättigten Zone in einem Stadtgebiet angewendet (Mohrlok, 2006; Mohrlok et al., 2008).

Der Ansatz der vereinfachten Volumenbilanzierung basiert auf der Annahme, dass in dem jeweiligen Zeitschritt stationäre Verhältnisse vorliegen und die Infiltrationsrate q bekannt ist. Dann ist die vertikale Verteilung des Wassergehalts $\theta(z)$ durch die analytischen Lösungen für die Infiltrationsrate q_0 (Gl. 3.45, 3.50 bzw. 3.51) gegeben. Die Infiltrationsrate q erhöht oder erniedrigt im darauffolgenden Zeitschritt den Wassergehalt um $\Delta\theta$ in dieser Verteilung bis zu einer Tiefe L' (Abb. 4.7). Vereinfacht wird diese Änderung des Wassergehalts $\Delta\theta'$ über die gesamte Tiefe L verteilt und als konstant angenommen. Dies ermöglicht eine erneute stationäre Betrachtung allerdings mit der Infiltrationsrate (Mohrlok, 2005, 2006)

$$q_{eff} = K_s \left[\frac{q - q_0}{\theta_s - \theta_r} \frac{\Delta t}{L} + \left(\frac{q_0}{K_s} \right)^{\frac{\lambda_{BC}}{\eta_{BC}}} \right]^{\frac{\eta_{BC}}{\lambda_{BC}}} . \tag{4.15}$$

Diese effektive Infiltrationsrate q_{eff} stellt die Grundwasserneubildungsrate in Abhängigkeit der tatsächlichen Infiltrationsrate q dar (Abb. 4.8) und berücksichtigt damit vereinfacht die Speicherprozesse in der ungesättigten Zone. Diese Vereinfachungen werden allerdings umso weniger der tatsächlichen Situation gerecht, je mehr die Wassergehaltsverteilung von Kapillareffekten an den Grenzschichten zwischen den einzelnen Schichten und dem Kapillarsaum bestimmt ist.

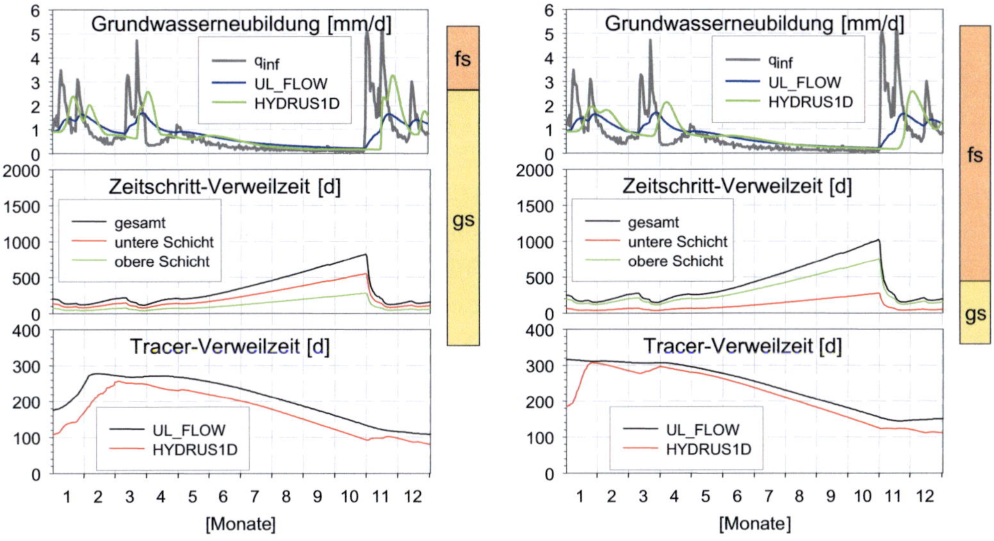

Abbildung 4.8: *Grundwasserneubildungsraten, Zeitschritt-Verweilzeiten und Tracer-Verweilzeiten bei instationärer Infiltration in zwei unterschiedliche Bodenprofile (nach Mohrlok, 2006), berechnet mit UL_FLOW (Mohrlok, 2005) und HYDRUS-1D (Simunek et al., 2005).*

Die Verwendung der analytischen Lösungen (Gl. 3.45, 3.50 bzw. 3.51) ermöglicht dabei eine einfache und effektive Abschätzung der Verweilzeiten in den einzelnen Schichten im Untergrund

$$T_i = \int_{z_{B,i}}^{z_{B,i}+d_i} \frac{\theta_i(z)}{q_{eff}} \, dz \,. \tag{4.16}$$

Dabei ist $z_{B,i}$ die Höhenlage der Basis und d_i die Mächtigkeit der einzelnen Schichten. Aufgrund der Kontinuität ist unter stationären Bedingungen die Infiltrationsrate q_{eff} in allen Schichten gleich. Diese Verweilzeiten werden separat für jeden Zeitschritt berechnet und werden im Folgenden als Zeitschritt-Verweilzeiten bezeichnet. Sie sind direkt mit den effektiven Infiltrationsraten q_{eff} verknüpft und liegen demnach ebenfalls als Zeitreihe vor (Abb. 4.8).

Die Verweilzeit eines Stoffes, z.B. eines konservativen Tracers, in der ungesättigten Zone hingegen ist die Zeit, die dieser Stoff (Tracer) für den Transport von der Infiltrationsquelle zum Grundwasserspiegel braucht, wenn dieser Stoff beim Transport keinen reaktiven Prozessen unterliegt. Diese Tracer-Verweilzeit kann aus den Zeitschritt-Verweilzeiten (Gl. 4.16) abgeleitet werden, da diese das Voranschreiten des Tracers in dem jeweiligen Zeitschritt definieren. Beginnend mit dem Infiltrationszeitpunkt wird mit dem Programm UL_FLOW (Mohrlok, 2005) für jeden Zeitschritt dieser Weg ermittelt, den ein Tracer bei der gegebenen Infiltrationsrate und dazugehörigen Wassergehalt sowie Zeitschritt-Verweilzeit in der entsprechenden Schicht zurücklegt. Die Tracer-Verweilzeit ist dann durch den Zeitpunkt des Erreichens des Grundwasserspiegels definiert bezogen auf den Zeitpunkt der Infiltration. Dementsprechend ist diese Tracer-Verweilzeit dem Zeitpunkt der Infiltration zugeordnet. Die Betrachtung mehrerer Infiltrationszeitpunkte führt zu einer Zeitreihe auch für die Tracer-Verweilzeiten (Abb. 4.8). Dieser Ansatz der Berechnung der Tracer-Verweilzeiten, wie er in UL_FLOW (Mohrlok, 2005) implementiert ist, hat sich als sehr effizient erwiesen. Eine vergleichbare Berechnung der Tracer-Verweilzeiten mit numerischen Modellen, z.B. HYDRUS-1D (Simunek et al., 2005) erfordert bei instationärer Infiltration einen hohen Rechenaufwand, da für jeden Infiltrationszeitpunkt jeweils eine separate Transportsimulation mit näherungsweise instantaner Zugabe erforderlich ist.

Zur Validierung dieses Volumenbilanzmodells wurde für dieselbe Infiltrationszeitreihe (24 Monate) zu jedem Zeitschritt die Grundwasserneubildungsrate und die Tracer-Verweilzeit sowohl mit UL_FLOW als auch mit HYDRUS-1D berechnet (Mohrlok, 2006; Mohrlok et al., 2008). Tracer-Verweilzeiten ließen sich nur für die Infiltrationszeitpunkte angeben, für die der Tracer in dem betrachteten Zeitraum von 24 Monaten den Grundwasserspiegel erreichte. Die Grundwasserneubildungsrate war in UL_FLOW durch die effektive Infiltrationsrate q_{eff} und in HYDRUS-1D durch den Ausfluss am unteren Rand, dem Grundwasserspiegel, gegeben. Die Tracer-Verweilzeiten in HYDRUS-1D wurden durch Erreichen des Konzentrationsmaximums am Grundwasserspiegel bestimmt.

Die mit dem vereinfachten Ansatz von UL_FLOW berechneten Grundwasserneubildungsraten sind ähnlich zu denen aus den HYDRUS-1D Simulationen. Für die mit HYDRUS-1D berechneten Zeitreihen trat eine merkliche Zeitverschiebung der Grundwasserneubildung auf (Abb. 4.8), da sich dort die Infiltration als Front durch die ungesättigte Zone bewegte und nicht wie in UL_FLOW durch Abschätzung der effektiven Infiltrationsrate q_{eff} ein Teil der Infiltration direkt an den Grundwasserspiegel weitergegeben wird. Durch diese Weitergabe wird mit UL_FLOW auch die maximale Grundwasserneubildung unterschätzt. Die auftretenden Abweichungen hängen von den hydraulischen Eigenschaften der einzelnen Schichten ab. Die virtuellen Zeitschritt-Verweilzeiten können mit dem physikalischen Ansatz von HYDRUS-1D nicht berechnet werden. Hingegen sind auch die mit den beiden Ansätzen berechneten Tracer-Verweilzeiten sehr ähnlich. Der vereinfachte Ansatz in UL_FLOW berechnet dabei immer etwas höhere Tracer-Verweilzeiten, deren Veränderung auch früher erkennbar wird, als HYDRUS-1D.

Der Vorteil des vereinfachten Ansatzes von UL_FLOW ist zudem, dass es aus numerischen Gründen keine Einschränkung für die Zeitschrittlängen gibt. Allerdings sind in dem betrachteten Beispiel Jahreszeitschritte nicht in der Lage die Dynamik der natürlichen Infiltration abzubilden, wozu hingegen Monatszeitschritte ausreichend sind (Abb. 4.9). Damit kann auf die Verwendung der aufwändigeren Tageszeitschritte verzichtet werden. UL_FLOW eignet sich somit für eine vereinfachte Abschätzung der Dynamik bei langen Zeitreihen und in Gebieten, in denen eine hohe Parametervariabilität vorzufin-

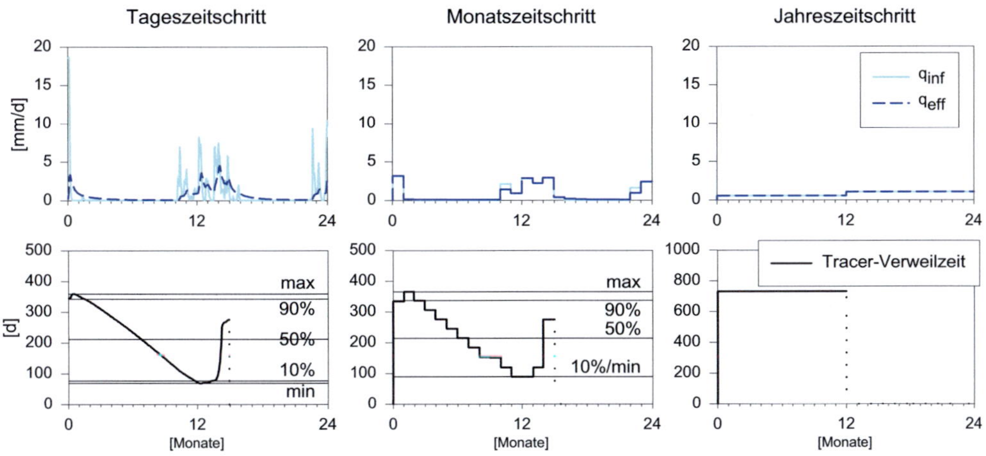

Abbildung 4.9: *Grundwasserneubildungsraten und Tracer-Verweilzeiten bei instationärer Infiltration über 24 Monate berechnet mit UL_FLOW (Mohrlok, 2005) unter Verwendung unterschiedlicher Zeitschrittlängen; statistische Auswertung der Tracer-Verweilzeiten durch Extremwerte und Quantilen (nach Mohrlok et al., 2008).*

den ist, da die Abschätzung für viele Bodenprofile mit unterschiedlichen Eigenschaften und Randbedingungen immer noch effizient bleibt. Dies ist besonders im Zusammenhang mit Risikoabschätzungen hilfreich, da so Monte-Carlo-Simulationen zur Ermittlung des Einflusses der Parameterunsicherheiten sehr effizient unter Vermeidung sehr aufwändiger numerischer Modellierungen durchgeführt werden können.

4.2.3 Leakage-Modell

Zur Quantifizierung der vertikalen Zusickerung von bei Hochwasser überstauten Flussauen und -vorländern im Rahmen einer numerischen Modellierung der Grundwasserdynamik kann ein *Leakage-Modell* verwendet werden. Beim Leakage-Ansatz wird die Sickerrate über ein vereinfachtes Darcy-Gesetz abgeschätzt und kann dann als punktförmige, linienförmige oder flächige Randbedingung im Grundwassermodell verwendet werden (vgl. Gl. 2.76):

$$q_L = \frac{K_L}{d_L}\left(h_{ext} - h_{GW}\right) = \kappa\left(h_{ext} - h_{GW}\right) . \tag{4.17}$$

Dabei sind K_L die hydraulische Leitfähigkeit der Leakageschicht und d_L deren Mächtigkeit, die im Leakagekoeffizient κ zusammengefasst werden. Im Fall der Infiltration von Hochwasser aus Überflutungsflächen in Auen und Vorländern ins Grundwasser ist die zu betrachtende Leakageschicht die ungesättigte Zone mit ihrem geschichteten Bodenaufbau und der hohen Variabilität der bodenhydraulischen Eigenschaften sowie der Mächtigkeit in der Fläche (Abb. 4.10).

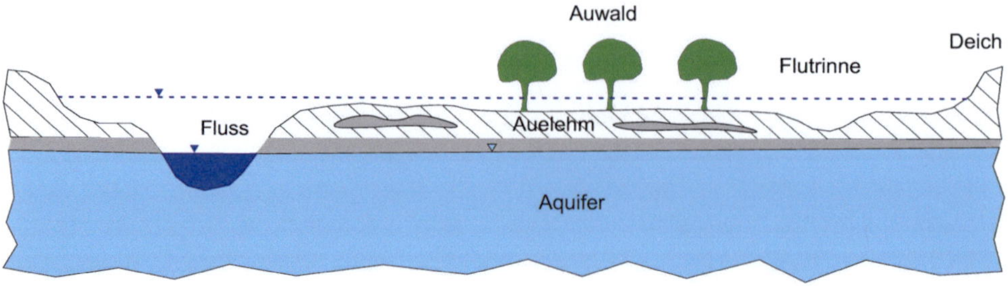

Abbildung 4.10: *Anwendung eines Leakage-Modells zur Beschreibung der Infiltration von Überflutungsflächen in Flussauen.*

Für eine exakte Berechnung der Infiltration wäre an jeder Stelle in einer Überflutungsfläche die genau Kenntnis des Bodenaufbaus, der hydraulischen Eigenschaften der einzelnen Schichten und deren zeitlicher Veränderung bei der Aufsättigung durch die Infiltration erforderlich. Die Berücksichtigung der räumlichen Variabilität der Bodeneigenschaften

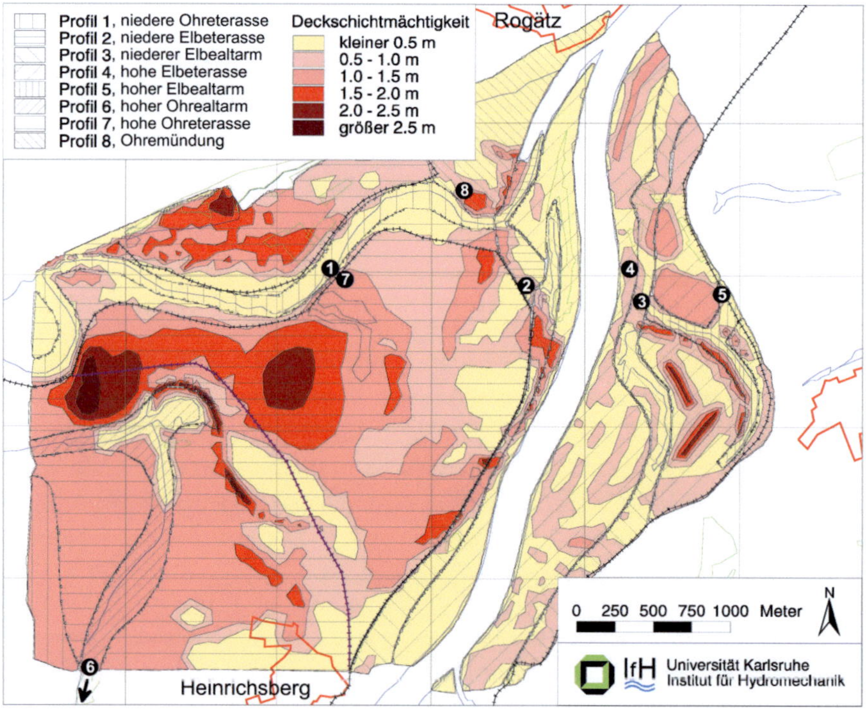

Abbildung 4.11: *Deckschichtmächtigkeiten (nach Rommel, 1998) und regionalisierte, repräsentative Bodenprofile im nördlichen Teil des Untersuchungsgebietes (Mohrlok & Jirka, 2002).*

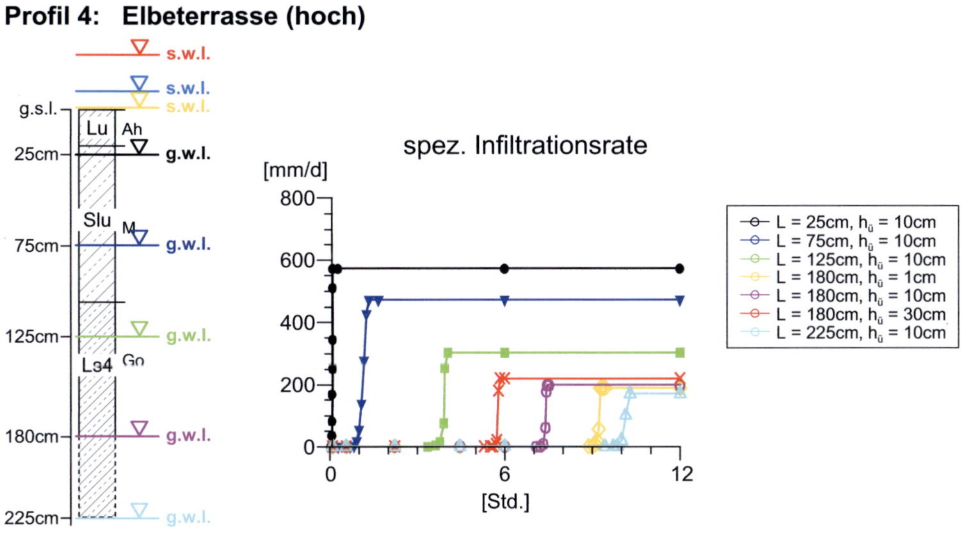

Abbildung 4.12: *Infiltrationsdynamik am Profil 4, hohe Elbeterrasse (s. Abb. 4.11, Tab. 4.3), bei unterschiedlichen Profillängen und Überstauhöhen (Mohrlok & Jirka, 2001).*

kann mit Hilfe von Regionalisierungsansätzen vereinfacht erfasst werden. So wurde für ein Untersuchungsgebiet an der Elbe im Bereich der Ohremündung, nördlich von Magdeburg, für ausgewählte, als repräsentativ angesehene Bodenprofile der Einfluss der Aufsättigung betrachtet (Abb. 4.11).

Der Prozess der Aufsättigung und seiner Rückwirkung auf die Infiltration wurde hydraulisch im Detail betrachtet (Mohrlok et al., 2000; Mohrlok & Jirka, 2002). Dazu wurde für die an den einzelnen Profilen ermittelten Schichten im Labor die hydraulischen Parameter bestimmt. Über Simulationen mit SWMS_2D (Simunek et al., 1994) wurde die Sickerwasserbewegung zum Grundwasserspiegel bei Überstau simuliert. Es wurde die Länge der Profile sowie die Überstauhöhe $h_{ü}$ variiert (Abb. 4.12).

Tabelle 4.3: *Schichtung des Bodenprofils 4, hohe Elbeterrasse (s. Abb. 4.11), und deren hydraulische Eigenschaften (Mohrlok & Jirka, 2002).*

Textur [–]	Schichtung [cm u.GOK]	θ_r [–]	θ_s [–]	α_{vG} [1/m]	n_{vG} [–]	K_S [m/s]
Lu	0 – 20	0,14	0,44	0,053	1,147	$4{,}7\times10^{-4}$
Slu	20 – 103	0,08	0,37	0,022	1,785	$4{,}9\times10^{-4}$
Ls4	103 – 180	0,08	0,32	0,027	1,227	$1{,}2\times10^{-4}$

Tabelle 4.4: *Leakagekoeffizienten für das Bodenprofil 4, hohe Elbeterrasse, aus der Infiltrationsdynamik (Gl. 4.18) und aus den Eigenschaften des Profils (Gl. 4.19) (Mohrlok & Jirka, 2002).*

Profil-länge L [cm]	Überstau-höhe $h_ü$ [cm]	Potenzial-differenz Δh [cm]	spezifische Infiltrationsrate q_{sim} [mm/d]	Leakagekoeff. (Gl. 4.18) κ' [1/s]	eff. Leakagekoeff. (Gl. 4.19) κ_{eff} [1/s]
25	10	35	$6{,}64\times10^{-4}$	$1{,}90\times10^{-5}$	$1{,}90\times10^{-5}$
75	10	85	$5{,}48\times10^{-4}$	$6{,}45\times10^{-6}$	$6{,}45\times10^{-6}$
125	10	135	$3{,}50\times10^{-4}$	$2{,}59\times10^{-6}$	$2{,}57\times10^{-6}$
180	1	181	$2{,}18\times10^{-4}$	$1{,}20\times10^{-6}$	$1{,}20\times10^{-6}$
180	10	190	$2{,}30\times10^{-4}$	$1{,}21\times10^{-6}$	$1{,}20\times10^{-6}$
180	30	210	$2{,}54\times10^{-4}$	$1{,}21\times10^{-6}$	$1{,}20\times10^{-6}$
225	10	235	$1{,}97\times10^{-4}$	$8{,}39\times10^{-7}$	$8{,}36\times10^{-7}$

Ein wichtiges Ergebnis war, dass das Sickerwasser in allen betrachteten Profilen in weniger als einem Tag das Grundwasser erreichte, wobei das jeweilige Profil nahezu aufgesättigt wurde (Abb. 4.12). Damit konnte für die Grundwassermodellierung die Aufsättigungsperiode vernachlässigt werden. Aus den Simulationen konnte für das jeweilige Profil ein von der Länge der Profile und der Überstauhöhe unbhängiger Leakagekoeffizient ermittelt werden:

$$\kappa' = \frac{q_{sim}}{h_ü - h_{GW}} . \tag{4.18}$$

Dessen Wert stimmte recht gut mit dem theoretischen Wert eines effektiven Leakagekoeffizienten

$$\kappa_{eff} = \left(\frac{d_i}{K_{S,i}} \right)^{-1} . \tag{4.19}$$

überein, der sich aus den Mächtigkeiten d_i und den gesättigten hydraulischen Leitfähigkeiten $K_{S,i}$ der Schichten des jeweiligen Profils ableiten ließ (Tab. 4.4). Der Grundwasserspiegel legte dabei die jeweils unterste Schicht im Profil fest und deren Mächtigkeit war durch die Lage des Grundwasserspiegels vorgegeben.

Unter Annahme einer raschen und vollständigen Aufsättigung der ungesättigten Zone der Auen und Vorländer war das Leakagemodell in der Lage, die Infiltration von Hochwasser ins Grundwasser vereinfacht abzubilden. Aufwändige numerische Simulationen dieser Prozesse im Detail für die sehr heterogenen Verhältnisse in der ungesättigten Zone in Auen und Vorländern sind somit zur Beschreibung der Leakage-Randbedingung im Grundwassermodell nicht erforderlich. Darüber hinaus war zur Beschreibung der Grundwasserdynamik im Untersuchungsgebiet keine weitere Anpassung der Leakagekoeffizienten mehr erforderlich, so dass das Leakagemodell auch einen wesentlichen Beitrag zur Prognosefähigkeit des Grundwassermodells leistete (Mohrlok, 2003).

4.3 Stofftransport bei Infiltrationsvorgängen

Zur Beschreibung des Stofftransports bei Infiltrationsvorgängen in der ungesättigten Zone existieren mehrere Arten von **Äquivalenzmodellen**, mit denen unterschiedliche Transportprozesse vereinfacht berücksichtigt werden können. Bei den beiden hier vorgestellten Äquivalenzmodellen liegt dabei der Schwerpunkt auf präferenziellem Transport. Das *Zwei-Schicht-Modell* (Kap. 4.3.1) geht davon aus, dass sich die ungesättigte Bodenzone meist vereinfacht in zwei Schichten, Oberboden und Unterboden (Abb. 4.13a), mit unterschiedlichen Transporteigenschaften unterteilen lässt (Steenhuis et al., 1994). Der Oberboden wird dabei als Mischungsschicht verstanden, in der eine vollständige Vermischung (s. Kap. 4.1) mit dem vorhandenen Bodenwasser stattfindet. Der Unterboden wird als reine Transportschicht aufgefasst, in der eine reine Verdrängung, Propfenströmung (s. Kap. 4.1), stattfindet (s. Kap. 4.1), die zudem auf präferenzielle Fließwege beschränkt sein kann. Demzufolge wird auch nur in der Mischungsschicht eine mögliche Retardation aufgrund von Sorption berücksichtigt, wobei allerdings Adsorption und Desorption unterschiedlich quantifiziert werden können (Steenhuis et al., 1994).

Das *Zwei-Regionen-Modell* (Kap. 4.3.2) hingegen unterscheidet eine Transportregion und eine Speicherregion (Abb. 4.13b). In der Transportregion wird der betrachtete Stoff advektiv-dispersiv transportiert und durch Austausch mit der Speicherregion dort temporär zwischengespeichert. Für die Beschreibung dieses Austausches wird in der Regel der Ansatz gewählt, diese Regionen konzeptionell zu separieren ohne den räumlichen Bezug im Detail zu beachten. Damit ist eine Berücksichtigung der Austauschprozesse bei präferenziellem Transport möglich. In beiden Regionen können Sorptionsprozesse berücksichtigt werden.

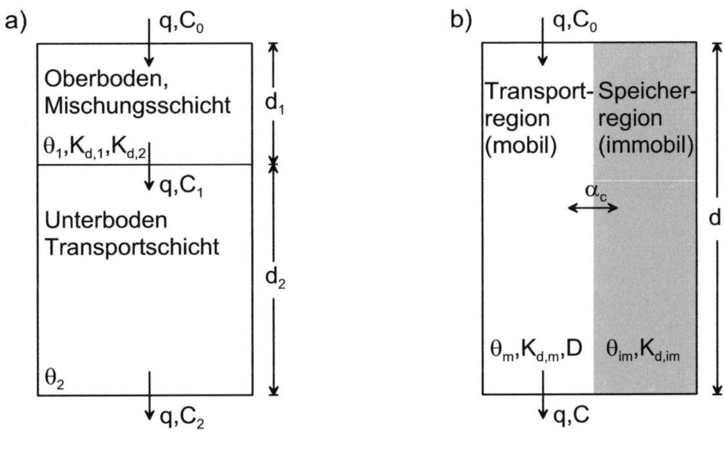

Abbildung 4.13: *Vereinfachte Charakterisierung des Bodens zur Transportbilanzierung bei Infiltrationsvorgängen: a) Zwei-Schicht-Modell; b) Zwei-Regionen-Modell.*

4.3.1 Zwei-Schicht-Modell

Die beiden Schichten im *Zwei-Schicht-Modell* sind charakterisiert durch die jeweilige Schichtmächtigkeit d_1 und d_2 sowie den jeweiligen Wassergehalt θ_1 und θ_2 (Abb. 4.13a). Durch die beiden Schichten wird eine stationäre Strömung mit konstantem spezifischen Durchfluss q angenommen. Dispersion wird in beiden Schichten vernachlässigt. Das Zwei-Schicht-Modell beschreibt den Austrag eines Stoffes am unteren Ende einer Bodensäule, der mit der Konzentration c' über die Zeit T_0 von oben infiltriert wird.

In der Mischungsschicht kann wegen der Annahme der vollständigen Vermischung das Exponentialmodell (Gl. 4.9) angewendet werden. Für die Konzentration eines sorbierenden Stoffes c_1 in dieser Schicht, die der Ausflusskonzentration aus dieser Schicht entspricht, lässt sich somit folgende vereinfachte Transportgleichung aufstellen:

$$R_f \frac{dc_1}{dt} = \left(1 + \frac{\rho_L K_d}{\theta_1}\right) \frac{dc_1}{dt} = \frac{q}{d_1 \theta_1} \Big(c_0 - c_1\Big) = \frac{c_0 - c_1}{T_1} . \qquad (4.20)$$

Dabei ist R_f der Retardationsfaktor (Gl. 2.91), der sich aus der linearen Sorption des Stoffes an die Kornmatrix ergibt, wenn keine immobile Wasserphase und kein Austausch mit der Gasphase angenommen wird. $T_1 = (d_1\theta_1)/q$ ist die mittlere Aufenthaltszeit des Wassers in der Mischungsschicht. Die Aufenthaltszeit für einen sorbierenden Stoff ist dann $T_1' = T_1 R_f$. Zur vereinfachten Abbildung einer Sorptionskinetik, können die linearen Verteilungskoeffizienten $K_{d,1}$ für die Adsorption und $K_{d,2}$ für die Desorption unterschieden werden. Somit sind auch die Retardationskoeffizienten $R_{f,a}$ und $R_{f,d}$ sowie die Aufenthaltszeiten $T_a = T_1 R_{f,a}$ und $T_d = T_1 R_{f,d}$ zu unterscheiden.

Mit der Anfangskonzentration c_0 ist die folgende zeitliche Entwicklung der Konzentration in der Mischungsschicht Lösung dieser Transportgleichung

$$c_1(t) = \begin{cases} c_0 + (c' - c_0)\left(1 - e^{-\frac{t}{T_a}}\right), & \text{falls } 0 \le t < T_0 \\ c'' + \left[(c' - c'') - (c' - c_0)\, e^{-\frac{T_0}{T_a}}\right] e^{-\frac{t - T_0}{T_d}}, & \text{falls } t \ge T_0 \end{cases} , \qquad (4.21)$$

wenn nach Ende der Zugabezeit T_0 die Konzentration c'' infiltriert. In der Transportschicht liegt rein advektiver Transport vor, so dass dort das Propfenströmungsmodell (Gl. 4.8) angewendet werden kann. Die Ausflusskonzentration c_1 aus der Mischungsschicht bildet die Zuflusskonzentration. Die Ausflusskonzentration c_2 aus der Transportschicht ist dann

$$c_2(t) = \begin{cases} c_0 , & \text{falls } 0 \le t < T_2 \\ c_0 + (c' - c_0)\left(1 - e^{-\frac{t - T_2}{T_a}}\right), & \text{falls } T_2 \le t < T_0 + T_2 \\ c'' + \left[(c' - c'') - (c' - c_0)\, e^{-\frac{T_0}{T_a}}\right] e^{-\frac{t - T_0 - T_2}{T_d}}, & \text{falls } t \ge T_0 + T_2 \end{cases} . \qquad (4.22)$$

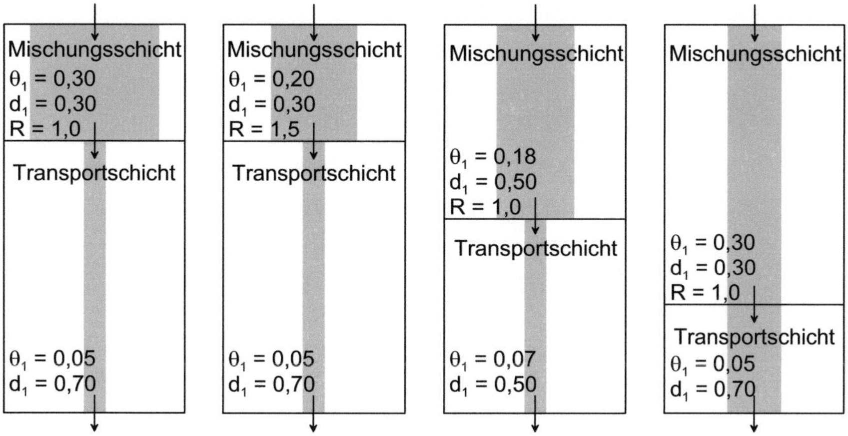

Abbildung 4.14: *Parametrisierung der Mischungs- und Transportschicht eines Zwei-Schicht-Modells mit identischen Aufenthaltszeiten T_a und T_2.*

Dabei ist die $T_2 = (d_2\theta_2)/q$ die Aufenthaltszeit des Wassers und auch eines beliebigen Stoffes in der Transportschicht, da dort keine Retardation angenommen wird. Diese Lösung kann für beliebig viele Zugabesequenzen mit unterschiedlichen Konzentrationen erweitert werden. Der Fall $c'' = c_0$ charakterisiert eine konstante Hintergrundkonzentration.

Die Aufenthaltszeiten T_a bzw. T_d und T_2 in der jeweiligen Schicht können ein Maß für präferenziellen Transport bilden. Dieser ist durch eine kurze Aufenthaltszeit gekennzeichnet und in erster Linie bei geringem Wassergehalt und bei geringer Sorption gegeben. Allerdings führt auch eine geringe Schichtmächtigkeit zu einer kurzen Aufenthaltszeit, ohne dass präferenzieller Transport vorliegt. Somit stellte bei unbekannter Schichtmächtigkeit die Aufenthaltszeit kein eindeutiges Maß für präferenziellen Transport dar. Für den in Tabelle 4.5 definierten Referenzfall ergibt sich $T_a = T_d = 0,09/q$ und $T_2 = 0,035/q$. Dieselben Werte der Aufenthaltszeiten können mit unterschiedlichen Parameterkombinationen definiert werden (Abb. 4.14).

Diese Betrachtungen gelten für beliebige spezifische Durchflüsse q, da diese nur die Zeitskala des Transports bestimmen. Daher kann anstatt der Darstellung der zeitlichen Entwicklung die Entwicklung in Abhängigkeit des kumulativ ausgeflossenen Wasservolumens bezogen auf die durchsickerte Fläche $Y = q\,t$ verwendet werden. Die Ausflusskonzentration aus der Transportschicht ist damit

$$c_2(Y) = \begin{cases} c_0\,, & \text{falls } 0 \le Y < Y_2 \\ c_0 + (c' - c_0)\left(1 - e^{-\frac{Y - Y_2}{Y_a}}\right), & \text{falls } Y_2 \le Y < Y_0 + Y_2 \\ c'' + \left[(c' - c'') - (c' - c_0)\, e^{-\frac{Y_0}{Y_a}}\right] e^{-\frac{Y - Y_0 - Y_2}{Y_d}}\,, & \text{falls } Y \ge Y_0 + Y_2 \end{cases} \quad . \tag{4.23}$$

Tabelle 4.5: *Im Rahmen der Parameterstudie variierte Parameter des Zwei-Schicht-Modells für einen Boden der Mächtigkeit $d = 1\,m$.*

	θ_1 [-]	d_1 [m]	$R_{f,a}$ [-]	$R_{f,d}$ [-]	θ_2 [-]	d_2 [m]	Y_0 [m]
Referenzfall	0,30	0,3	1,00	1,00	0,05	0,7	0,36
Fall 1	0,30	0,3	1,00	1,00	0,05	0,7	0,18
Fall 2	0,20	0,7	1,00	1,00	0,05	0,3	0,56
Fall 3	0,30	0,3	1,00	1,00	0,15	0,7	0,36
Fall 4	0,25	0,3	1,00	1,00	0,25	0,7	0,30
Fall 5	0,30	0,3	3,75	3,75	0,05	0,7	1,35
Fall 6	0,30	0,3	3,75	2,65	0,05	0,7	1,35
Fall 7	0,30	0,3	3,75	4,85	0,05	0,7	1,35
Fall 8	0,30	0,3	6,50	6,50	0,05	0,7	2,34

Die scheinbaren Wassergehalte der Mischungsschicht, $Y_a = d_1(\theta_1 + \rho_L K_{d,1}) = q\,T_a$ bzw. $Y_d = d_1(\theta_1 + \rho_L K_{d,2}) = q\,T_d$, und der Transportschicht, $Y_2 = q\,T_2$, charakterisieren äquivalent zu den entsprechenden Aufenthaltszeiten den präferenziellen Transport.

In einer Parameterstudie wurden unter Verwendung der scheinbaren Wassergehalte die Einflüsse der Parameter auf den Transport mit einem Zwei-Schicht-Modell erfasst werden (Tab. 4.5). Es wurde ein Boden mit der Mächtigkeit $d = 1\,m$ und einer Lagerungsdichte $\rho_L = 1,65\,g/cm^3$ betrachtet. Für den Referenzfall wurde die Mischungsschicht $d_1 = 0,3\,m$ mit einem Wassergehalt $\theta_1 = 0,3$ und ohne Retardation $R_f = 1$ definiert. Die Transportschicht $d_2 = 0,7\,m$ war mit einem Wassergehalt von $\theta_2 = 0,05$ durch präferenziellen Transport charakterisiert. Die Zugabe $Y_0 = 4\,Y_a$ wurde als Vielfaches des scheinbaren Wassergehalts Y_a definiert. Der Fall 1 ist durch eine verkürzte Zugabe gekennzeichnet. Für den Fall 2 wurden die Schichtmächtigkeiten und der Wassergehalt der Mischungsschicht variiert. Im Fall 3 war der Wassergehalt der Transportschicht verändert. Im Fall 4 waren dieselben Wassergehalte in den beiden Schichten gegeben. In den Fällen 5 - 8 wurde der Einfluss unterschiedlicher Retardationsfaktoren betrachtet.

Der präferenzielle Transport führte zu einem frühzeitig einsetzenden Austrag (Referenzmodell, Fall 1, Fall 2; Abb. 4.15). In einer mächtigeren Mischungsschicht fand ein langsamerer Transport statt, da mehr Wasser ausgetauscht werden (Fall 2) musste. Ein größerer Wassergehalt in der Transportschicht bewirkte eine Verzögerung des Austrags (Fall 3, Fall 4), der im Fall 4 durch den geringeren Wassergehalt in der Transportschicht rascher erfolgte. Durch Retardation erfolgte ebenfalls ein verlangsamter Transport in der Mischungsschicht (Fälle 5 - 8), wobei eine Unterscheidung zwischen Sorption und Desorption nur eine Veränderung des "tailings" bewirkte (Fall 6, Fall 7).

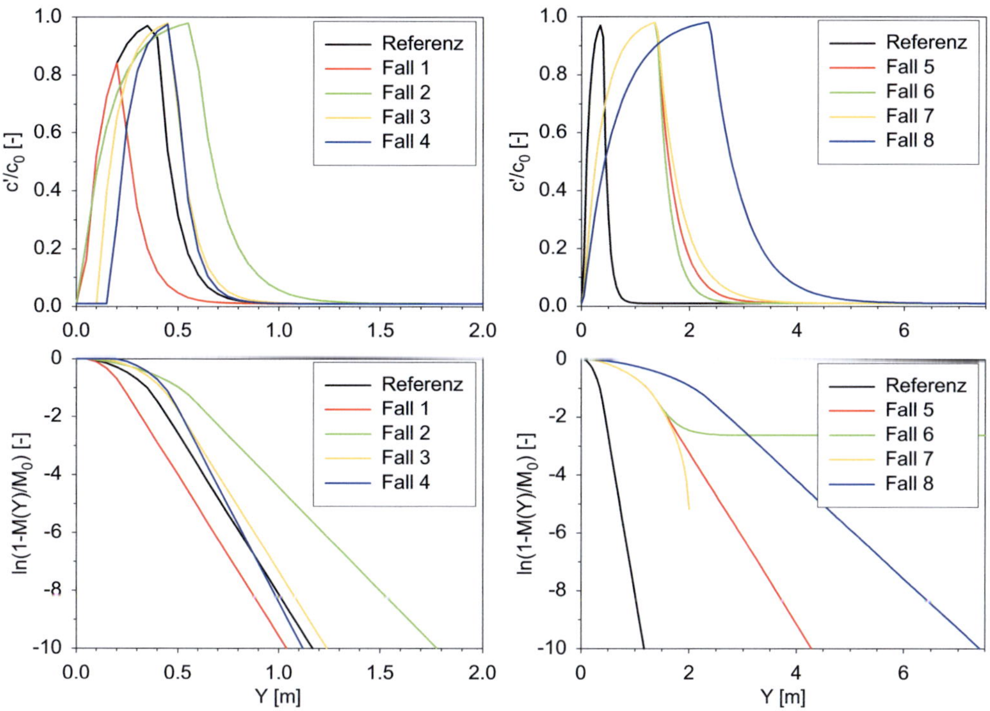

Abbildung 4.15: *Auslaufkonzentrationen $c_2(Y)$ (Gl. 4.23) und logarithmischen Massenaustragsdefizite $\ln(1-M(Y)/M_0)$ (Gl. 4.24) in Abhängigkeit der Parameter des Zwei-Schicht-Modells (s. Tab. 4.5).*

Der Einfluss auf den Transport wird in der Regel am deutlichsten im "tailing". Dieses "tailing" wird am besten dadurch charakterisiert, dass statt der Ausflusskonzentration $c_2(Y)$ das relative Defizit im Massenaustrag $(M_0 - M(Y))/M_0$ betrachtet wird (Abb. 4.15). Dieses Defizit kann durch Integration aus der Gleichung (4.23) bestimmt werden. Für den Fall einer einmaligen Zugabe bei konstanter Hintergrundkonzentration ist die insgesamt zugegebene Masse $M_0 = (c' - c_0)\, A\, Y_0$. Das relative Defizit ist damit in logarithmischer Form gegeben durch

$$\ln\left(1 - \frac{M(Y)}{M_0}\right) = \begin{cases} 0\,, & \text{falls } 0 \le Y < Y_2 \\ \ln\left[1 - \dfrac{Y - Y_2}{Y_0} + \dfrac{Y_a}{Y_0}\left(1 - e^{-\frac{Y - Y_2}{Y_a}}\right)\right], & \text{falls } Y_2 \le Y < Y_0 + Y_2 \\ \ln\left[\left(\dfrac{Y_a}{Y_0} - \dfrac{Y_d}{Y_0}\left(1 - e^{-\frac{Y - Y_2 - Y_0}{Y_d}}\right)\right)\left(1 - e^{-\frac{Y_0}{Y_a}}\right)\right], & \text{falls } Y \ge Y_0 + Y_2 \end{cases} \quad (4.24)$$

Am deutlichsten ist der Effekt für einen Unterschied in der Retardation durch Sorption und Desorption. Eine geringere Desorption führt zu einem verbleibenden Massendefizit (Fall 6), eine größere zu einem beschleunigten Austrag (Fall 7).

4.3.2 Zwei-Regionen-Modell

In ungesättigten Böden kann neben einer mobilen auch eine mehr oder weniger immobile Wasserphase auftreten. Sind diese beiden Phasen über Porenengstellen miteinander verbunden, kann Stoffaustausch stattfinden. In strukturierten Böden mit präferenziellen Fließwegen ist das Wasser in den Aggregaten weit weniger mobil und kann daher als immobil betrachtet werden. Ein einfaches Äquivalenzmodell zur Beschreibung des Transports bei vertikaler Infiltration auf präferenziellen Fließwegen stellt das *Zwei-Regionen-Modell* dar. Es differenziert zwischen einem mobilen und immobilen Anteil des Wassergehalts in einem ungesättigten Boden, zwischen denen ein Stoffaustausch stattfinden kann (Abb. 4.13b). D.h. der Transport findet nur im mobilen Wasser statt und kann mit folgenden Differenzialgleichungen bilanziert werden

$$\begin{aligned} \theta_m\, R_{f,m}\, \frac{dc_m}{dt} &= -\,q\,\frac{dc_m}{dz} + \theta_m\, D_m\, \frac{d^2 c_m}{dz^2} - \alpha_c\,(c_m - c_{im}) \\ \theta_{im}\, R_{f,im}\, \frac{dc_{im}}{dt} &= \alpha_c\,(c_m - c_{im}) \end{aligned} \quad . \qquad (4.25)$$

Dabei ist der Stoffaustausch α_c zwischen den beiden Wasserphasen abhängig von den jeweiligen Zeitskalen der unterschiedlichen Transportprozesse (Griffioen et al., 1998). In der immobilen Phase findet Sorption in viel größerem Maße statt als auf den präferenziellen Fließwegen.

Analytische Lösungen für dieses System gekoppelter, ein-dimensionaler Differenzialgleichungen (4.25) wurden auch unter Berücksichtigung von reaktiven Transportprozessen von van Genuchten & Wagenet (1989) sowie Toride et al. (1993) entwickelt und in das Programm CXTFIT 2.0 (Toride et al., 1995) implementiert. Die Lösungen sind für unterschiedliche Rand- und Anfangsbedingungen verfügbar. Das Programm CXTFIT 2.0 kann sowohl bei bekannten Transportparametern Konzentrationsverteilungen zu festen Zeitpunkten $c(x, t_0)$ und Konzentrationsentwicklungen an festen Orten $c(x_0, t)$ berechnen als auch an Hand von gemessenen Durchbruchskurven die Transportparameter schätzen.

Am Beispiel einer konstanten vertikalen Sickerrate $q = 1,2\, cm/d$ in einer homogenen Bodensäule der Länge $L = 1\, m$ wurde im Rahmen einer Parameterstudie der Einfluss der Transportparameter (Tab. 4.6) auf den Stofftransport in einem Zwei-Regionen-Modell betrachtet. Dem Dispersionskoeffizient in der mobilen Phase D_m liegt eine longitudinale Dispersivität $\alpha_l = 5\, cm$ zu Grunde. Es wurde eine Konzentration $c_0 = 1\, mg/l$ über einen Zeitraum von $T_0 = 5\, d$ zugegeben. Es wurde nur Sorption aber keine Abbaureaktionen angenommen.

Der Referenzfall (Tab. 4.6) war durch eine Transportregion mit geringem Wassergehalt $\theta_m = 0,05$ gekennzeichnet, der bei Vorhandensein präferenzieller Fließwege typisch ist. Der hohe Wassergehalt in der Speicherregion $\theta_{im} = 0,25$ definiert einen hohen Sättigungsgrad

Tabelle 4.6: *Im Rahmen der Parameterstudie variierte Transportparameter des Zwei-Regionen-Modells.*

	θ_m [–]	f [–]	$R_{f,m}$ [–]	θ_{im} [–]	$R_{f,im}$ [–]	v_m [cm/d]	D_m [cm²/d]	α_c [1/d]
Referenzfall	0,05	0,10	1,30	0,25	1,54	24,0	120	$1{,}9\times10^{-4}$
Fall 1	0,05	0,10	1,30	0,25	1,54	24,0	120	$7{,}6\times10^{-4}$
Fall 2	0,05	0,10	1,30	0,25	1,54	24,0	120	$4{,}8\times10^{-5}$
Fall 3	0,05	0,10	3,40	0,25	5,32	24,0	120	$1{,}9\times10^{-4}$
Fall 4	0,05	0,10	1,30	0,15	1,90	24,0	120	$1{,}9\times10^{-4}$
Fall 5	0,05	0,02	1,06	0,25	1,59	24,0	120	$1{,}9\times10^{-4}$
Fall 6	0,10	0,10	1,15	0,25	1,54	12,0	60	$1{,}9\times10^{-4}$

des Bodens. Die angenommenen Retardationsfaktoren $R_{f,m}$, $R_{f,im}$ basieren auf einer Lagerungsdichte von $\rho_L = 1,65\, kg/l$ und einem Verteilungskoeffizient $K_{d,m} = K_{d,im} = 0,091\, l/kg$. Durch die Aufteilung der Sorptionsplätze auf die beiden Regionen durch den Faktor f_s sind die Retardationsfaktoren durch

$$R_{f,m} = 1 + f_s \, \frac{\rho_L \, K_{d,m}}{\theta_m} \tag{4.26a}$$

$$R_{f,im} = 1 + (1 - f_s) \, \frac{\rho_L \, K_{d,im}}{\theta_{im}} \tag{4.26b}$$

definiert. Der Austauschkoeffizient $\alpha_c = 1,9{\times}10^{-4}/d$ definiert eine gute Kopplung zwischen mobiler und immobiler Phase. Durch den präferenziellen Transport erfolgt ein Durchbruch am Auslauf der Säule bereits noch im Zugabezeitraum (s. Abb. 4.16, 4.17). Durch die gute

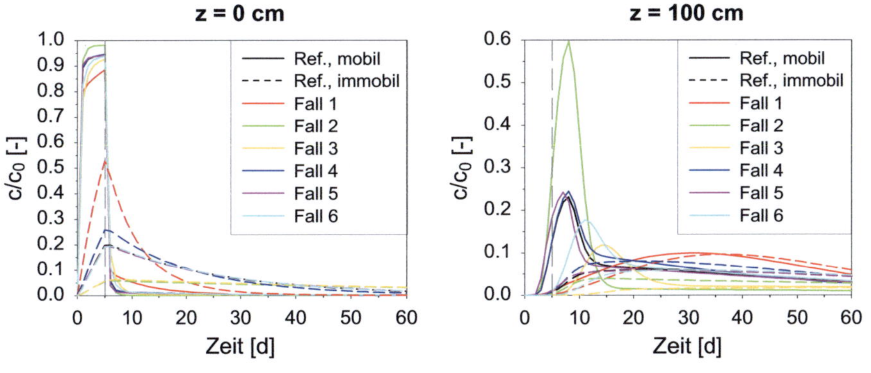

Abbildung 4.16: *Konzentrationszeitreihen in der mobilen (durchgezogene Linien) und immobilen Phase (gestrichelte Linien) im Zulauf, $z = 0\,cm$, und Ablauf, $z = 100\,cm$, von Zwei-Regionen-Modellen mit unterschiedlichen Transportparametern (Tab. 4.6).*

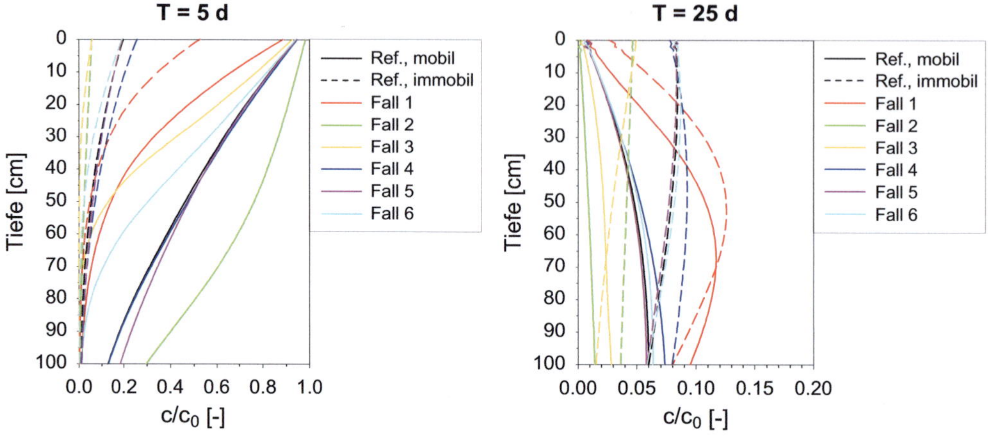

Abbildung 4.17: *Konzentrationsprofile in der mobilen (durchgezogene Linien) und immobilen Phase (gestrichelte Linien) von Zwei-Regionen-Modellen mit unterschiedlichen Transportparametern (Tab. 4.6) zu zwei Zeitpunkten 5 d und 25 d.*

Kopplung erfolgt eine deutliche Anreicherung des Stoffes in der immobilen Phase, die eine lange Aufenthaltszeit in der Bodensäule und einen verzögerten Austrag zur Folge hat.

Der Fall 1 war durch einen hohen Austausch $\alpha_c = 7,6 \times 10^{-4}/d$ charakterisiert. Durch den dadurch hervorgerufenen Ausgleich zwischen mobiler und immobiler Phase wurde der Durchbruch drastisch verzögert. Hingegen war im Fall 2 der Austausch verringert $\alpha_c = 4,8 \times 10^{-5}/d$, was zu einem geringeren Stoffeintrag in die immobile Phase und einem rascheren Durchbruch am Auslauf führte. Für den Fall 3 wurde ein Verteilungskoeffizient von $K_{d,m} = K_{d,im} = 0,727\, l/kg$ angenommen. Dadurch erfolgte ein verzögerter Transport und ein geringerer Austausch, da ein nennenswerter Anteil der Stoffmasse auch in der Transportregion sorbiert war. Der geringere Wassergehalt in der Speicherregion $\theta_{im} = 0,15$ im Fall 4 führte dort zu einer relativen Anreicherung der Stoffmasse, was einen verzögerten Austrag bedingte. Im Fall 5 wurde ein geringerer Anteil der Sorptionsplätze $f = 0{,}02$ und somit einem geringen Retardationsfaktor $R_{f,m} = 1,06$ in der Transportregion betrachtet. Dies zeigte keinen Einfluss auf den Austausch, erzeugte jedoch einen geringfügig beschleunigten Transport in der mobilen Phase. Der höhere Wassergehalt in der Transportregion $\theta_m = 0,10$, Fall 6, reduzierte den präferenziellen Transport, was zu einem verzögerten Austrag führte. Der Austausch wurde dadurch allerdings nur geringfügig beeinflusst.

4.4 Strömung in geklüftet-porösen Aquiferen

Geklüftet-poröse Aquifere sind dadurch charakterisiert, dass einzelne hochdurchlässige, diskrete Strukturen, *Klüfte*, eine weniger durchlässige, poröse *Matrix* durchziehen. Die Klüfte machen im Allgemeinen nur einen sehr kleinen Teil des gesamten Hohlraumvolumens im geklüftet-porösen Aquifer aus. Die Matrix bildet im Wesentlichen das Hohlraumvolumen des Aquifers und besitzt somit ein hohes Speichervermögen. Bei der Grundwasserströmung in solchen Aquiferen findet ein Austausch zwischen den beiden Kompartimenten statt.

Die Unterscheidung in *Kluft* und *Matrix* ist in erster Linie hydraulisch begründet und damit vor allem skalenabhängig. Auf kleiner Skala sind es die poröse Gesteinsmatrix und die Feinklüfte, die das geklüftet-poröse Medium bilden. Auf größerer Skala ist es das Feinkluftnetz, das von einigen wenigen großen Klüften durchzogen wird. Auf der Einzugsgebietskala bildet das Kluftnetz die *Matrix* und einzelne Störungszonen bzw. Karströhrennetze die *Klüfte*. Geklüftet-poröse Aquifere werden daher oft generell auch als Doppel-Porositäts-Systeme bezeichnet. Die *Matrix* kann dabei immer als poröses System beschrieben werden, da die Strukturen innerhalb der Matrix es erlauben, einen Kontinuumansatz auf Basis des REV-Konzepts (s. Kap. 2.1.5) zu definieren. Die *Klüfte* sind eigentlich diskret zu betrachten, da sie nicht in ausreichender Anzahl im betrachteten Gebiet anzutreffen sind und damit ein Kontinuumansatz nicht gerechtfertigt ist.

Zur Beschreibung der Grundwasserströmung in Doppel-Porositäts-Systemen stehen unterschiedliche **hydraulische Äquivalenzmodelle** (Abb. 4.18) zur Verfügung, wie sie

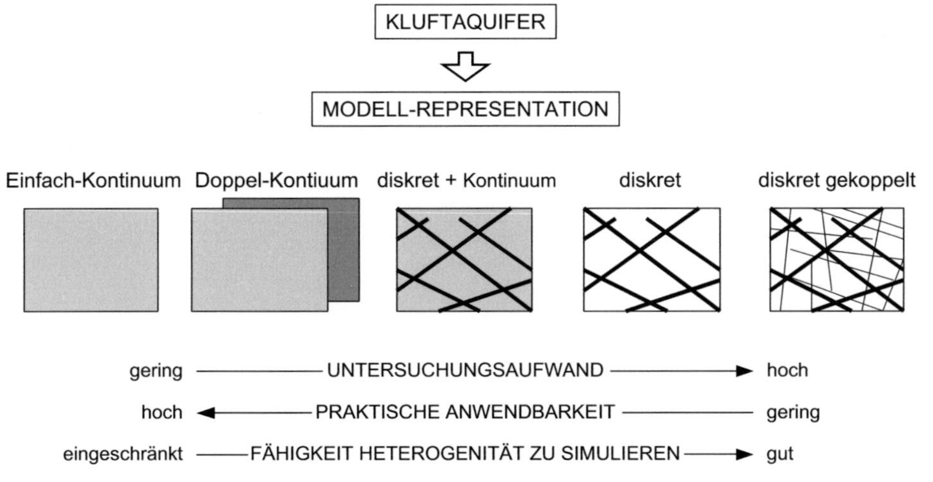

Abbildung 4.18: *Unterschiedliche Konzepte zur Beschreibung der Grundwasserströmung in geklüftet-porösen Aquiferen (nach Teutsch & Sauter, 1991).*

z.B. von Teutsch & Sauter (1991) zusammengestellt wurden. Der gewählte Ansatz hängt meist von der Fragestellung ab. Dabei wird in Abhängigkeit des erforderlichen Untersuchungsaufwandes, der praktischen Anwendbarkeit und der Erfordernis der Betrachtung der lokalen Strukturen das Kluftsystem entweder mit seinen Details betrachtet oder es wird durch ein äquivalentes Ersatzkontinuum repräsentiert.

In den folgenden Abschnitten sind ausgewählte Äquivalenzmodelle für geklüftet-poröse Aquifere dargestellt, denen ein Kontinuumansatz zu Grunde liegt.

4.4.1 Grundwasserspeichermodell

Eines der ersten Äquivalenzmodelle, das zur Beschreibung des Grundwasserabflusses in einem Quelleinzugsgebiet (Abb. 4.19) und damit der Quellschüttung verwendet wurde, ist das *Gundwasserspeichermodell* (Maillet, 1905). Dieses Modell betrachtet das Leerlaufen des Grundwasserspeichers zwischen zwei Grundwasserneubildungsereignissen und beruht auf einem einfachen Kontinuumansatz, wobei die Grundwasserströmung im Aquifer nicht räumlich aufgelöst betrachtet wird (vgl. Kap. 4.1):

$$Q = S\,B\,L_E\,\frac{dh_L}{dt} = B\,M\,\frac{K}{L_E}\,(h_L - h_{out})\,. \tag{4.27}$$

Dabei sind S der Speicherkoeffizient, K die hydraulische Leitfähigkeit, L_E die Länge, B die mittlere Breite des Einzugsgebiets, M die mittlere Mächtigkeit des Aquifers, h_L der Grundwasserstand im Abstand L_E von der Quelle, h_{out} das Quellniveau und Q die Quellschüttung.

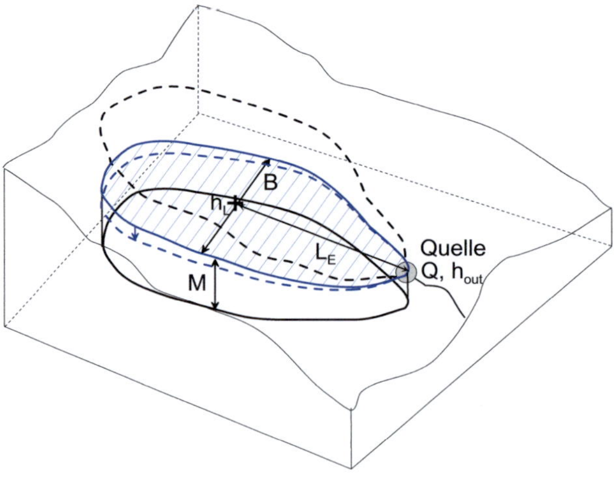

Abbildung 4.19: *Quelleinzugsgebiet (schematisch) mit charakteristischen Parametern.*

Die Lösung dieser Bilanzgleichung liefert

$$h_L(t) = h_{out} + (h_0 - h_{out})\, e^{-\frac{T}{S L_E^2} t} \tag{4.28}$$

bzw.

$$Q(t) = Q_0\, e^{-\frac{T}{S L_E^2} t} = Q_0\, e^{-\alpha t}. \tag{4.29}$$

h_0 bzw. Q_0 definieren die Verhltnisse zu Beginn der Leerlaufperiode. α wird als Leerlaufkoeffizient bezeichnet und charakterisiert die hydraulischen Eigenschaften des Einzugsgebiets. Dieser kann, angepasst an Messdaten, dazu verwendet werden, den Speicherkoeffizient und damit den Grundwasservorrat abzuschätzen. Ein solches Modell wurde von Padilla et al. (1994) basierend auf den Arbeiten von Mangin (1975) weiterentwickelt:

$$Q(t) = Q_{0,s}\, \frac{1 - t/t_i}{1 + \varepsilon t} + Q_{0,l}\, e^{-\alpha t}. \tag{4.30}$$

Der erste Term beschreibt die schnelle, der zweite die langsame Komponente der Quellschüttung. t_i ist die Dauer des Auftretens der schnellen Komponente, der Kehrwert $1/\varepsilon$ charakterisiert die Aufenthaltszeit der schnellen Komponente im System.

Dieses Modell bietet die Möglichkeit, an Hand der Interpretation des Leerlaufverhaltens die hydrogeologischen Verhältnisse verschiedener Karstsysteme zu charakterisieren (Abb. 4.20). Im System eines Tiefen Karsts (Abb. 4.20a) kann ein hoher Anteil der langsamen mit einem geringen Anteil der schnellen Komponente korreliert werden. Tiefer Karst tritt meist großräumig auf und besitzt ein ähnliches hydraulisches Verhalten wie ein poröser Aquifer. Im System eines Seichten Karsts (Abb. 4.20b) bildet das Karströhrennetz ein ausgeprägtes Drainagesystem, so dass der Anteil der schnellen Komponente recht groß ist. Padilla et al. (1994) passten diesen Ansatz an die gemessenen Quellschüttungen in verschiedenen Karstsystemen an.

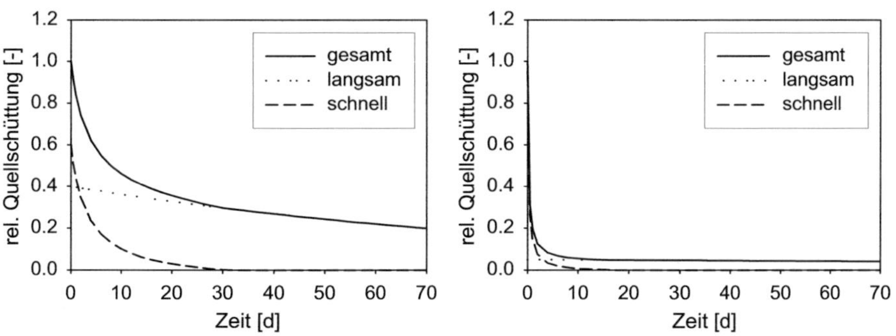

Abbildung 4.20: *Karstquellen mit hydraulischem Verhalten auf Grund unterschiedlicher Verkarstung im Einzugsgebiet: a) Tiefer Karst; b) Seichter Karst.*

4.4.2 Einfach-Kontinuum-Modell

Der einfachste Ansatz die räumliche Variabilität im Kluftnetz eines Kluftaquifers zu berücksichtigen, bietet das *Einfach-Kontinuum-Modell*. Es basiert darauf, effektive hydraulische Leitfähigkeiten für einzelne Bereiche eines Kluftaquifers definieren zu können. So ermittelten Blum et al. (2007) REV's für Kluftaquifere mit Hilfe von numerischen Modelluntersuchungen. Ihr Ergebnis war, dass ein REV eine Mindestanzahl statistisch verteilter Klüfte enthalten muss, die zudem eine hohe Konnektivität aufweisen müssen. Die Größe dieses REV hängt demnach mit dem Abstand und Länge der einzelnen Klüfte zusammen.

Die bei der Entstehung der Klüfte vorliegenden tektonischen Spannungen definieren die Vorzugsrichtungen im jeweiligen Kluftnetz. Die resultierenden Kluftscharen besitzen erhöhte Durchlässigkeiten und bilden daher bevorzugte Wasserwegsamkeiten (vgl. Kap. 2.1.3). In einem Einfach-Kontinuum-Modell wird die hydraulische Wirksamkeit der Kluftscharen durch eine Anisotropie in der effektiven hydraulischen Leitfähigkeit für den Kluftaquifer repräsentiert.

Der Tensor der effektiven hydraulischen Leitfähigkeit $K_{eff}(\phi)$ kann in Abhängigkeit der Orientierung des betrachteten Kluftnetzes zum hydraulischen Gradient ausgedrückt werden. Er kann für ein Kluftnetz mit konstanten Eigenschaften der Kluftscharen theoretisch abgeleitet werden. Hierzu wird im Folgenden die zwei-dimensionale Strömung in einem Kluftnetz mit zwei vertikalen Kluftscharen betrachtet. Die parallelen Klüfte in den Kluftscharen besitzen einheitliche Kluftabständen d_1, d_2 sowie einheitliche Öffnungsweiten B_1, B_2 und damit eine einheitliche Kluftdurchlässigkeit (s. Gl. 2.38). Die Kluftrichtungen werden bezogen auf die Richtung des regionalen hydraulischen Gradienten I durch die Winkel ϕ_1 und ϕ_2 angegeben (Abb. 4.21). Ohne Einschränkung der Allgemeinheit kann der hydraulische Gradient in x-Richtung betrachtet werden. $\psi = \phi_2 - \phi_1$ ist der Winkel zwischen den Kluftscharen. Dieser Winkel wird immer so definiert, dass $\psi \leq 90°$ ist.

Die Strömung in einer isoliert betrachteten Kluftschar ist gegeben durch

$$q_i = \frac{B_i}{d_i}\,\frac{B_i^2\,g}{12\,\nu}\,I\cos\phi_i = I\,a_i\,\cos\phi_i. \tag{4.31}$$

Der spezifische Durchfluss q_i in einer Kluft besitzt die Richtung der betrachteten Kluftschar und kann in eine x-Komponente, parallel zum hydraulischen Gradienten I, und eine y-Komponente, senkrecht dazu, zerlegt werden

$$\begin{aligned} q_{i,x} &= I\,a_i\,\cos^2\phi_i \\ q_{i,y} &= I\,a_i\,\cos\phi_i\,\sin\phi_i. \end{aligned} \tag{4.32}$$

Die Strömung im Kluftnetz lässt sich durch Superposition der Strömungen in den Kluft-

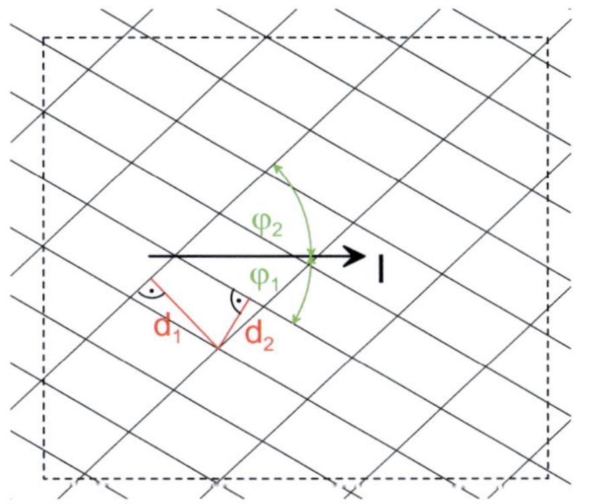

Abbildung 4.21: *Regelmäßiges, zwei-dimensionales Kluftnetz mit Definitionen der Kluftrichtungen ϕ_i bzgl. des hydraulischen Gradienten I und Kluftabstände d_i.*

scharen ausdrücken

$$\begin{aligned} q_x &= q_{1,x} + q_{2,x} = I\, \left(a_1 \cos^2 \phi_1 + a_2 \cos^2 \phi_2\right) \\ q_y &= q_{1,y} + q_{2,y} = I\, \left(a_1 \cos \phi_1 \sin \phi_1 + a_2 \cos \phi_2 \sin \phi_2\right). \end{aligned} \tag{4.33}$$

Diese Komponenten definieren den Gesamtdurchfluss, der wiederum durch die effektive hydraulische Leitfähigkeit beschrieben werden kann

$$q = \sqrt{q_x^2 + q_y^2} = K_{eff}\, I \cos \gamma \tag{4.34}$$

und dessen Richtung

$$\tan \gamma = \frac{q_y}{q_x}. \tag{4.35}$$

Damit kann die effektive hydraulische Leitfähigkeit in Abhängigkeit von der Orientierung des Kluftnetzes zum hydraulischen Gradienten $\phi = \phi_1$ angegeben werden

$$K_{eff}(\phi_1, \psi) = \frac{\left(a_1 \cos^2 \phi_1 + a_2 \cos^2 \phi_2\right)^2 + \left(a_1 \cos \phi_1 \sin \phi_1 + a_2 \cos \phi_2 \sin \phi_2\right)^2}{a_1 \cos^2 \phi_1 + a_2 \cos^2 \phi_2}, \tag{4.36}$$

wobei $\phi_2 = \psi + \phi_1$ dann durch den Winkel ψ zwischen den Kluftscharen vorgegeben ist. Für ein einfaches Kluftnetz mit symmetrischen Eigenschaften konnten de Josselin de Jong & Way (1972) ebenfalls diese effektive hydraulische Leitfähigkeit K_{eff} mit ihrer Richtungsabhängigkeit ausgehend von probabilistischen Ansätzen ermitteln.

Für Kluftnetze mit unterschiedlichen geometrischen hydraulischen Eigenschaften (Tab. 4.7) wurde die effektive hydraulische Leitfähigkeit $K_{eff}(\phi_1)$ in Abhängigkeit des Winkels der Kluftschar 1 gegenüber dem hydraulischen Gradient ϕ_1 betrachtet (Abb. 4.21). Es wurden dazu die Kluftöffnungsweite der Kluftschar 1 B_1, die Kluftabstände d_1, d_2 und der Winkel ψ zwischen den Kluftscharen variiert (Tab. 4.7).

Tabelle 4.7: *Im Rahmen der Parameterstudie variierte Parameter (s. Gl. 4.31) eines zweidimensionalen Kluftnetzes zur Bestimmung der effektiven hydraulischen Leitfähigkeit K_{eff}.*

	B_1 [m]	d_1 [m]	a_1 [m/s]	B_2 [m]	d_2 [m]	a_2 [m/s]
Referenzfall	0,001	5,0	$1{,}635\times10^{-4}$	0,001	5,0	$1{,}635\times10^{-4}$
Fall 1	0,003	5,0	$4{,}415\times10^{-3}$	0,001	5,0	$1{,}635\times10^{-4}$
Fall 2	0,001	20,0	$4{,}088\times10^{-5}$	0,001	5,0	$1{,}635\times10^{-4}$
Fall 3	0,001	5,0	$1{,}635\times10^{-4}$	0,001	20,0	$4{,}088\times10^{-5}$

Der Referenzfall (Abb. 4.22a) zeichnet sich durch Kluftnetze mit symmetrischen Eigenschaften bezogen auf die Richtung des hydraulischen Gradienten I aus. Damit sind auch die Hauptachsen des Leitfähigkeitstensors in die Richtung des hydraulischen Gradienten und senkrecht dazu orientiert unabhängig vom Winkel zwischen den Kluftscharen ψ. Dieser Winkel definiert ausschließlich das Verhältnis der Leitfähigkeiten der Hauptachsen. Ein Kluftnetz mit rechtwinklig zueinander orientierten Kluftscharen ist demnach isotrop.

Die im Fall 1 vergrößerte Kluftöffnungsweite der Kluftschar 1 führte zu einer drastischen Erhöhung der Durchlässigkeit des Kluftnetzes (Abb. 4.22b). Durch die bevorzugte Fließrichtung ist auch der Leitfähigkeitstensor selbst für große Winkel ψ zwischen den Kluftscharen deutlich unsymmetrisch. Einen ähnlichen Einfluss auf die Symmetrieeigenschaften des Leitfähigkeitstensors hat die Vergrößerung der Kluftabstände d_1, d_2 in einer der Kluftscharen, Fall 2 und Fall 3 (Abb. 4.22c,d). Dabei ist der Einfluss der Kluftabstände auf die Durchlässigkeit geringer als der der Kluftöffnungsweite. Je nachdem in welcher Kluftschar der Kluftabstand vergrößert wurde, ist eine andere Richtungsabhängigkeit der Asymmetrie gegeben.

Durch Bestimmung der Extremwerte in Gl. 4.36 lassen sich die Größe und Lage der Hauptachsen bezogen auf den Referenzwinkel ϕ_1 ableiten. Dabei sind die Richtungen der beiden Hauptachsen gegeben durch

$$\tan \phi'_{a,b} = \frac{a_1 + a_2 \cos 2\psi \pm \sqrt{a_1^2 + 2\,a_1\,a_2 \cos 2\psi + a_2^2}}{a_2 \sin 2\psi}\,. \tag{4.37}$$

Durch Einsetzen dieser beiden Richtungen $\phi'_{a,b}$ in Gl. 4.36 lassen sich die Größen der Hauptachsen K_{11} und K_{22} berechnen. Besitzen die beiden Kluftscharen identische hydraulische Eigenschaften $a_1 = a_2 = a$ sind die Hauptachsen des Leitfähigkeitstensors allein durch den Winkel ψ zwischen den beiden Kluftscharen gegeben. Für diesen Fall können auch die Werte der Hauptachsen einfach angegeben werden:

$$\begin{aligned} K_{11} &= a(1 + \cos\psi) \\ K_{22} &= a(1 - \cos\psi)\,. \end{aligned} \tag{4.38}$$

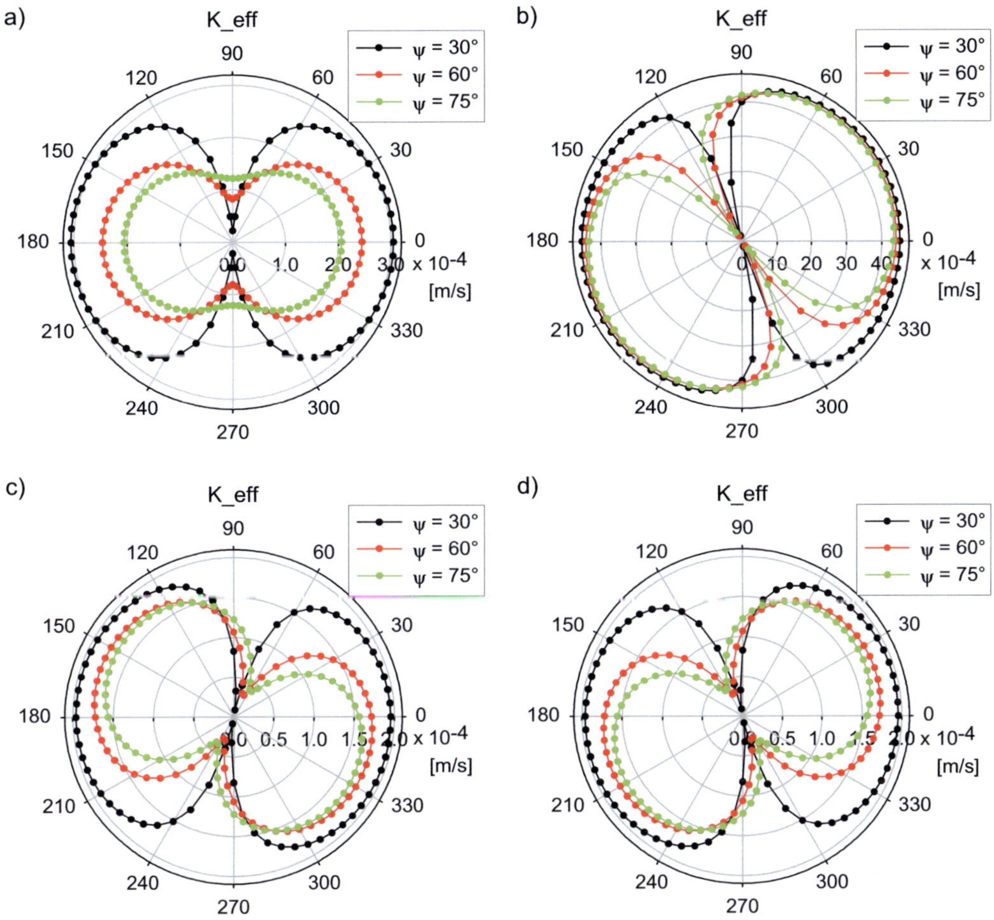

Abbildung 4.22: *Effektive hydraulische Leitfähigkeit K_{eff} in Abhängigkeit der hydraulischen Eigenschaften unterschiedlicher Kluftnetze und der Orientierung der Kluftscharen (s. Tab. 4.7): a) Referenzfall (homogen); b) Fall 1 (größere Kluftöffnungsweite b_1); c) Fall 2 (größere Kluftabstand d_1); c) Fall 3 (größere Kluftabstand d_2).*

Für den speziellen Fall $\psi = 90°$ ist $K_{11} = K_{22} = a$ und somit die hydraulische Leitfähigkeit des Kluftnetzes isotrop.

4.4.3 Generalisiertes Radialströmungsmodell

Das Einfach-Kontinuum-Modell, wie im vorangegangenen Abschnitt vorgestellt, kann für die Anströmung zu einem Brunnen in einem Kluftaquifer nicht angewendet werden, da diese Strömung von einer oder wenigen Klüften dominiert wird. Die Strömung in diesen zwei-dimensionalen Kluftebenen reduzierte die generelle Dimensionalität der Grundwasserströmung. Ebenso ist dadurch die üblicherweise angenommene Radialsymmetrie im Nahbereich des Brunnens nicht mehr gegeben. Daher stellen die gängigen Verfahren zur Pumpversuchauswertung, basierend auf der Theis'schen Brunnenfunktion (s. Anhang A.2), eine zu grobe Näherung dar und sind eigentlich nicht anwendbar.

Um die Dimensionalität der Anströmung zu einem Brunnen in einem Kluftaquifer adäquat beschreiben zu könnnen entwickelte Barker (1988) ein *generalisiertes Radialströmungsmodell*. Dieses Modell basiert auf einem Kontinuumansatz, bei dem die radiale Abhängigkeit des spezifischen Durchflusses über ein Potenzgesetz beschrieben wird, das über die Dimensionalität der Strömung die bevorzugten Fließwege in den Klüften berücksichtigt. Der Durchfluss durch eine n-dimensionale Oberfläche kann dann durch ein modifiziertes Darcy-Gesetz angegeben werden:

$$Q = K\, b^{3-n}\, a_n\, r^{n-1}\, \frac{\partial h}{\partial r}\,. \tag{4.39}$$

Dabei ist b eine charakteristische Längeneinheit der Anströmfläche zum Brunnen. Die Dimensionalität der Strömung n liegt zwischen 1 und 3. Zum Beispiel charakterisiert $n=2$ eine gleichmäßige tiefengemittelte Anströmung über die gesamte Aquifermächtigkeit, die dann die Längeneinheit b definiert. $a_n\, r^{n-1}$ beschreibt die Oberfläche einer n-dimensionalen Kugel, mit

$$a_n = 2\,\frac{\pi^{n/2}}{\Gamma(n/2)}\,, \tag{4.40}$$

wobei $\Gamma(x)$ die Gamma-Funktion (s. Anhang A.3) ist. Daraus leitet sich folgende dimensionsabhängige Kontinuitätsgleichung ab:

$$S_0\,\frac{\partial h}{\partial t} = \frac{K}{r^{n-1}}\,\frac{\partial}{\partial r}\left(r^{n-1}\frac{\partial h}{\partial r}\right)\,. \tag{4.41}$$

Für die Anfangs- und Randbedingungen, wie sie bei einem instationären Pumpversuch mit der Pumprate Q_0 vorliegen, konnte Barker (1988) mit Hilfe der Laplacetransformation für einen als homogen angenommenen Kluftaquifer folgende analytische Lösung entwickeln:

$$h(r,t) = \frac{Q_0\, r^{2-n}}{4\pi^{n/2}\, K\, b^{3-n}}\;\Gamma\left[(n/2-1), u\right] \tag{4.42}$$

mit

$$u = \frac{S_0\, r^2}{4\, K\, t}\,. \tag{4.43}$$

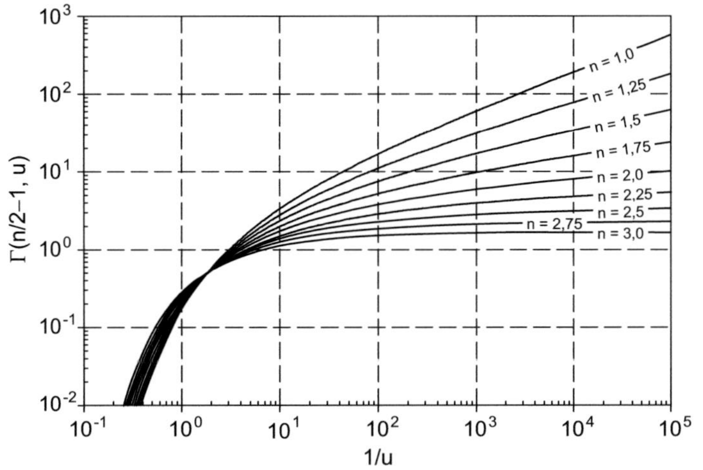

Abbildung 4.23: *Unvollständige Gamma-Funktion $\Gamma(n/2-1,u)$ (Gl. 4.42) zur Erfassung der unterschiedlichen Dimensionalität der Grundwasserströmung zu einem Brunnen in einem geklüfteten Aquifer; $n=2$ entspricht W(u) (s. Anhang A.2).*

$\Gamma(n/2-1,u)$ ist die unvollständige Gamma-Funktion (Abb. 4.23, s.a. Anhang A.3). Für den zwei-dimensionalen Fall $n=2$ entspricht diese der Theis'schen Brunnen-Formel $W(u)$ (s. Anhang A.2):

$$h(r,t) = \frac{Q_0}{4\pi\, K\, b}\; W(u)\,. \tag{4.44}$$

Dieses generalisierte Radialströmungsmodell ist besonders geeignet, die in Brunnennähe stark von den bevorzugten Fließwegen beeinflusste Anströmung eines Brunnens zu beschreiben. Die Dominanz dieser bevorzugten Fließwege erzeugt eine Dimensionalität der Anströmung, die nicht ganzzahlig sein muss. Deswegen kann sie z.B. auch nicht durch andere Äquivalenzmodelle wie anisotrope Einfach-Kontinuum-Modelle (s. Kap. 4.4.2) erfasst werden.

4.4.4 Doppel-Kontinuum-Modell

Eine andere Möglichkeit die komplexen Strömungsvorgänge in geklüftet-porösen Medien zu beschreiben, bietet der *Doppel-Kontinuum-Ansatz.* Diese Medien sind dadurch charakterisiert, dass einzelne hochdurchlässige, diskrete Strukturen, Klüfte, eine weniger durchlässigen, porösen Matrix durchziehen. Dabei findet ein Austausch zwischen Strömungen in diesen beiden Kompartimenten statt.

Die Unterscheidung in "Kluft" und "Matrix" ist dabei in erster Linie hydraulisch begründet und damit skalenabhängig. Auf kleiner Skala sind es die poröse Gesteinsmatrix

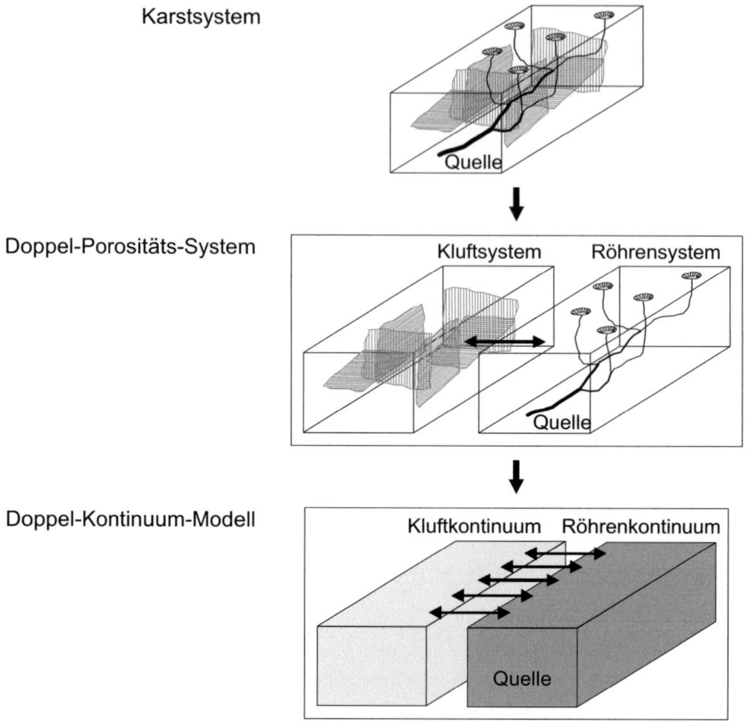

Abbildung 4.24: *Darstellung des Karstsystems einer Karstquelle durch ein Doppel-Kontinuum-Modell (nach Mohrlok, 1996): "Matrix" = Kluftsystem, "Klüfte" = Röhrensystem.*

und die Klüfte die das geklüftet-poröse Medium bilden. Auf größerer Skala sind es das Feinkluftnetz, das von einigen wenigen großen Klüften durchzogen wird. Auf der Einzugsgebietskala bildet das Kluftnetz die "Matrix" und einzelne Störungszonen bzw. Karströhrennetze die "Klüfte" (Abb. 4.24).

Die "Matrix" kann dabei immer als poröses System beschrieben werden, da die Strukturen innerhalb der Matrix es erlauben, einen Kontinuumansatz auf Basis des REV-Konzepts zu definieren. Die "Klüfte" sind eigentlich diskret zu betrachten, da sie nicht in ausreichender Anzahl in dem Gebiet anzutreffen sind und damit ein Kontinuumansatz nicht gerechtfertigt ist. Der Doppel-Kontinuum-Ansatz geht nun auch davon aus, dass äquivalent für die "Klüfte" ein solcher Kontinuumansatz definiert werden kann. Da die "Klüfte" in einem solchen Ansatz nicht mehr im Raum lokalisiert sind, nehmen Matrix- und Kluft-Kontinuum nun denselben Raum ein (Abb. 4.24). Sie lassen sich in einem solchen System durch einen linearen Austauschterm koppeln (Barenblatt et al., 1960)

$$q_{ex} = \alpha_0 (h_M - h_K) \,. \tag{4.45}$$

h_M und h_K sind dabei die Piezometerhöhen in dem jeweiligen Kontinuum am selben Ort und α_0 der Austauschkoeffizient.

Die Grundwasserströmung in einem Doppel-Kontinuum-System kann so mit dem folgenden System gekoppelter Differenzialgleichungen bilanziert werden

$$\begin{aligned} \vec{\nabla}\left(\underline{\mathbf{K}}_{\mathbf{M}}\,\vec{\nabla}h_M\right) &= S_{0M}\frac{\partial h_M}{\partial t} - W_{0M} + q_{ex} \\ \vec{\nabla}\left(\underline{\mathbf{K}}_{\mathbf{K}}\,\vec{\nabla}h_K\right) &= S_{0K}\frac{\partial h_K}{\partial t} - W_{0K} - q_{ex} \end{aligned} \quad . \tag{4.46}$$

Der Austausch bildet dabei in jeder Differenzialgleichung einen zusätzlichen Quell- bzw. Senkenterm.

Ein solches *Doppel-Kontinuum-Modell* wurde im Programm DP-MODFLOW implementiert (Lang, 1995) , das eine Weiterentwicklung des weit verbreiteten Programms MODFLOW (McDonald & Harbaugh, 1984) ist. Dieses ist in der Lage in einem drei-dimensionalen Gebiet die instationäre Grundwasserströmung in den beiden Kontinua des Doppel-Kontinuum-Modells sowie den Austausch zwischen den beiden Kontinua zu berechnen. Bei der Formulierung des Austausches wurde berücksichtigt, dass Modellzellen gespannt, ungespannt oder trockengefallen sein können. Es kann ein Austausch zwischen Modellzellen in beliebigem Zustand stattfinden. Um trocken gefallene Zellen unter instationären Bedingungen wieder benetzen zu können, wurde von Mohrlok (1992) eine entsprechende Weiterentwicklung in das Progamm DP-MODFLOW (Lang, 1995) implementiert.

Das Doppel-Kontinuum-Modell eignet sich gut, die Dynamik des Abflusses, spezifisch der Quellschüttungen, in Kluft-Matrix-Systemen, speziell auch Karstaquiferen, nachzubilden (Teutsch, 1988; Mohrlok, 1996). Eine Schwierigkeit bei der Anwendung eines Doppel-Kontinuum-Modells ist allerdings die Interpretation der Piezometerhöhen in den beiden Kontinua, da der räumliche Bezug zwischen "Klüfte" und "Matrix" durch den Doppel-Kontinuum-Ansatz aufgelöst wurde. Die Piezometerhöhen sind eigentlich lokale Größen und besitzen daher im Doppel-Kontinuum-Modell nicht mehr ihre ursprüngliche, physikalische Bedeutung. Dies gilt weniger für die Piezometerhöhen im Kluftkontinuum jedoch besonders für die im Matrixkontinuum, da in diesem der Abstand zur nächstgelegenen Kluft als geometrische Größe nicht existiert. Das hat zur Folge, dass ein Doppel-Kontinuum-Modell an Hand der Piezometerhöhen nur eingeschränkt kalibriert werden kann.

Mohrlok (1996) untersuchte das hydraulische Verhalten eines Doppel-Kontinuum-Modells am Beispiel eines synthetischen Karstsystems mit dem Ziel, die hydraulischen Parameter des Doppel-Kontinuum-Modells an Hand der geometrischen und hydraulischen Eigenschaften des betrachteten Karstsystems zu identifizieren. Zur numerischen Simulation einer instationären Grundwasserströmung in dem Referenzsystem unter Verwendung von ROCKFLOW (Wollrath & Helmig, 1991) betrachtete er ein naturähnliches, diskretes Röhrennetz in einem Kluftkontinuum (Abb. 4.25). Die Quellschüttung im Referenzsystem konnte gut mit einem äquivalenten, kalibrierten Doppel-Kontinuum-Modell mit Hilfe von DP-MODFLOW (Lang, 1995) nachgebildet werden (Abb. 4.26), indem bei der Kalibrie-

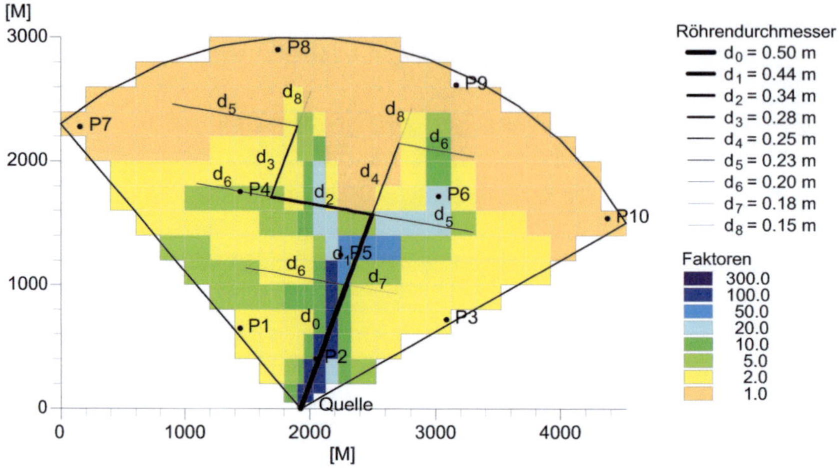

Abbildung 4.25: *Röhrennetz des synthetischen Karstsystems (Referenzsystem) und Verteilung der Faktoren für die Beschreibung der Verteilungen der hydraulischen Parameter des kalibrierten Doppel-Kontinuum-Modells (Mohrlok, 1996).*

rung Verteilungen der hydraulischen Parameter ermittelt wurden, die in guter Näherung das Röhrensystem repräsentierten (Abb. 4.25). An den zufällig gewählten Kontrollpunkten zeigte sich auch die Schwierigkeit der Interpretation der Piezometerhöhen in den beiden Kontinua (Abb. 4.26). Für Kontrollpunkte in der Nähe der Röhren, z.B. P4, waren die

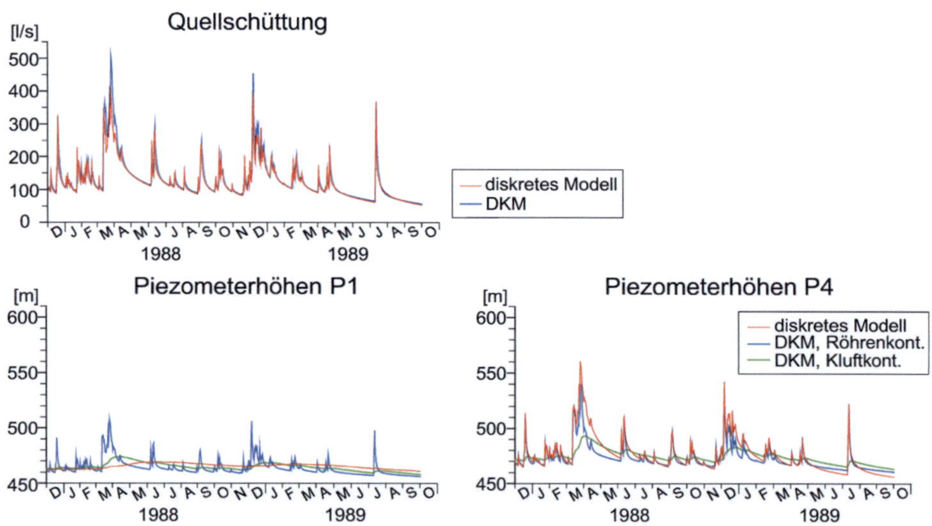

Abbildung 4.26: *Quellschüttung und Piezometerhöhen an den Kontrollpunkten P1 und P4 im synthetischen Karstsystem berechnet mit dem diskreten und dem Doppel-Kontinuum-Modell (nach Mohrlok, 1996).*

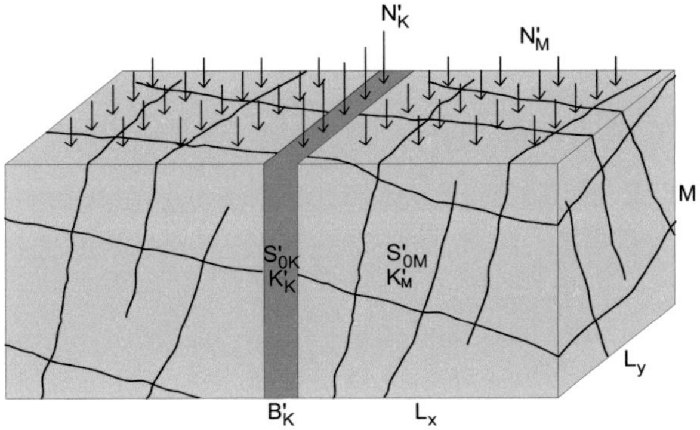

Abbildung 4.27: *Einzelkluftsystem als geometrisch stark vereinfachtes Quelleinzugsgebiet.*

Piezometerhöhen des Referenzsystems gut vom Röhrenkontinuum wiedergegeben. Piezometerhöhen in den Matrixblöcken, z.B. am Kontrollpunkt P1, waren nur bedingt durch die des Matrixkontinuums abbildbar.

An einem geometrisch stark vereinfachten Quelleinzugsgebiet in Form eines Einkluftsystems (Abb. 4.27) konnte die Parameteridentifikation für das äquivalente Doppel-Kontinuum-Modell an Hand analytischer Lösungen erfolgen (Mohrlok, 1996). Aus Symmetriegründen war es ausreichend nur das halbe System ab der Kluftmitte und einen Matrixblock zu betrachten. Die analytischen Lösungen wurden sowohl für ein diskretes Modell, eine Einzelkluft in einem Matrixkontinuum, als auch für ein Doppel-Kontinuum-Modell entwickelt. Diese Lösungen beschreiben das hydraulische Verhalten des jeweiligen Modells nach einem Grundwasserneubildungsereignis von einer bestimmten Dauer.

Eine detaillierte Untersuchung dieses Systems erfolgte auch mittels numerischer Simulationen. Beispielhaft sind die Simulationsergebnisse für das Einzelkluftsystem dargestellt, das durch die Parameter $B'_K = 0,01\,m$, $L_x = 150\,m$, $L_y = 200\,m$, $M = 20\,m$, $K'_K = 0,1\,m/s$, $S'_{0K} = 4,6{\times}10^{-6}\,1/m$, $K'_M, = 1,0{\times}10^{-6}\,m/s$, $S'_{0M} = 2,5{\times}10^{-4}\,1/m$ definiert ist (Abb. 4.28). Die Quellschüttung konnte durch die Kalibrierung des Doppel-Kontinuum-Modells sehr gut nachgebildet werden (Abb. 4.28a). Auch die Übereinstimmung der Piezometerhöhen in der Kluft zwischen diskretem Modell und Doppel-Kontinuum-Modell waren recht gut (Abb. 4.28b). Größere Abweichungen waren direkt nach Veränderung der Randbedingungen erkennbar. Eine detaillierte Betrachtung der Verhältnisse im Matrixblock zeigte wiederum die Schwierigkeiten der Interpretation der Piezometerhöhe im Matrixkontinuum (Abb. 4.28c). Sie lässt sich dort keiner Position zuordnen, sondern stellt eine komplexe, mittlere Größe dar.

Durch Anpassung der Quellschüttung und des Piezometerhöhenverlaufs des Kluftkontinuums an Einzelkluftmodelle mit unterschiedlichen geometrischen und hydraulischen Parametern (B'_K, L_x, L_y, K'_K, S'_{0K}, K'_M, S'_{0M}) ließen sich die Parameter des Doppel-Konti-

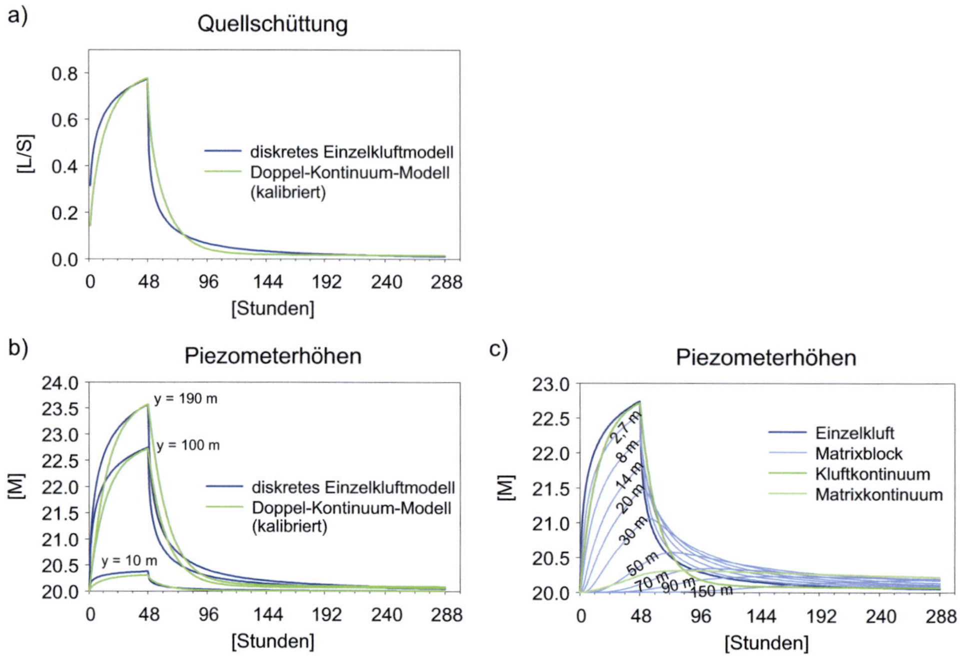

Abbildung 4.28: *Simulationsergebnisse des diskreten Modells und des kalibrierten Doppel-Kontinuum-Modells für das Einzelkluftsystem (nach Mohrlok, 1996): a) Quellschüttung; b) Piezometerhöhen in der Kluft an den Stellen $y = 10$, 100, 190 m; c) Piezometerhöhen in Kluft und Matrix an der Stelle $y = 100\,m$.*

nuum-Modells (K_K, S_{0K}, K_M, S_{0M}, α_0) bestimmen. Der direkte Vergleich mit den Parametern des Einzelkluftmodells ermöglichte somit die Identifizierung der Parameter des Doppel-Kontinuum-Modells. Die hydraulische Leitfähigkeit des Matrix-Kontinuums $K_M = K'_M$ war identisch in beiden Modellen, da jeweils ein Kontinuumansatz gewählt wurde. Die hydraulische Leitfähigkeit des Kluftkontinuums K_K konnte aus der hydraulischen Leitfähigkeit der diskreten Einzelkluft K'_K und dem Verhältnis von Kluftöffnungsweite B'_K zur Breite des Matrixblocks L_x ermittelt werden

$$K_K = K'_K \, \frac{B'_K}{L_x} \, . \tag{4.47}$$

Der Austauschkoeffizient α_0 beschreibt stark vereinfacht die Strömung in der Matrix zur bzw. von der Kluft und ist daher abhängig von der Matrixdurchlässigkeit K'_M und der Breite des Matrixblocks L_x

$$\alpha_0 = \frac{K'_M}{L_x^2} \, C' \, . \tag{4.48}$$

Mit dem Koeffizient C' wird die instationäre Strömung in der Matrix erfasst. Dieser ist daher unter anderem abhängig vom Speicherkoeffizienten S'_{0M}, der Aufteilung der

Grundwasserneubildung auf die Einzelkluft und den Matrixblock sowie der Zeitdauer des Grundwasserneubildungsereignisses.

Der Speicherkoeffizient für das Kluftkontinuum S_{0K} ist wesentlich größer als das reine Kluftvolumen, da auch der instationäre Austausch mit der Matrix zu diesem einen Beitrag liefert. Der Anteil des Matrixblocks, der diesen zusätzlichen Speicher definiert, ist unter anderem bestimmt durch die Zeitskala auf der der Austausch stattfindet, also die Dauer des Grundwasserneubildungsereignisses. Da im Doppel-Kontinuum-Modell das Gesamtspeichervolumen des Einzelkluftsystems erhalten bleiben muss, teilt sich der Speicherkoeffizient der Matrix S'_{0M} auf die beiden Kontinua auf:

$$S'_{0M} = S_{0M} + S_{0K} \, . \tag{4.49}$$

Das Speichervolumen der Kluft S'_{0K} wird dabei als vernachlässigbar angenommen.

Es zeigte sich, dass sich selbst ein Einzelkluftsystem, bei dem eigentlich kein REV für die Einzelkluft definiert werden kann, dennoch in guter Näherung mit einem Doppel-Kontinuum-Modell beschreiben lässt. Der Doppel-Kontinuum-Ansatz ist demnach gut einsetzbar bei der Beschreibung des hydraulischen Verhaltens eines Gesamtsystems. Allerdings kann er nicht dazu verwendet werden, lokale Verhältnisse wieder zu geben, wie die Interpretation der Piezometerhöhen in der Matrix zeigte, die stark vom Abstand zur nächsten Kluft abhängen.

4.5 Stofftransport in nicht-gleichförmigen Grundwasserströmungen

Im Allgemeinen sind Grundwasserströmungen nicht gleichförmig. Sie lassen sich durch ein mittleres Geschwindigkeitsfeld und Geschwindigkeitsfluktuationen charakterisieren. Diese Fluktuationen alleine führen selbst in einem gleichförmigen mittleren Strömungsfeld zu einer Nicht-Gleichförmigkeit. Die Auswirkungen dieser Art der Nicht-Gleichförmigkeit kann mit Hilfe der Dispersion beschrieben werden. Dabei ist die Dispersion ein skalenabhängiges Phänomen, das von der Unterscheidung in mittleres Strömungsfeld und Fluktuationen abhängt (vgl. Kap. 2.4.5).

Wenn möglich, wird versucht, das mittlere Strömungsfeld als gleichförmig zu betrachten. In solchen Fällen kann der Einfluss der Nicht-Gleichförmigkeit auf den Stofftransport allein mittels Dispersion erfasst werden. Ist hingegen auch des mittlere Strömungsfeld nicht-gleichförmig, ist es erforderlich die Nicht-Gleichförmigkeit im Detail zu beschreiben, um den Einfluss auf den Stofftransport adäquat zu erfassen. In vielen Fällen kann dies mit Hilfe numerischer Simulationstechniken erfolgen.

Allerdings sind in der Praxis meist die Heterogenitäten selbst nicht im Detail bekannt und deren Einfluss auf den Stofftransport kann nicht immer durch Dispersion erfasst werden. Solche nicht-gleichförmigen Grundwasserströmungen finden sich hauptsächlich in heterogenen, porösen sowie geklüftet-porösen Aquiferen. In solchen Aquiferen stellen die quantitative Beschreibung der Stofftransportprozesse auch bei Einsatz moderner Computertechnologien immer noch eine Herausforderung dar, da sich auch damit das prinzipielle Problem der Unkenntnis wesentlicher Einflussgrößen nicht lösen lässt. Für die im Folgenden diskutierten Beispiele kann dieses Problem mit Hilfe entsprechender **Äquivalenzmodelle** mit einer gewissen Näherung gelöst werden.

4.5.1 Modell der scheinbaren Dispersivität

Ein Modell, mit dem der Stofftransport insbesondere auch in nicht-gleichförmigen Grundwasserströmungen beschrieben werden kann, beruht auf dem Konzept der *scheinbaren Dispersion*. Dieses Konzept kommt bei der Quantifizierung des Stofftransports mit Hilfe analytischer Lösungen zum Einsatz. Die analytischen Lösungen setzen immer eine gleichförmige, stationäre Grundwasserströmung, einen homogenen Aquifer und eine konstante Quellkonzentration voraus (vgl. Kap. 3.1.5). Die konstante Quellkonzentration kann dabei über eine beliebige Zeitdauer, von instantan bis zu unendlich, zugegeben sein. Diese Voraussetzungen sind in der Praxis allerdings so gut wie nie alle erfüllt. Wird also ein beobachteter Stofftransportvorgang, z.B. an Hand einer Durchbruchskurve, mit Hilfe einer solchen analytischen Lösung beschrieben, werden die Effekte einer nicht-gleichförmigen oder instationären Strömung, der Aquiferheterogenitäten oder einer nicht konstanten Quellkonzentration durch Anpassung der Dispersivitäten erfasst. Dieses Konzept wird dann als *scheinbare Dispersion* bezeichnet, da die so ermittelten Werte der Dispersivitäten nicht nur die kleinskaligen Aquiferheterogenitäten repräsentieren.

Die *scheinbare Dispersivität* wurde in verschiedenen Zusammenhängen auf die Beschreibung des Transports in nicht-gleichförmigen Strömungen angewendet. Zhou & Selim (2003) verwendeten eine solche zur Parametrisierung einer fraktionalen Advektions-Dispersions-Gleichung. Wood et al. (2004) quantifizierten damit den Transport in Strömungen mit dichte-bedingten Instabilitäten. Die Beschreibung des Transports mit Hilfe von Transferfunktionen, die sowohl die räumliche und zeitliche Variabilität des Geschwindigkeitsfeldes als auch der Randbedingungen wie die Tracerzugabe erfassen können, basieren ebenfalls auf dem Konzept der scheinbaren Dispersivität (Javaux & Vanclooster, 2003; Luo et al., 2006). Als ein Spezialfall einer solchen Transferfunktion können die analytischen Lösungen betrachtet werden (Gl. 3.98, 3.101 - 3.103), die eine stationäre, gleichförmige Strömung voraussetzen. Der Transport lässt sich damit dann durch eine mittlere Transportgeschwindigkeit und scheinbare Dispersivitäten charakterisieren (Maloszewski et al., 2006).

Hier wird die Anwendung dieses Konzepts auf Tracerversuche in vertikalen Zirkulationsströmungen erzeugt durch einen Grundwasser-Zirkulations-Brunnen (GZB) vorgestellt, die sehr stark von einem nicht-gleichförmigen Strömungsfeld geprägt sind. Ein GZB ist ein Brunnen mit zwei übereinander angeordneten Filterstrecken, die hydraulisch voneinander getrennt sind. Eine vertikale Zirkulationsströmung wird dadurch erzeugt, dass in einer Filterstrecke Grundwasser mit einer bestimmten Pumprate entnommen und in der anderen Filterstrecke mit derselben Rate wieder infiltriert wird (Herrling & Stamm, 1992; Stamm et al., 1995). Die Anordnung der Entnahme und Infiltration definiert entweder eine aufwärts oder abwärts gerichtete Zirkulation im Aquifer (Abb. 4.29). Das resultierende Strömungsfeld kann mit Hilfe der Potenzialtheorie beschrieben werden.

Die Anwendung der Potenzialtheorie erlaubt die Ausweisung von Stromröhren, die als ein-dimensionale Transportpfade angesehen werden können (s. Kap. 3.1.4). Die Geometrie der Stromröhren in einer Zirkulationsströmung ist durch die Anordnung der Filterstrecken und die Geometrie des Aquifers vorgegeben. Der hydraulische Gradient entlang einer Stromlinie ist durch deren Ansatz an der jeweiligen Filterstrecke (Abb. 4.29) bestimmt, wenn ein einheitliches Potenzial an der jeweiligen Filterstrecken anliegt. Eine kürzere innenliegende Stromlinie besitzt damit einen größeren hydraulischen Gradienten als eine längere außenliegende, was zu einem Geschwindigkeitsunterschied im Querschnitt der einzelnen Stromröhren führt. Die geometrisch bedingte Querschnittsveränderung der Stromröhren führt zu einer zusätzlichen Variation der Geschwindigkeiten entlang der ein-

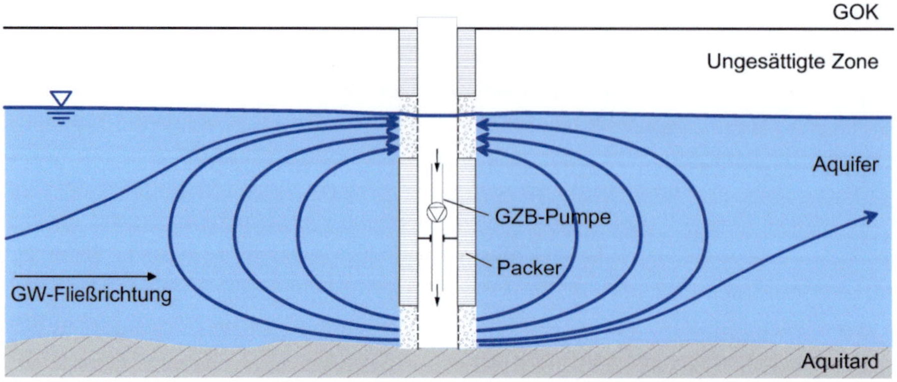

Abbildung 4.29: *Funktionsprinzip eines Grundwasser-Zirkulations-Brunnens.*

zelnen Stromlinien. Das Geschwindigkeitsfeld einer Zirkulationsströmung ist somit selbst in einem homogenen Aquifer stark nicht-gleichförmig. Dadurch ist der Stofftransport in einer Stromröhre durch zusätzliche Dispersion gekennzeichnet, die nicht durch die kleinskaligen Aquiferheterogenitäten hervorgerufen ist.

Der Stofftransport in der Zirkulationsströmung in einem natürlichen, heterogenen Aquifer ist wesentlich von den lokalen Strukturen im Nahbereich der Filterstrecken eines GZB bestimmt. Da diese Heterogenitäten im Allgemeinen nicht kleinskalig genug sind, um durch die Aquiferdispersivität beschrieben werden zu können, ist die Auswertung der Durchbruchskurve eines Tracerversuchs in einer Stromröhre (Abb. 4.30) nicht auf einfache Weise möglich. Die lokalen Strukturen und die Nicht-Gleichförmigkeit der Zirkulationsströmung erzeugen Dispersionseffekte, welche die Aquiferdispersivität überlagern. Die Auswertung mit Hilfe eines numerischen Modells scheitert an den im Allgemeinen nicht genau bekannten, lokalen Strukturen. Dasselbe trifft für die Anwendung analytischer Lösungen zu, wie sie z.B. von Zlotnik & Ledder (1996) oder Sutton et al. (2000) entwickelt wurden. Daher bietet sich das Konzept der scheinbaren Dispersivität als Äquivalenzmodell zur Beschreibung des Transports in einer Stromröhre in einem heterogenen Aquifer an.

Am Beispiel der Charakterisierung des Stofftransports bei einem Tracerversuch in einer zwei-dimensionalen Zirkulationsströmung in einem homogenen Labor-Aquifer wurde das Konzept der scheinbaren Dispersivität unter Verwendung analytischer Lösungen angewendet. Durch Unterteilung der Zugabefilterstrecke in drei Kammern wurden drei Stromröhren separiert (Abb. 4.30). Durch Zugabe von Uranin mit der Konzentration $c_0 = 300\,\mu g/l$ in die mittlere Kammer, $B = 25,0\,cm$, $H = 10,5\,cm$, wurde der Transport in der mittleren Stromröhre $Q = 67,1\,l/h$ betrachtet. Es zeigte sich ein deutlicher Dispersionseinfluss und eine geringe Vermischung mit den benachbarten Stromröhren (Abb. 4.30). Allerdings war wegen der Vermischungsprozesse in der Zugabekammer keine konstante Tracerzugabe in den Aquifer realisierbar (Abb. 4.30).

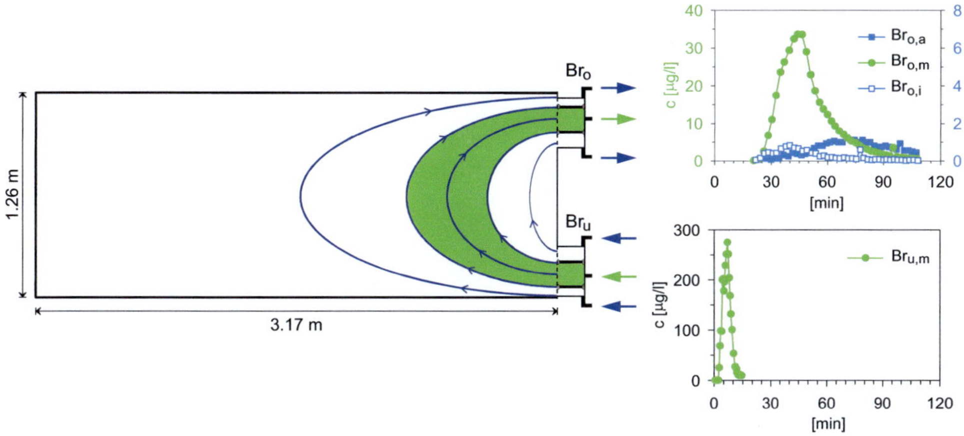

Abbildung 4.30: *Tracerexperiment (Uranin) in der mittleren Stromröhre einer zweidimensionalen Zirkulationsströmung (schematisch).*

Die Auswertung der Durchbruchskurve in der mittleren Entnahmekammer ($Br_{o,m}$) erfolgte mit Hilfe der analytischen Lösung von Sauty (1980):

$$c(x,t) = \begin{cases} c_I(x,t) & \textit{für } \; 0 < t < T_0 \\ c_I(x,t) - c_I(x,t-T_0) & \textit{für } \; t > T_0 \end{cases} \tag{4.50}$$

mit

$$c_I(x,t) = \frac{c_0}{2}\left[\operatorname{erfc}\left(\frac{x - v_a\,t}{2\sqrt{\alpha\,v_a\,t}}\right) - \exp\left(\frac{x}{\alpha}\right)\operatorname{erfc}\left(\frac{x + v_a\,t}{2\sqrt{\alpha\,v_a\,t}}\right)\right] \tag{4.51}$$

Diese Lösung basiert auf der Annahme einer stationären, gleichförmigen, ein-dimensionalen Strömung, d.h. konstante Transportgeschwindigkeit v_a, in einem homogenen Aquifer und einer konstanten Tracerzugabe c_0 über eine vorgegebene Dauer T_0. Auf Grund dieser Annahmen bildet die Anpassung an die Durchbruchskurven nicht die Aquiferdispersivität α ab sondern spiegelt die Dispersion durch die Zirkulationsströmung und die Zugabebedingungen wider. Die so ermittelte Dispersivität wird daher als scheinbare Dispersivität α_s bezeichnet. Dieser integrale Parameterwert kann damit als Äquivalenzmodell aufgefasst werden, da er auf einfache Weise den Stofftransport bei komplexen Strömungsverhältnissen und Randbedingungen charakterisiert.

Dieses Äquivalenzmodell wurde zur Auswertung des oben beschriebenen Tracerversuchs angewendet. Um diese Lösung anwenden zu können, war insbesondere die Stromröhre in der Zirkulationsströmung durch äquivalente Parameter einer geradlinigen Stromröhre mit konstanter Querschnittsfläche A zu beschreiben. Da weiterhin eine Beschreibung der Durchbruchskurve in der mittleren Entnahmekammer ($Br_{o,m}$) durch Anpassung des Modells der scheinbaren Dispersion erfolgte, war auf Basis der dort entnommenen Masse M_0 die Zugabekonzentration $c_0' = 255\,\mu g/l$ zu definieren, so dass die Massenverluste durch Vermischung entsprechend berücksichtigt wurden.

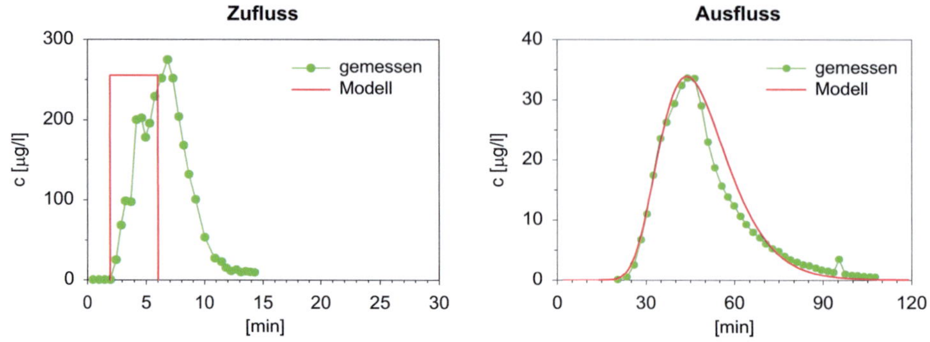

Abbildung 4.31: *Konzentrationen an der Zugabe- und der Entnahmekammer, im Experiment gemessen und mit dem Modell der scheinbaren Dispersion berechnet.*

Die mittlere Transportzeit lag bei etwa $\bar{t}=41,5\,min$. Der äquivalente Transportweg in der Stromröhre wurde mit etwa $x_L = 183\,cm$ abgeschätzt, was in etwa der mittleren Länge der Stromröhre entsprach. Durch Anpassung der maximalen Konzentration konnte damit eine mittlere Transportgeschwindigkeit $v_a = 4,4\,cm/min$ abgeschätzt werden (Abb. 4.31). Mit dem gegebenen Durchfluss Q war damit das Produkt aus mittlerer Höhe der Stromröhre und effektiver Porosität $\overline{H}\,n_e$ definiert. Allerdings konnte keine der beiden Größen unabhängig bestimmt werden. Unter Annahme einer effektiven Porosität von $n_e = 0,3$ wäre dann die mittlere Höhe $\overline{H} = 33,6\,cm$ und damit der mittlere spezifische Durchfluss $q = 1,32\,cm/min$ gewesen. Die Kurvenform konnte durch Verwendung einer scheinbaren Dispersivität Porosität von $\alpha_s=7,5\,cm$ nachgebildet werden (Abb. 4.31).

Die so ermittelte scheinbare Dispersivität beschreibt nur in untergeordnetem Maße die eigentliche Aquiferdispersivität. Diese würde für den nahezu homogenen Aquifer im Experiment in etwa der mittleren Korngröße von $d_m = 2\,mm$ entsprechen und wäre damit mehr als eine Größenordnung kleiner. Die Dispersion in der Stromröhre auf Grund der Zirkulation und die nicht konstante Zugabe des Tracers bestimmen in etwa zu ähnlichen Teilen die scheinbare Dispersivität.

4.5.2 Matrixdiffusionsmodell

Auch die Strömungen in geklüftet-porösen Aquiferen sind, wie in Kap. 4.4.2 beschrieben, nicht-gleichförmig. In vielen Fällen kann die poröse Matrix als undurchlässig angesehen werden, so dass dort der advektive Stofftransport keine Bedeutung besitzt. Allerdings bildet sie meist den größten Anteil am Gesamthohlraumvolumen des Aquifers und ist daher als Speichermedium zu berücksichtigen. Bei der Betrachtung des Stofftransports in solchen Aquiferen ist daher die Diffusion von Stoffen aus den Klüften in die poröse Matrix nicht vernachlässigbar.

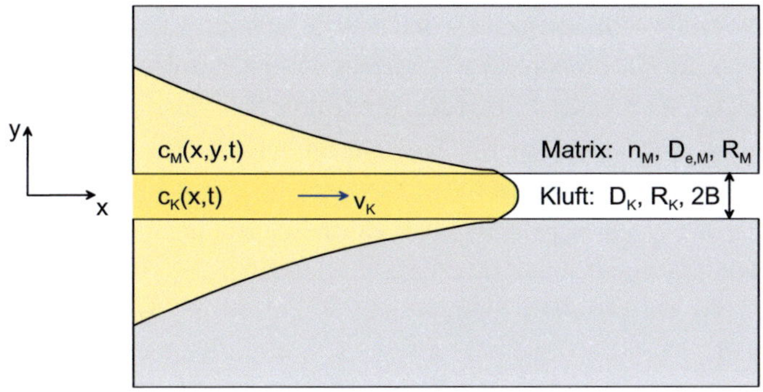

Abbildung 4.32: *Transport in Kluftaquifer mit Matrixdiffusion (schematisch).*

Das *Matrixdiffusionsmodell* berücksichtigt diesen Prozess bei der Beschreibung des Stofftransports explizit. Es quantifiziert zusätzlich zum advektiven Transport in einer gleichförmigen Strömung in einer Einzelkluft die Diffusion in die Matrix. In einem solchen Kluft-Matrixsystem (Abb. 4.32) lässt sich der reaktive Stofftransport in der gleichförmigen Strömung in einer Einzelkluft mit der Öffnungsweite $2B$ mit folgender ein-dimensionalen Transportgleichung beschreiben:

$$R_{f,K}\,\frac{\partial c_K}{\partial t} = -v_K\,\frac{\partial c_K}{\partial x} + D_K\,\frac{\partial^2 c_K}{\partial x^2} + \frac{j_{MD}}{B} - k\,R_{f,K}\,c_K\,. \tag{4.52}$$

Dabei sind $R_{f,K}$ der Retardationskoeffizient (vgl. Gl. 2.91), v_K die Transportgeschwindigkeit, $D_K = \alpha_{L,K}\,v_K$ der Dispersionskoeffizient in der Kluft, j_{MD} der spezifische Stofffluss über die Kluftoberflächen aus der bzw. in die Matrix, B die halbe Kluftöffnungsweite und k die Abbaurate des betrachteten Stoffes für den Abbau erster Ordnung.

In der Matrix wird vereinfacht angenommen, dass diese undurchlässig ist und somit nur Diffusion und ein Abbau erster Ordnung als die relevanten Transportprozesse betrachtet werden müssen. Zudem ist wegen der relativ hohen Transportgeschwindigkeit in der Kluft nur der Konzentrationsgradient in y-Richtung als relevant anzunehmen. Somit lässt sich der reaktive Stofftransport in der Matrix ebenfalls durch eine ein-dimensionale Transportgleichung beschreiben:

$$n_M\,R_{f,M}\,\frac{\partial c_M}{\partial t} = D_{e,M}\,\frac{\partial^2 c_M}{\partial y^2} - k\,n_M\,R_{f,M}\,c_M\,. \tag{4.53}$$

Dabei sind n_M die Porosität, $R_{f,M}$ der Retardationskoeffizient (vgl. Gl. 2.91) und $D_{e,M}$ der effektive Diffusionskoeffizient (vgl. Gl. 2.120) in der Matrix.

Der Stoffaustausch j_{MD} zwischen Kluft und Matrix an den Kluftoberflächen ist durch den diffusiven spezifischen Stoffstrom in der Matrix bei $y = B$ bestimmt:

$$j_{MD} = -D_{e,M}\,\left.\frac{\partial c}{\partial y}\right|_{y=B}\,. \tag{4.54}$$

Ein erster Ansatz für ein solches Modell wurde von Grisak & Pickens (1980) für ein Einzelkluftsystem in ein numerisches Transportmodell implementiert. Grisak & Pickens (1981) entwickelten eine analytische Lösung für den Fall eines rein advektiven Transports in der Kluft und bei kontinuierlicher Zugabe. Sudicky & Frind (1982) entwickelten eine analytische Lösung für den dispersiven Transport in einem Parallelkluftsystem ebenfalls bei kontinuierlicher Zugabe jedoch unter Berücksichtigung von Sorption in Kluft und Matrix. Für den Transport eines reaktiven Stoffes nach den Differenzialgleichungen (Gl. 4.52 und Gl. 4.53) entwickelten Maloszewski & Zuber (1985) analytische Lösungen bei instantaner Stoffzugabe an der Stelle $x=0$. Sie unterschieden zwischen dem Modell für ein Parallelkluftsystem mit dem Kluftabstand d (*"parallel fissure dispersion model"* – *PFDM*) und für ein Einkluftsystem (*"single fissure dispersion model"* – *SFDM*). Letzteres entspricht einem Parallelkluftsystem mit einem sehr großen Kluftabstand, $d\rightarrow\infty$, bzw. ist dadurch charakterisiert, dass der Stofftransport in der Kluft so schnell ist, dass durch den diffusiven Transport nicht die Mitte des Matrixblocks $y=d/2$ erreicht wird. Durch Vergleich der Matrixblockgröße $d/2$ mit der mittleren Diffusionsstrecke $\Delta y=\sqrt{2\,D_{e,M}\,t}$ kann abgeschätzt werden, bis zu welcher Transportzeit t das *SFDM* anwendbar ist.

Für eine instantane Zugabe einer Stoffmasse M in den Volumenstrom Q in einer Einzelkluft eines Parallelkluftsystem sind die Anfangs- und Randbedingungen:

$$c_K(x,0)=0 \tag{4.55a}$$

$$c_K(0,t)=\frac{M}{Q}\,\delta(t) \tag{4.55b}$$

$$c_K(\infty,t)=0 \tag{4.55c}$$

$$c_M(y,x,0)=0 \tag{4.55d}$$

$$c_M(B,x,t)=c_K(x,t) \tag{4.55e}$$

$$\left.\frac{\partial c}{\partial y}\right|_{y=\frac{d}{2}}=0\,, \tag{4.55f}$$

wobei $\delta(t)$ die Dirac'sche Deltafunktion (Gl. 3.92) ist. Für die Stoffkonzentration in der Kluft an der Stelle x_0 ergibt sich somit (nach Maloszewski & Zuber, 1985):

$$c_K(x_0,t)=\frac{2\,M}{Q\,\pi^{3/2}}\,\exp\bigl(-k\,t\bigr)\,\exp\Bigl(\frac{Pe}{2}\Bigr)\cdot \int\limits_w^\infty \exp\left[-\frac{(4w'^2)^2-Pe^2}{(4w')^2}\right]\left(\int\limits_0^\infty \varepsilon\,\exp\bigl[-\varepsilon_1(\varepsilon,w')\bigr]\,\cos\bigl[\varepsilon_2(\varepsilon,w')\bigr]\,d\varepsilon\right)dw'\,. \tag{4.56}$$

Dabei sind ε $[1/\sqrt{s}]$ und w' $[-]$ Integrationsvariablen. Die Integrationsgrenze w ist gegeben durch

$$w=\frac{1}{2}\sqrt{Pe\,\frac{t_0'}{t}} \tag{4.57}$$

und die Funktionen $\varepsilon_1(\varepsilon, w')$, $\varepsilon_2(\varepsilon, w')$ durch

$$\varepsilon_1(\varepsilon, w') = \frac{Pe\, t'_0\, a\, \varepsilon}{4\, w'^2} \, \frac{\sinh(p\,\varepsilon) + \sin(p\,\varepsilon)}{\cosh(p\,\varepsilon) + \cos(p\,\varepsilon)} \tag{4.58a}$$

$$\varepsilon_2(\varepsilon, w') = \frac{\varepsilon^2}{2} \left(t - \frac{Pe\, t'_0}{4\, w'^2}\right) - \frac{Pe\, t'_0\, a\, \varepsilon}{4\, w'^2} \, \frac{\sinh(p\,\varepsilon) - \sin(p\,\varepsilon)}{\cosh(p\,\varepsilon) + \cos(p\,\varepsilon)} . \tag{4.58b}$$

Dabei sind

$$Pe = Pe(x_0) = \frac{v_K\, x_0}{D_K} \quad \textit{(Peclet-Zahl)} \tag{4.59a}$$

$$t'_0 = t'_0(x_0) = \frac{R_{f,K}\, x_0}{v_K} \quad \textit{(mittlere Transportzeit)} \tag{4.59b}$$

$$a = \frac{\sqrt{n_M\, R_{f,M}\, D_{e,M}}}{2\, B\, R_{f,K}} \tag{4.59c}$$

$$p = \left(\frac{d}{2} - B\right) \sqrt{\frac{n_M\, R_{f,M}}{D_{e,M}}} \tag{4.59d}$$

die charakteristischen Modellparameter des *PFDM*. Für den Fall, dass die Dispersion in den Klüften vernachlässigt werden kann, $D_K \simeq 0$, ergibt sich das *"parallel fissure piston flow model"* – *PFPFM* (Maloszewski & Zuber, 1984):

$$c_K(x_0, t) = \begin{cases} 0, & falls\ t \leq t'_0 \\ \dfrac{M}{Q\,\pi} \, \exp\!\big(-k\,t\big) \displaystyle\int_0^\infty \varepsilon \, \exp\!\big[-\varepsilon_3(\varepsilon)\big] \, \cos\!\big[\varepsilon_4(\varepsilon)\big] \, d\varepsilon, & falls\ t > t'_0 . \end{cases} \tag{4.60}$$

Dabei sind Funktionen $\varepsilon_3(\varepsilon)$ und $\varepsilon_4(\varepsilon)$ gegeben durch

$$\varepsilon_3(\varepsilon) = t'_0\, a\, \varepsilon \, \frac{\sinh(p\,\varepsilon) + \sin(p\,\varepsilon)}{\cosh(p\,\varepsilon) + \cos(p\,\varepsilon)} \tag{4.61a}$$

$$\varepsilon_4(\varepsilon) = \frac{\varepsilon^2}{2}\big(t - t'_0\big) - t'_0\, a\, \varepsilon \, \frac{\sinh(p\,\varepsilon) - \sin(p\,\varepsilon)}{\cosh(p\,\varepsilon) + \cos(p\,\varepsilon)} \tag{4.61b}$$

mit den charakteristischen Modellparametern t'_0, a und p (Gl. 4.59ab,c,d).

Da das *SFDM* einem *PFDM* mit $d \to \infty$ entspricht, wird es durch dieselben Differenzialgleichungen (4.52-4.54) beschrieben. Nur die Randbedingung (Gl. 4.55f):

$$c_M(\infty, x, t) = 0 \tag{4.62}$$

ist neu zu formulieren. Die Lösung für das *SFDM* ist nach Maloszewski & Zuber (1985, 1990):

$$c_K(x_0, t) = \frac{M\, a}{2\,\pi\, Q} \sqrt{Pe\, t'_0} \, \exp\!\big(-k\,t\big) \int_0^t \exp\left[-\frac{Pe\,(t'_0 - w')^2}{4\, w'\, t'_0} - \frac{a^2\, w'^2}{t \quad w'}\right] \frac{dw'}{\sqrt{w'\,(t - w')^3}} . \tag{4.63}$$

Tabelle 4.8: *Parameter des SFDM (Maloszewski & Zuber, 1985, 1990) für den Transport eines Tracers in einem Kluft-Matrix-System.*

	Kluft-Matrix-System						*SFDM*		
	v_K [m/h]	$\alpha_{L,K}$ [m]	$R_{f,K}$ [-]	n_M [-]	$D_{e,M}$ [m²/h]	$R_{f,M}$ [-]	Pe [-]	t'_0 [h]	a [$1/\sqrt{h}$]
Referenzfall	10	0,5	1,0	0,010	$3{,}6\times10^{-5}$	1,0	20	1,0	0,30
Fall 1	4	0,5	1,0	0,010	$3{,}6\times10^{-5}$	1,0	20	2,5	0,30
Fall 2	10	0,5	1,0	0,010	$1{,}8\times10^{-4}$	1,0	20	1,0	0,67
Fall 3	10	0,2	1,0	0,010	$3{,}6\times10^{-5}$	1,0	50	1,0	0,30
Fall 4	10	0,5	1,0	0,003	$3{,}6\times10^{-5}$	1,0	20	1,0	0,16
Fall 5	10	0,5	1,2	0,010	$3{,}6\times10^{-5}$	4,0	20	1,2	0,50

Dieses *SFDM* besitzt die charakteristischen Modellparameter Pe, t'_0 und a (Gl. 4.59a,b,c). Die Integrationsvariable w' $[s]$ hat hier die Dimension der Zeit.

Im folgenden Beispiel wird der Einfluss der Modellparameter Pe, t'_0 und a des *SFDM* auf den Stofftransport in einem Kluft-Matrix-System verdeutlicht. Dazu wurden die Durchbruchskurven eines Tracerstoffs im Abstand $x_0 = 10\,m$ von der Zugabestelle in einer Kluft mit der Öffnungsweite $2\,B = 0,002\,m$ betrachtet. Die Tracerzugabe, angegeben in Tracermasse pro Klufthöhe, betrug $M/H = 10\,mg/m$. Die weiteren Parameter des Kluft-Matrix-System wurden für einen Referenzfall definiert und fünf weitere Fälle variiert, so dass für diese Fälle unterschiedliche Parameter des *SFDM* vorlagen (Tab. 4.8). Es wurde eine verringerte Transportgeschwindigkeit v_K in der Kluft (Fall 1), eine größerer Dispersionskoeffizient $D_{e,M}$ in der Matrix (Fall 2), eine kleinere longitudinale Dispersivität $\alpha_{L,K}$ in der Kluft (Fall 3), eine geringere Matrixporosität n_M (Fall 4) und eine angenommene Sorption in Kluft und Matrix (Fall 5) betrachtet. Die Sorption wurde in der Kluft geringer als in der Matrix angenommen, was in dem deutlich höheren Retardationsfaktor der Matrix zum Ausdruck kommt.

Die mit *SFDM* berechneten Tracerdurchbruchskurven an der Stelle x_0 für die einzelnen Fälle wurden mit dem Referenzfall verglichen (Abb. 4.33). Die reduzierte Transportgeschwindigkeit v_K im Fall 1 führte zu einer längeren Aufenthaltszeit t'_0 in der Kluft, so dass mehr Tracermasse in die Matrix diffundieren konnte. Der Tracerdurchbruch an der Stelle x_0 erfolgte daher verzögert und mit niedrigerer Konzentration. Der größere Diffusionskoeffizient $D_{e,M}$ in der Matrix im Fall 2 bedingte ebenfalls einen erhöhten Masseverlust in die Matrix und somit einen Tracerdurchbruch mit geringerer Konzentration. Die größere Masse in der Matrix bedingte eine verstärkte Rückdiffusion und damit ein ausgeprägtes "tailing". Die verringerte Dispersivität $\alpha_{L,K}$ in der Kluft im Fall 3 erzeugte eine kompaktere Tracerwolke, so dass die Matrixdiffusion auf einer kleineren Fläche stattfand und

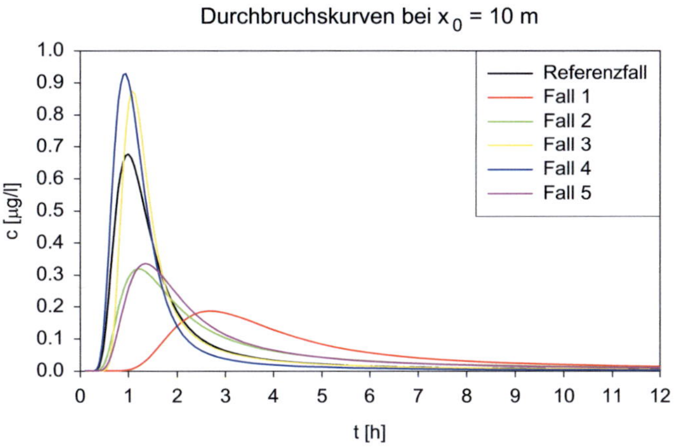

Abbildung 4.33: *Tracerdurchbruchskurven im Abstand $x_0 = 10\,m$ von der Zugabe berechnet mit SFDM (Gl. 4.63).*

damit der Masseverlust in die Matrix geringer ausfiel. Dies führte auch zu dem scheinbar verzögerten Durchbruch, da im direkten Vergleich beim Referenzfall der Durchbruch durch den größeren Masseverlust gekappt wurde. Die geringere Matrixporosität n_M im Fall 4 bewirkte eine geringere Matrixdiffusion, was sich in der schmäleren und steileren Durchbruchskurve zeigte. Die angenommene Retardation im Fall 5 hat einen ähnlichen Effekt wie die erhöhte Matrixdiffusion, einen erhöhten Masseverlust im Wesentlichen in die Matrix. Die Retardation in der Kluft führte zudem zu einem verzögerten Tracerdurchbruch.

Das *SFDM* eignet sich damit zur Charakterisierung des Transports in einem Kluft-Matrix-System, wenn Matrixdiffusion vorliegt. Allerdings ist bei der Anpassung an Messdaten eine eindeutige Interpretation der Parameter des *SFDM* hinsichtlich der Eigenschaften des Kluft-Matrix-Systems nicht möglich. Diese Situation ist vergleichbar zu dem in Kapitel 4.3.1 dargestellten *Zwei-Schicht-Modell* zur Beschreibung des Stofftransports in einem ungesättigten Boden.

4.5.3 Doppel-Kontinuum-Modell

Die Beschreibung von Transportvorgängen in Kluftaquiferen auf regionaler Skala kann hingegen meist nicht adäquat mit einem Matrixdiffusionsmodell erfolgen. Wie im Falle der Grundwasserströmung (s. Kap. 4.4.4) kann auch der Stofftransport in einem Kluftnetzwerk mit Hilfe eines *Doppel-Kontinuum-Modells* beschrieben werden (Birkhölzer, 1994; Lang, 1995; Beyer et al., 2006). Dabei wird nicht nur die Matrix sondern auch das Kluftnetz als Kontinuum beschrieben. Alle Transportprozesse (s. Kap. 2.4.1) werden in beiden

Kontinua betrachtet, die wiederum durch einen Austauschterm gekoppelt sind. Ein solches Doppel-Kontinuum-Modell ist durch folgende Differenzialgleichungen definiert:

$$\begin{aligned} R_{f,M}\frac{\partial c_M}{\partial t} &= -\vec{\nabla}\left(\vec{v}_M\,c_M\right)+\vec{\nabla}\left(\underline{\mathbf{D}}_{\mathbf{M}}\,\vec{\nabla}c_M\right)-W_{c,M}+j_{ex} \\ R_{f,K}\frac{\partial c_K}{\partial t} &= -\vec{\nabla}\left(\vec{v}_K\,c_K\right)+\vec{\nabla}\left(\underline{\mathbf{D}}_{\mathbf{K}}\,\vec{\nabla}c_K\right)-W_{c,K}-j_{ex} \end{aligned} \quad . \tag{4.64}$$

Dabei sind c_M und c_K die Konzentrationen im Matrix- und Kluftkontinuum und $W_{c,M}$, $W_{c,K}$ die jeweiligen Quell-/Senkenterme, die vor allem durch reaktive Prozesse bestimmt sind. Der Austauschterm

$$j_{ex} = j_{MD} + j_{LA} + j_{RA} \tag{4.65}$$

fasst mehrere Austauschprozesse zusammen: die Matrixdiffusion j_{MD}, die lokale Advektion j_{LA} und die regionale Advektion j_{RA}. Die Matrixdiffusion (s. Kap. 4.5.2) ist bestimmt durch ein Konzentrationsgefälle zwischen Kluft und Matrix (Gl. 4.54). Im Falle des Doppel-Kontinuum-Modells ist jedoch der räumliche Bezug zwischen Kluft und Matrix aufgelöst, so dass die Beschreibung der Matrixdiffusion durch folgende Beziehung angenähert werden muss:

$$j_{MD} = \alpha_c\,(c_K - c_M)\,. \tag{4.66}$$

Analog zu Gl. (4.48) ist der Austauschkoeffizient α_c im Wesentlichen vom effektiven Diffusionskoeffizienten $D_{e,M}$ in der Matrix und der Größe der Matrixblöcke L bestimmt:

$$\alpha_c = \frac{D_{e,M}}{L^2}\,C^*\,. \tag{4.67}$$

Die Funktion C^* erfasst die geometrische Form der Matrixblöcke und die Instationarität des Diffusionsprozesses. Der Austausch durch lokale Advektion wird bestimmt durch eine Potenzialdifferenz zwischen Kluft- und Matrixkontinuum (vgl. Kap. 4.4.4, Gl. 4.45):

$$j_{LA} = \begin{cases} q_{ex}\,c_K = \alpha_0\,(h_K - h_M)\,c_K, & falls\ h_K > h_M \\ q_{ex}\,c_M = \alpha_0\,(h_K - h_M)\,c_M, & falls\ h_K < h_M \end{cases} \quad . \tag{4.68}$$

Der Austausch durch regionale Advektion dagegen ist durch die regionale Durchströmung der Matrix charakterisiert

$$j_{RA} = |\vec{q}_M|\,\Omega\,(c_K - c_M)\,. \tag{4.69}$$

Dies ist ein Netto-Austausch, da durch die regionale Strömung in der Matrix einer Kluft sowohl Stoffmasse zuströmt als auch aus ihr abströmt. q_M ist der spezifische Durchfluss in der Matrix und $\Omega = A_K/V_M$ ist das Verhältnis zwischen der Projektion der Kluftfläche A_K senkrecht zur regionalen Strömung in der Matrix und des Volumens eines Matrixblocks V_M (Abb. 4.34).

Lang (1995) entwickelte das Programm DP-MT3D, in dem er den lokalen Austausch j_{LA} in das Programm MT3D (Zheng, 1990) implementierte. Beyer et al. (2006) erweiterten das

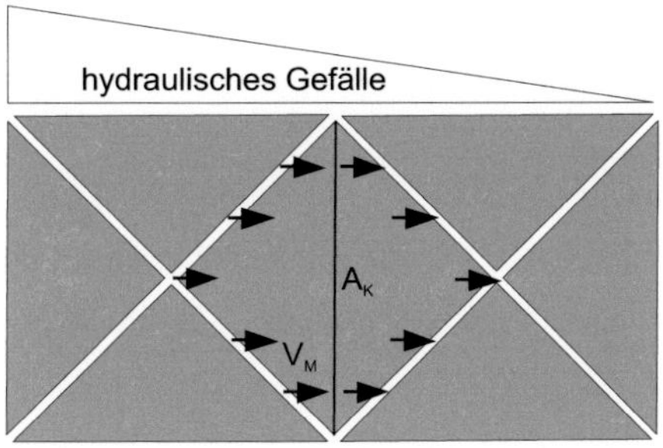

Abbildung 4.34: *Regionaler Kluft-Matrix Austausch j_{RA} in einem Kluftnetz (schematisch, nach Birkhölzer, 1994).*

Programm DP-MT3D um den regionalen Austausch j_{RA}. Findet advektiver Austausch statt, kann die Matrixdiffusion vernachlässigt werden. Lang (1995) zeigte, dass beim advektiven Austausch Verdrängung und Vermischung innerhalb einer Modellzelle differenziert betrachtet werden müssen. Durch die Diskretisierung in Modellzellen betrachtet das numerische Verfahren innerhalb einer einzelnen Zelle stets eine vollständige Vermischung. Daher entwickelte Lang (1995) einen Ansatz der mit Hilfe von Subporositäten die Verdrängung berücksichtigen kann (Abb. 4.35). Die Volumina der einzelnen Modellzellen werden dabei auf zwei Subporositäten aufgeteilt. Das Volumen der Subporosität 2 wird kontinuierlich um das ausgetauschte Wasservolumen vergrößert und das Volumen der Subporosität 1 entsprechend verringert. Die anderen Transportprozesse werden in den beiden Subporositäten getrennt bilanziert. So ergibt sich z.B. bei Vernachlässigung der Dispersion das folgende System von Differenzialgleichungen für eine beliebige Modellzelle in jedem der beiden Kontinua k (Lang, 1995):

$$\begin{aligned}\frac{\Delta(n_{e,k1}V_{k1}c_{k1})}{\Delta t} &= \frac{V_{k1}}{V_{k1}+V_{k2}}\,Q_{in,k}\,c_{in,k1} + \frac{V_{k1}}{V_{k1}+V_{k2}}\,Q_{out,k}\,c_{k1} + (1-f_k)\,Q_{ex}\,c_{ex,k}\\ \frac{\Delta(n_{e,k2}V_{k2}c_{k2})}{\Delta t} &= \frac{V_{k2}}{V_{k1}+V_{k2}}\,Q_{in,k}\,c_{in,k2} + \frac{V_{k2}}{V_{k1}+V_{k2}}\,Q_{out,k}\,c_{k2} + f_k\,Q_{ex}\,c_{ex,k}\end{aligned} \quad . \tag{4.70}$$

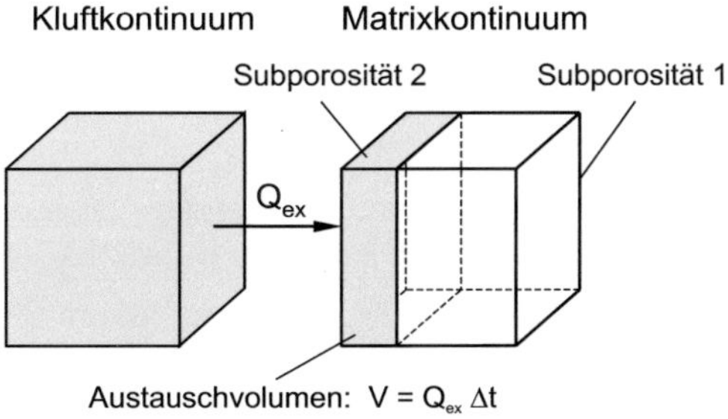

Abbildung 4.35: *Berücksichtigung der Verdrängung beim Austausch zwischen den beiden Kontinua durch Verwendung von Subporositäten (schematisch, nach Lang, 1995).*

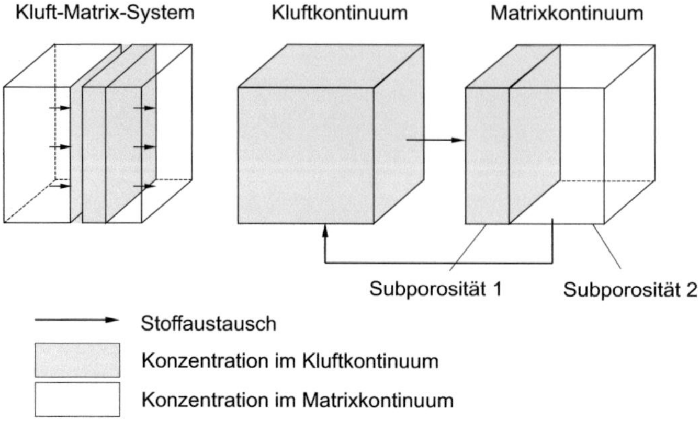

Abbildung 4.36: *Berücksichtigung der Verdrängung beim regionalen Austausch zwischen den beiden Kontinua durch Verwendung von Subporositäten (schematisch, Beyer et al., 2006).*

Der Parameter f_k definiert den Anteil der Verdrängung. So bedeutet $f_k = 1$ die reine Verdrängung und $f_k = 0$ die vollständige Vermischung. Dabei kann im Kluftkontinuum wegen des relativ kleinen Kluftvolumens meist eine vollständige Vermischung angenommen werden. Beim Austausch durch lokale Advektion sind diese Prozesse reversibel.

Dieser Ansatz mit den Subporositäten wurde von Beyer et al. (2006) für den regionalen Austausch erweitert. Da beim regionalen Austausch eine kontinuierliche Durchströmung der Klüfte stattfindet, ist gleichzeitig ein Zu- und Abstrom, insbesondere in das Matrixkontinuum, zu bilanzieren (Abb. 4.36). Für das Matrixkontinuum werden zwei Subporositäten betrachtet, in denen immer reine Verdrängung stattfindet:

$$\begin{aligned} \frac{\partial(n_{e,M1}\, c_{M1})}{\partial t} &= \vec{\nabla}(n_{e,M1}\, v_M\, c_{M1}) + \vec{\nabla}(n_{e,M1}\, D_M \vec{\nabla} c_{M1}) - |\vec{q}_M|\, \Omega\, c_{M1} \\ \frac{\partial(n_{e,M2}\, c_{M2})}{\partial t} &= \vec{\nabla}(n_{e,M2}\, v_M\, c_{M2}) + \vec{\nabla}(n_{e,M2}\, D_M \vec{\nabla} c_{M2}) + |\vec{q}_M|\, \Omega\, c_K \end{aligned} \quad . \tag{4.71}$$

Für das Kluftkontinuum werden keine Subporosität betrachtet, da dort eine vollständige Vermischung angenommen wird:

$$\frac{\partial c_K}{\partial t} = \vec{\nabla}(v_K\, c_K) + \vec{\nabla}(D_K \vec{\nabla} c_K) + |\vec{q}_M|\, \Omega\, (c_{M2} - c_K)\,. \tag{4.72}$$

Erste Anwendungen dieses Doppel-Kontinuum-Modells sind in Beyer et al. (2006) dokumentiert. Dabei wurden für unterschiedliche Kluftnetze die Ergebnisse mit entsprechenden numerischen Simulationen des Transports eines konservativen Stoffes in einer stationären Strömung unter Verwendung von ROCKFLOW (Wollrath & Helmig, 1991) verglichen. Der betrachtete Referenzfall war der Transport einer kontinuierlichen Stoffzugabe in einem Kluft-Matrix-System mit symmetrischen, rechtwinkligen, zwei-dimensionalen Kluftnetz und durchlässiger Matrix (Abb. 4.37). Es wurden der Winkel zwischen den Kluftscharen,

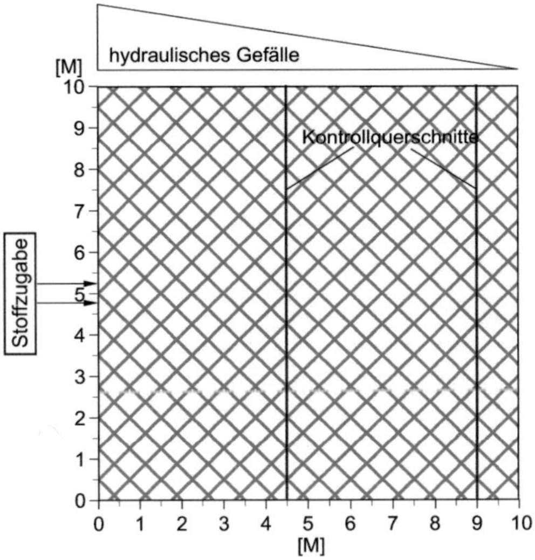

Abbildung 4.37: *Referenzfall eines Kluft-Matrix-Systems mit kontinuierlicher Stoffzugabe in eine stationäre Strömung.*

der Winkel zwischen Kluftnetze und hydraulischem Gefälle variiert sowie lokal variable Kluftdurchlässigkeiten und eine zeitlich begrenzte Stoffzugabe betrachtet.

Am linken und rechten Rand waren Festpotenziale vorgegeben, so dass das hydraulische Gefälle 5% betrug. Der obere und untere Rand wurde von Randstromlinien gebildet. Der Aquifer wurde in Kluftnetz und Matrix als gespannt betrachtet. Der Kluftabstand betrug in beiden Kluftscharen $d = 0,53\,m$. Die hydraulischen Parameter des Kluft-Matrix-Systems sind in Tabelle 4.9 zusammengestellt.

Die Simulationen mit diskretem Kluftnetz wurden in Form von Durchbruchskurven und Konzentrationsverteilungen, longitudinal und transversal, im Kluftnetz selbst ausgewertet. Diese Daten stellten dann die Basis für die Kalibrierung des Doppel-Kontinuum-

Tabelle 4.9: *Hydraulische Parameter des Kluft-Matrix-Systems, Referenzfall.*

Parameter	Klüfte	Matrix
hydraulische Leitfähigkeit [m/s]	10^{-2}	10^{-6}
Matrix Porosität [–]	–	0,001
Kluftöffnungsweite [m]	$1,2\times10^{-4}$	–
Diffusionskoeffizient [m^2/s]	0	10^{-10}
longitudinale Dispersivität [m]	0,01	0,01
transversale Dispersivität [m]	0	0,001

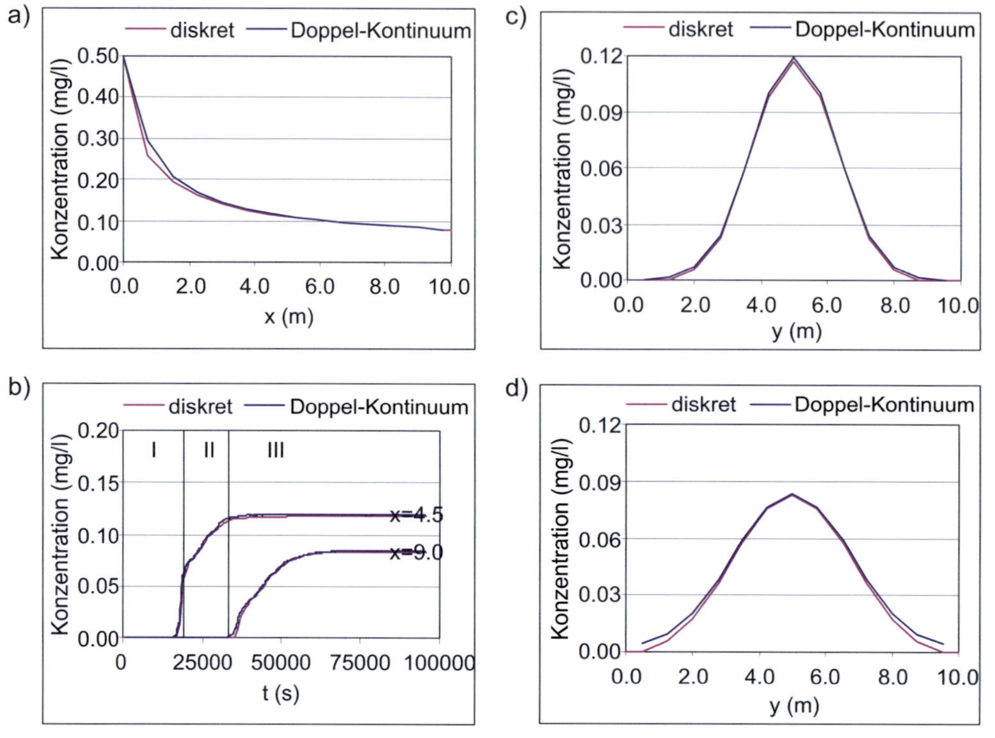

Abbildung 4.38: *Vergleich der Konzentrationen im Kluftnetz des diskreten Modells und Kluftkontinuum des Doppel-Kontinuum-Modells (Beyer et al., 2006): a) Verteilung entlang der Symmetrieachse $y = 5\,m$; b) Durchbruchskurven auf der Symmetrieachse an den Kontrollquerschnitten $x = 4,5\,m$ und $x = 9,0\,m$; c) Verteilung am Kontrollquerschnitt $x = 4,5\,m$; d) Verteilung am Kontrollquerschnitt $x = 9,0\,m$.*

Modells dar. Durch Anpassung der longitudinalen und transversalen Dispersivität sowie des Austauschparameters Ω für den regionalen advektiven Austausch konnten die entsprechenden Konzentrationen gut nachgebildet werden (Abb. 4.38).

Der Vergleich der flächigen Konzentrationsverteilungen zeigt ebenfalls eine gute Übereinstimmung zwischen der Simulation für das diskrete Kluftnetz und dem Doppel-Kontinuum-Modell (Abb. 4.39). Das Kluftkontinuum gab das etwas schnellere Voranschreiten der Konzentration im Kluftnetz gut wieder. Durch die gewählten Parameter war der Austausch zwischen Kluft und Matrix sehr hoch, was am Konzentrationsausgleich zwischen Klüften und Matrixblöcken im diskreten System und der nur wenig unterschiedlichen Verteilung in Kluft- und Matrixkontinuum des Doppel-Kontinuum-Modells deutlich wird. Die quasi-stationären Verteilungen nach längerer Transportzeit (Abb. 4.39b) zeigten ebenfalls eine gute Übereinstimmung zwischen diskretem System und Doppel-Kontinuum-Modell.

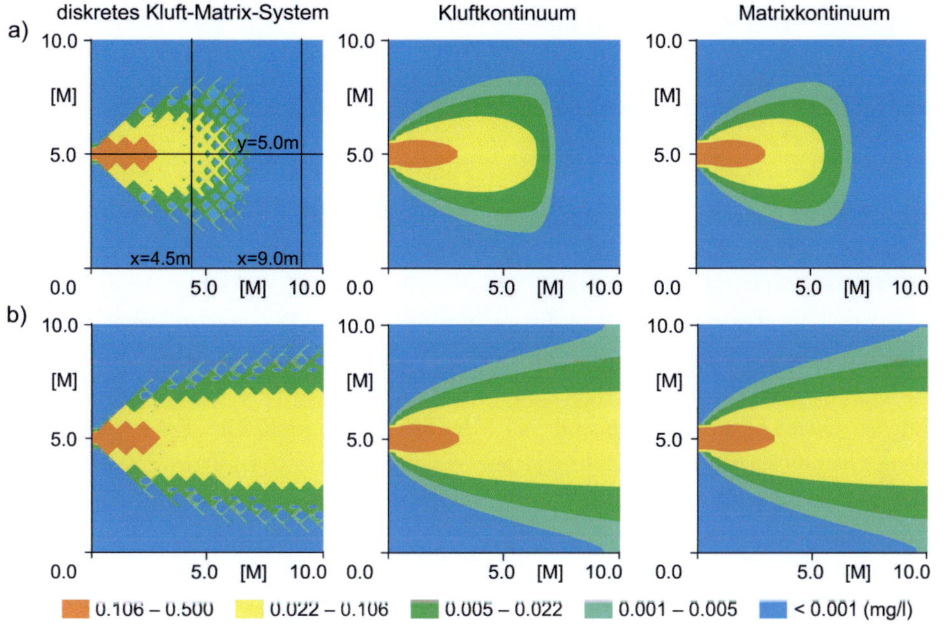

Abbildung 4.39: *Flächige Konzentrationsverteilungen im diskreten Kluft-Matrix-System und den beiden Kontinua des Doppel-Kontinuum-Modells (Beyer et al., 2006): a) 7,5 h nach Beginn der Stoffzugabe; b) 26,7 h nach Beginn der Stoffzugabe.*

Eine Identifizierung der Parameter des Doppel-Kontinuum-Modells für den Transport ist bisher noch nicht durchgeführt worden. Erste Auswertungen zeigten insbesondere, dass longitudinale und transversale Dispersivitäten gut durch die Kluftnetzeigenschaften beschrieben werden können (Beyer & Mohrlok, 2006). Darüber hinaus wird beim Stofftransport in solchen Kluft-Matrix-Systemen eine Unterscheidung der Verhältnisse nahe der Zugabe und weiter davon entfernt notwendig sein.

4.6 Stoffübergangsprozesse

Stofftransfervorgänge im Untergrund sind in der Regel im Zusammenhang mit dem Stofftransport im Grund- oder Sickerwasser von Bedeutung. Sie definieren die Aufnahme oder Abgabe eines gelösten Stoffes in bzw. aus der Wasserphase. Bezugsgröße ist daher die Konzentration c_W des im Wasser gelösten Stoffes. Generell ist der Stofftransfer über eine Phasengrenzfläche, z.B. Flüssigkeit – Gas, Flüssigkeit – Feststoff oder Flüssigkeit – Flüssigkeit, immer durch die Diffusion des Stoffes in einer Grenzschicht bestimmt (Abb. 4.40). Da jedoch diese Grenzschicht und die darin ablaufenden Diffusionsprozesse nicht im Detail beschrieben werden können, sind in der Praxis **Äquivalenzmodelle** etabliert, um den Stofftransfer zu quantifizieren. Die am häufigsten verwendeten Äquivalenzmodelle sind das *Gleichgewichtsmodell* und das *Filmdiffusionsmodell*. Die diesen beiden Modellen zu Grunde liegenden Ansätze wurden in den Kapiteln 2.4.1 bzw. 2.4.4 beschrieben. Hier werden Anwendungsbeispiele im Zusammenhang mit dem Schadstofftransport im Grundwasser vorgestellt.

Grundsätzlich kann auch der Phasenübergang des Wassers zwischen Eis, Wasser und Wasserdampf als Stofftransfer zwischen den Phasen erfasst werden. Da in der Grundwasserhydraulik in den meisten Fällen die Temperatur als konstant angesehen wird, werden diese Prozesse hier nicht weiter betrachtet. Stoffübergangsprozesse, die einen Einfluss auf die Strömungsverhältnisse haben, wie z.B. die Vergrößerung des Porenraums durch Mineralauflösung, werden hier ebenfalls nicht weiter betrachtet.

4.6.1 Gleichgewichtsmodell

Das *Gleichgewichtsmodell* hat immer dann seine Berechtigung, wenn der Stofftransfer sehr schnell abläuft und sich als Ergebnis ein thermodynamischer Gleichgewichtszustand einstellt. Die zwei wichtigsten Beispiele solcher Stoffübergänge im Gleichgewicht, die Sorp-

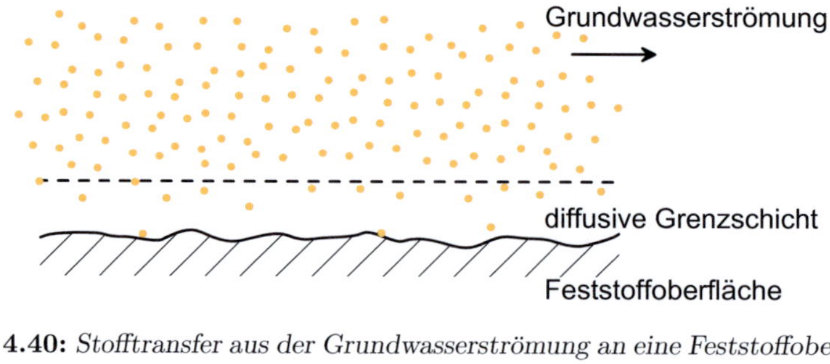

Abbildung 4.40: *Stofftransfer aus der Grundwasserströmung an eine Feststoffoberfläche (Sorption) über eine diffusive Grenzschicht.*

tion an die Feststoffphase (Kornoberfläche) und die Verflüchtigung in die Gasphase, wurden bereits in Kapitel 2.4.1 vorgestellt. Je nach Ausgangszustand kann jeweils auch die Lösung in der Wasserphase stattfinden. Im einfachsten Fall können die Gleichgewichtszustände durch lineare Gleichgewichtskonstanten (vgl. Gl. 2.86, 2.87) beschrieben werden. Die Auswirkungen dieses Stoffübergangs auf den Stofftransport lässt sich dann mit Hilfe des Retardationsfaktors R_f (Gl. 2.91) ausdrücken .

Diese Gleichgewichtszustände sind im Allgemeinen von der Aufnahmekapazität der jeweiligen Phase für den betrachteten Stoff abhängig. Das sind die Wasserlöslichkeit, der Partialdruck in der Gasphase bzw. die maximale Beladung auf der Mineraloberfläche. Diese Größen wiederum hängen stark von der Temperatur ab und damit sind auch die Gleichgewichtskonstanten stark temperaturabhängig. Die Gleichgewichtszustände werden daher in Form von Isothermen beschrieben.

Zusätzlich zur generellen Temperaturabhängigkeit bestimmen aber auch die Zusammensetzung der Gasphase, die Lösungsinhalte der Wasserphase, z.B. in Form der Ionenstärke, und die chemischen Eigenschaften der Mineraloberfläche den jeweiligen Gleichgewichtszustand. Das führt dazu, dass z.B. das Sorptionsgleichgewicht in den meisten Fällen nicht mit dem einfachen linearen Ansatz (Gl. 2.86) beschrieben werden kann, sondern eine Abhängigkeit, z.B. von der Konzentration des gelösten Stoffes, berücksichtigt werden muss. In der Praxis haben sich zwei weitere Gleichgewichtsmodelle für die Sorption etabliert, die eine nicht-lineare Abhängigkeit des Gleichgewichts von der Konzentration beschreiben können. Im Falle einer schwachen Abhängigkeit wird meist das Sorptionsmodell von Freundlich (Freundlich, 1907) verwendet:

$$c_S = K_{Fr}\, c_W^{\frac{1}{n_{Fr}}} . \tag{4.73}$$

Dabei ist K_{Fr} ein konstanter Freundlich-Koeffizient und $n_{Fr} > 1$ der Freundlich-Exponent. Ist der Gleichgewichtszustand durch die maximale Beladung der Kornoberfläche bestimmt, kann das Modell von Langmuir (Langmuir, 1932) verwendet werden:

$$c_S = \frac{K_L\, c_{S,max}\, c_W}{1 + K_L\, c_W} . \tag{4.74}$$

Dabei ist $c_{S,max}$ die maximale Beladung und K_L ein konstanter Langmuir-Koeffizient. Im Falle kleiner Konzentrationen in der Wasserphase c_W geht dieses Modell in das lineare Modell über mit $K_d = K_L\, c_{S,max}$. Diese Beobachtung kann dahingehend verallgemeinert werden, dass generell für kleine Konzentrationen, das heißt Konzentrationen deutliche kleiner als die Wasserlöslichkeit $c_{W,sat}$ und die maximale Beladung, das lineare Gleichgewichtsmodell die Sorption beschreiben kann. Mit zunehmender Konzentration ist das Freundlich-Modell besser geeignet und sind Beladungen im Bereich der maximalen Beladung zu erwarten, ist das Lamgmuir-Modell zu verwenden (Abb. 4.41).

Ähnliche nicht-lineare Gesetzmäßigkeiten sind für den Stofftransfer zwischen Gas- und Wasserphase in der Praxis nicht gebräuchlich. Grundsätzlich kann auch ein Stofftransfer

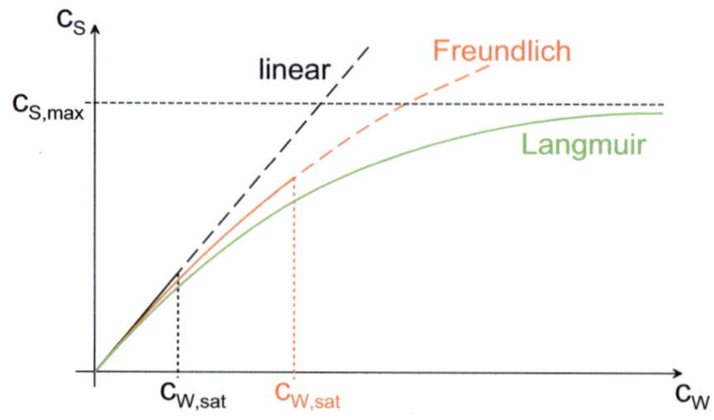

Abbildung 4.41: *Lineare und nicht-lineare Isothermen nach Freundlich und Langmuir (schematisch) für die Sorption an Feststoffoberflächen.*

direkt zwischen Gas- und Feststoffphase stattfinden. Dieser spielt aber im Untergrund keine Rolle, da dort immer auch eine Wasserphase vorhanden ist.

4.6.2 Filmdiffusionsmodell

Eine einfache Quantifizierung der Diffusionsprozesse über eine Grenzfläche zwischen zwei Phasen hinweg ist mit Hilfe des *Filmdiffusionsmodells* möglich. Im Beispiel hier werden zwei nichtmischbare Flüssigkeiten, Wasser und eine nicht mit Wasser mischbare Flüssigkeit ("non aqueous phase liquid" – "NAPL"), betrachtet. Die Grenzfläche wird dabei durch eine dünne Schicht, einen Film, mit endlicher Dicke δ repräsentiert. In diesem Film wird der diffusive Stoffstrom j_d durch einen vereinfachten Gradienten approximiert (Abb. 4.42):

$$j_d = D\,\frac{\Delta c}{\delta}\,. \tag{4.75}$$

Dabei ist D der Diffusionskoeffizient des Stoffes in der betrachteten Phase und Δc die Differenz der Konzentrationen in den beiden Phasen, wobei die Konzentration in der nicht betrachteten NAPL-Phase durch eine äquivalente Gleichgewichtskonzentration, z.B. die

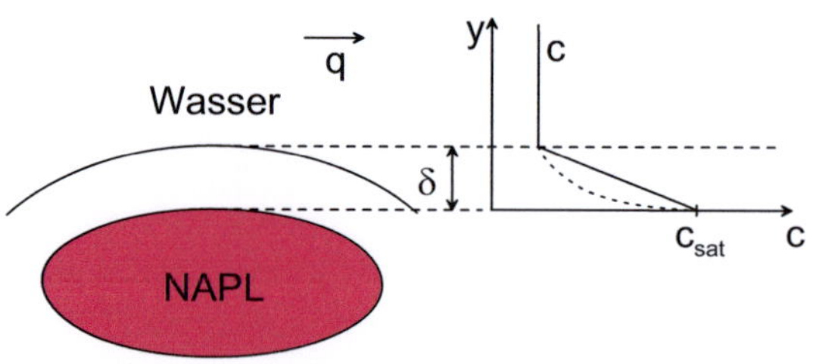

Abbildung 4.42: *Konzentrationsverlauf in einer Grenzschicht zwischen einem "NAPL" und Wasser beim Filmdiffusionsmodell (Weber, 2000).*

Wasserlöslichkeit, beschrieben werden muss. Sind an der Grenzfläche die Diffusionprozesse in beiden Phasen von Bedeutung wird dieses Filmdiffusionsmodell zum Doppelfilmdiffusionsmodell erweitert, in dem je ein Film in den beiden Phasen betrachtet wird.

Eine wichtige Anwendung dieses Filmdiffusionsmodells ist die Bilanzierung der Auflösung einer organischen Flüssigphase, z.B. Mineralöl, Teeröl oder organische Lösemittel, in einer Grundwasserströmung q durch Stofftransfer. Solche Flüssigphasen bilden die häufigste Schadstoffquellen bei Grundwasserschadensfällen. Die Änderung der gelösten Stoffmasse dm/dt in einem Aquifervolumen V durch Stofftransfer j_d (Gl. 4.75) ist gleich der mit der Grundwasserströmung abtransportierten Masse:

$$\frac{dm}{dt} = j_d \, A_{org} = q \, V \, \frac{dc}{dx} \,. \tag{4.76}$$

Dabei ist A_{org} die gesamte Oberfläche der Flüssigphase im Volumen V. Damit kann die Konzentrationsentwicklung entlang einer Schadstoffquelle $c(x)$ beschrieben werden (s. Abb. 4.42):

$$\frac{dc}{dx} = A_n \, \frac{1}{q} \, \beta \, (c_{W,sat} - c) \,. \tag{4.77}$$

$A_n = A_{org}/V$ ist die spezifische Oberfläche der organischen Flüssigphase, $\beta = D/\delta$ der Stoffübergangskoeffizient und $c_{W,sat}$ die Sättigungskonzentration im Grundwasser. Der Stoffübergangskoeffizient β sowie die spezifische Oberfläche A_n können nicht direkt bestimmt werden. Letztere ist durch die Verteilung der Flüssigphase im porösen Medium bestimmt und wird auch als spezifische Kontaktfläche bezeichnet.

Die Lösung dieser Differenzialgleichung ergibt:

$$c(x) = c_{W,sat} \left(1 - e^{-\frac{x}{L_{sat}}} \right) \,. \tag{4.78}$$

Diese Konzentrationsentwicklung wird somit durch die Sättigungslänge

$$L_{sat} = \frac{q}{\beta} \, \frac{V}{A_{org}} \tag{4.79}$$

charakterisiert, die zusammen mit der Länge der Schadstoffquelle in Strömungsrichtung die maximale Konzentration im Abstrom bestimmt. Dabei wird davon ausgegangen, dass entlang der Fließstrecke kontinuierlich ein Kontakt zwischen der Schadstoffphase und dem Grundwasser vorliegt. Diese Annahme gilt recht gut für den Fall eines Schadstoff-Pools. Im Falle einer residualen Verteilung des Schadstoffs in kleinen Tröpfchen trägt nur der Stoffübergang über die Kontaktlänge L_K (Abb. 4.43) zur Konzentrationsentwicklung bei.

Dieser Stoffübergang des Schadstoffs in die wässrige Phase bestimmt auch die Auflösung der Schadstoffphase im Hinblick auf eine Sanierung. Damit sind insbesondere bei residualer Schadstoffverteilung die spezifische Kontaktfläche $A_n(t)$ und die Kontaktlänge $L_K(t)$ zeitabhängige Größen. Sie nehmen aufgrund der Reduzierung der Schadstoffmasse

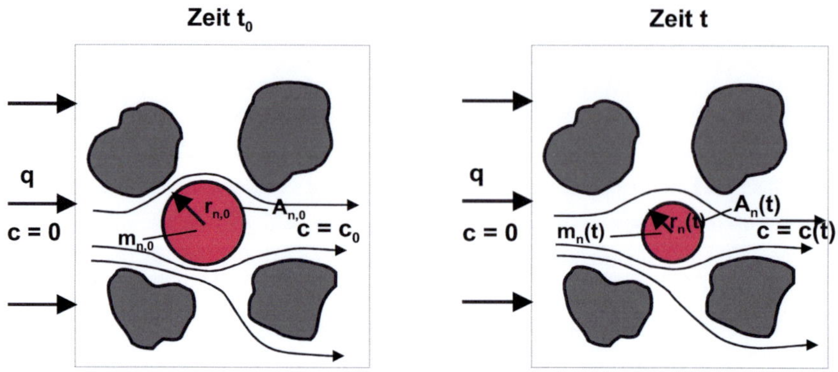

Abbildung 4.43: *Auflösung eines Schadstofftröpfchens durch Stoffübergang in die Wasserphase (Weber, 2000).*

in der Schadstoffquelle $M(t)$ kontinuierlich ab. Unter der Annahme, dass der Schadstoff in gleich großen, kugelförmigen Tröpfchen konstanter Dichte im porösen Medium verteilt ist (Abb. 4.43), können Beziehungen zwischen diesen Parametern $A_n(t)$ und $L_K(t)$ und der Schadstoffmasse $M(t)$ aufgestellt werden (Weber et al., 1999; Weber, 2000). Mit Hilfe der Gleichung (4.78) kann somit eine Beziehung zwischen der aus der Schadstoffquelle ausgetragenen Konzentration $c(t)$ und der Schadstoffmasse $M(t)$ beschreiben werden.

Durch Vergleich des Anfangszustands, einer Schadstoffquelle M_0 mit einer Abstromkonzentration c_0, mit einem beliebigen Zustand $M(t)$, $c(t)$ während des Durchströmens der Schadstoffquelle mit einem konstanten Durchfluss Q_0 ist der zeitliche Verlauf der Konzentration im Abstrom gegeben durch (Weber, 2000):

$$c(t) = c_0 \frac{\exp\left[\dfrac{c_{W,sat} Q_0 t}{M_0} \ln\left(1 - \dfrac{c_0}{c_{W,sat}}\right)\right]}{1 - \dfrac{c_0}{c_{W,sat}} \exp\left[\dfrac{c_{W,sat} Q_0 t}{M_0} \ln\left(1 - \dfrac{c_0}{c_{W,sat}}\right)\right]} . \tag{4.80}$$

Diese Konzentrationsentwicklung ist unabhängig von den spezifischen Eigenschaften des Strömungsfelds. Die Stoffübergangsprozesse definieren hierbei die Anfangskonzentration c_0. Ist die Anfangskonzentration $c_0/c_{W,sat} < 0.5$, kann die Konzentration im Abstrom näherungsweise abgeschätzt werden (Weber et al., 1999; Weber, 2000):

$$c(t) = c_0 \, e^{-A_m \, t} . \tag{4.81}$$

Der Massenaustragskoeffizient A_m ist dann nur durch die Anfangsbedingungen bestimmt:

$$A_m = \frac{Q \, c_0}{M_0} . \tag{4.82}$$

Über Gleichung (4.76) kann weiterhin auch eine Abschätzung des Massenaustrags erfolgen, womit die Abschätzung der Sanierungszeit bei bekannter Anfangsmasse M_0 und Anfangskonzentration c_0 möglich wird.

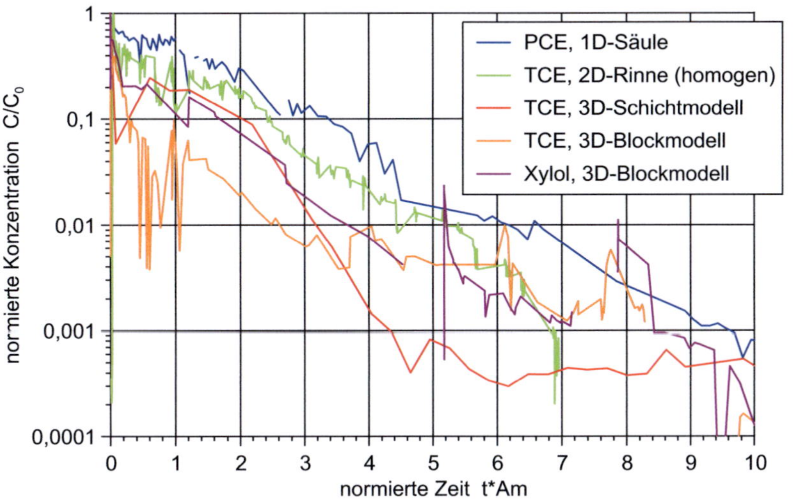

Abbildung 4.44: *Austrag (normiert) unterschiedlicher Schadstoffe in Sanierungsexperimenten mit unterschiedlichen Aquiferstrukturen und Strömungskonfigurationen (nach Mohrlok et al., 2003).*

Die Allgemeingültigkeit der Beziehung (4.81) konnte anhand der Auswertung von Laborexperimenten demonstriert werden (Abb. 4.44), in denen der Schadstoffaustrag aus unterschiedlichen Schadstoffquellen (TCE, PCE, Xylol), in unterschiedlichen Aquiferen (homogen, heterogen) und mit unterschiedlichen Grundwasserströmungen (ein-dimensionale gleichförmige Strömung sowie zwei- und drei-dimensionale Zirkulationsströmungen) betrachtet wurde. Wesentlich dabei war, dass eine Anfangskonzentration c_0 ermittelt wurde und die Anfangsmasse M_0 bekannt war. Durch Verwendung der Normierungsgrößen c_0 und A_m, in die die unterschiedlichen Schadstoffeigenschaften (Wasserlöslichkeit), Schadstoffmengen und hydraulische Bedingungen eingehen, wurde bei normierter Darstellung der experimentellen Ergebnisse ein einheitliches Verhalten des Schadstoffaustrags gefunden (Mohrlok et al., 2003). Abweichungen zwischen Theorie und Experimenten ergaben sich aufgrund der zum Teil schlechten Massenbilanzen in den Experimenten. Es wurden zum Teil nur ca. 70% der Schadstoffmasse wiedergefunden. Die aus dem Filmdiffusionsmodell abgeleiteten Ansätze können somit bei der Abschätzung von Sanierungszeiten herangezogen werden (Weber, 2000; Mohrlok et al., 2003).

Kapitel 5

Schlussbemerkungen

Die Quantifizierung der Strömungs- und Transportvorgänge im Untergrund ist heutzutage zur Sicherung und nachhaltigen Nutzung der Ressourcen Wasser und Boden von großer Bedeutung. Diese Bedeutung wird in der Zukunft noch zunehmen, da diese Ressourcen weltweit durch wachsende Weltbevölkerung und Industrialisierung einem verstärkten Nutzungsdruck ausgesetzt sind. Die Bilanzmodelle aus der Grundwasserhydraulik stellen für diese Quantifizierung ein wichtiges Werkzeug dar. Die Herausforderung an diese Bilanzmodelle begründet sich durch die Tatsache, dass die zu bilanzierenden Prozesse sehr vielfältig und meist stark miteinander gekoppelt sind. Zudem bildet der Untergrund, in dem diese Prozesse ablaufen, ein sehr komplexes und heterogenes System.

Grundsätzlich beruhen die in dieser Arbeit dargestellten Bilanzmodelle alle auf dem Prinzip der Massenerhaltung unter Berücksichtigung der jeweils betrachteten Prozesse. Die Gesetzmäßigkeiten dafür sind aus der Physik und speziell der Hydromechanik gut bekannt. Eine einfache Übertragung in das Fachgebiet der Grundwasserhydraulik scheitert an der Tatsache, dass die detaillierten Verhältnisse, unter denen die Prozesse im Untergrund ablaufen, nicht ermittelt werden können. Da eine detaillierte Beschreibung der Verhältnisse im Untergrund nicht möglich ist, wurden im Fachgebiet Grundwasserhydraulik Bilanzmodelle entwickelt, die auf empirisch ermittelten Gesetzmäßigkeiten beruhen.

Die grundlegendste Arbeit war dabei die Entwicklung des *Darcy-Gesetzes* (Darcy, 1856) zur Quantifizierung der Grundwasserströmung. Die Entwicklung des Konzepts des *porösen Mediums* mit einem repräsentativen Elementarvolumen (REV) ermöglichte die Quantifizierung der hydraulischen Eigenschaften des Untergrundes (s. z.B. Bear, 1972). Allerdings folgt aus diesem Konzept direkt eine Skalenabhängigkeit der hydraulischen Parameter. Die Auswirkungen der durch die Untergrundstrukturen bedingten Variabilität des Grundwasserströmungsfeldes auf den Stofftransport konnte durch das Konzept der Dispersion unter Einführung der *Dispersivität* erfasst werden (s. z.B. Scheidegger, 1961). Schon diese grundlegenden Konzepte und Modellansätze beruhen auf der äquivalenten Beschreibung der Verhältnisse im Untergrund, so dass letztendlich alle Bilanzmodelle, sowohl analytische wie numerische, in der Grundwasserhydraulik als **Äquivalenzmodelle** gelten müssen.

In der vorliegenden Arbeit sind aufbauend auf diesen grundlegenden Ansätzen und Konzepten mehrere spezifische Bilanzmodelle zusammengestellt, die auf Fragestellungen in den Anwendungsgebieten der Grundwasserhydraulik, der Grundwasserströmung, der Strömung in der ungesättigten Zone und den Stofftransport, ausgerichtet sind. Die in dieser Arbeit vorgenommene Zusammenstellung beschränkt sich auf Bilanzmodelle, die mehr oder weniger Gegenstand der vom Autor in den vergangenen Jahren bearbeiteten Forschungsprojekte waren. Da allen hier vorgestellten Bilanzmodellen weitere Vereinfachungen der komplexen Verhältnisse im jeweiligen Anwendungsgebiet zu Grunde liegen, sind sie **Äquivalenzmodelle** im engeren Sinne. Andererseits sind alle diese Bilanzmodelle unter den vereinfachten Annahmen auf Basis physikalischer Gesetzmäßigkeiten abgeleitet worden, wodurch sie nicht nur eine Beschreibung beobachteter Strömungs- und Transportvorgänge sondern auch deren Prognosen im Rahmen von Szenarien ermöglichen.

Darüber hinaus gibt es im Themenbereich der Grundwasserneubildung weitere Bilanzmodelle, die eine Beschreibung der Infiltration an der Geländeoberfläche (Braud et al., 2005), also der Versickerung, sowie Abschätzungen zur Bedeutung präferenzieller Fließwege ermöglichen (Chen & Wagenet, 1992). Für den an die Infiltrationsvorgänge gekoppelten Stofftransport existieren ebenfalls weitergehende Bilanzmodelle. So wurde z.B. von Zurmühl & Durner (1996) ein Doppel-Porositäts-Modell zur Berücksichtigung des Makroporenflusses vorgestellt. Für die Bilanzierung des reaktiven Stofftransports auch in nicht-gleichförmigen Grundwasser- oder Sickerströmungen wurde basierend auf einem Stromröhrenansatz das Programm SMART (Streamtube Model for Advective and Reactive Transport) entwickelt (Finkel et al., 2002). Zur Beschreibung der kinetischen Sorption von Schadstoffen an natürliche Bodenmaterialien wurde ein Diffusionsmodell entwickelt, das die Intrapartikelporosität mit den dort vorhandenen Sorptionsplätzen berücksichtigt (Grathwohl, 1998). Zur Bilanzierung reaktiver Transportvorgänge und gekoppelter Prozesse gibt es allerdings bislang nur erste Modellansätze. Beispielsweise entwickelten Cirpka et al. (2006) ein Modell, das die Länge von Schadstofffahnen im Grundwasser unter Berücksichtigung der natürlichen Abbauprozesse auf einfache Weise bilanziert. Bauer et al. (2003) entwickelten ein Modell, das die Genese von Karstaquiferen durch Bilanzierung der Aufweitung der Karströhren bedingt durch chemische Lösungsvorgänge beschreiben kann.

Die in dieser Arbeit vorgestellten Bilanzmodelle beschreiben allerdings nur einzelne Prozesse in einem Teilsystem. Sie sind damit praktisch nie auf das gesamte komplexe System des natürlichen Untergrunds anwendbar. In den vergangenen Jahren konnten auf Grund der Entwicklung im Bereich der Computertechnologie immer komplexere numerische Modelle entwickelt werden, die in der Lage sind Systeme wie den natürlichen Untergrund mit immer mehr Details abzubilden. Jedoch sind auch diese numerischen Modelle in ihrer Anwendung beschränkt. Sie benötigen zur detaillierten Beschreibung der Vorgänge zum einen sehr detaillierte Informationen zu den Verhältnissen im Untergrund. Zum anderen stellen vor allem gekoppelte Prozesse große Herausforderungen an die numerischen Verfahren, die dafür noch nicht ausreichend entwickelt sind.

Daher ist eine wichtige Aufgabe für die zukünftige Forschung im Bereich der Entwicklung von Bilanzmodellen in der Grundwasserhydraulik, neben der Weiterentwicklung von numerischen Modellen Bilanzmodelle zu entwickeln, die auf Basis physikalischer Ansätze als Äquivalenzmodelle zunehmend komplexere Systeme und Verhältnisse beschreiben können. Da solche Bilanzmodelle meist auf analytischen Lösungen beruhen, bieten sie den Vorteil die betrachteten Vorgänge sehr effizient und dennoch mit ausreichender Genauigkeit abzubilden, wie zum Beispiel am Volumenbilanzmodell UL_FLOW (Mohrlok, 2005) zur Ermittlung von Aufenthaltszeiten in der ungesättigten Zone bei vertikaler Infiltration aufgezeigt wurde (s. Kap. 4.2.2). Auf Grund der implementierten analytischen Lösung besitzen solche Modelle einen geringen Rechenzeitbedarf. Es ist somit möglich, eine Vielzahl von Berechnungen mit unterschiedlichen Parameterwerten durchzuführen, wie sie zur Berücksichtigung einer hohen Variabilität der Parameter oder bei Monte-Carlo-Simulationen notwendig sind.

Zukünftige Entwicklungen sollten dazu führen, dass für weite Anwendungsbereiche Bilanzmodelle auf Basis einfacher, doch physikalischer Ansätze zur Verfügung stehen. Diese Modelle sollten zunehmend in der Lage sein, instationäre Vorgänge, hohe Variabilitäten der Parameter und gekoppelte Prozesse berücksichtigen zu können. Die Anwendung solcher Modell liegt weniger im Bereich der Wissenschaft als vielmehr im Bereich der Praxis. Insbesondere können sie ein wertvolles Werkzeug bei Maßnahmenplanungen sein, da dann viele Optionen betrachtet werden können ohne die Betrachtungsweise zu stark zu vereinfachen oder wesentliche Prozesse nicht berücksichtigen zu können.

Literatur

ABRAMOWITZ, M., STEGUN, I.A. (1965): Handbook of Mathematical Functions. Dover, New York.

ALLEN, R.G., PEREIRA, L.S., RAES, D., SMITH, M. (1998): Crop evapotranspiration – Guidelines for computing crop water requirements. FAO Irrigation and drainage paper 56, Rom.

ASHBY, S.F., FALGOUT, R.D. (1996): A Parallel Multigrid Preconditioned Conjugate Gradient Algorithm for Groundwater Flow Simulations. Nuclear Science and Engineering, 124, 145-159. UCRL-JC-122359.

BARENBLATT, G.E., ZHELTOV, I.P., KOCHINA, I.N. (1960): Basic concepts in the theory of the seepage of homogeneous liquids in fissured rocks. J. Appl. Math. Mech., USSR, 1286-1303.

BARKER, J.A. (1988): A generalized radial-flow model for hydraulic tests in fractured rock, Water Resour. Res., 24(10), 1796-1804.

BAUER S., LIEDL, R., SAUTER, M. (2003): Modeling of karst aquifer genesis: Influence of exchange flow, Water Resour. Res., 39(10), 1285, doi:10.1029/2003WR002218.

BEAR, J. (1972): Dynamics of fluids in porous media. Elsevier, New York.

BEYER, M., MOHRLOK, U. (2006): Parameter estimation of a double continuum transport model for fractured porous medium. In M.F.B. Bierkens, J.C. Gehlers, K. Kovar, Calibration and Reliability in Groundwater Modelling: From Uncertainty to Decision Making, Proceedings of ModelCARE'2005, IAHS Publ. 304, 80-86.

BEYER, M., MOHRLOK, U. JIRKA, G.H. (2006): Identification of effective transport parameters of a double continuum approach. Institute for Hydromechanics, Report No. 827, Universität Karlsruhe.

BIRKHÖLZER, J. (1994): Numerische Untersuchungen zur Mehrkontinuumsmodellierung von Stofftransportvorgängen in Kluftgrundwasserleitern. Dissertation, Mitteilungen Institut für Wasserbau und Wasserwirtschaft, Band 93, Rheinisch-Westfälische Technische Hochschule Aachen.

BLUM, PH., MACKAY, R., RILEY, M.S., KNIGHT, J.L. (2007): Hydraulische Modellierung und die Ermittlung des repräsentativen Elementarvolumens (REV) im Kluftgestein. Grundwasser, 12(1), 48-65.

BRAUD, I., DE CONDAPPA, D., SORIA, J.M., HAVERKAMP, R., ANGULO-JARAMILLO, R., GALLE, S. AND VAUCLIN, M. (2005): Use of scaled forms of the infiltration equation for the estimation of unsaturated soil hydraulic properties. European Journal of Soil Science, 56, 361-374.

BROOKS, R.H., COREY, A.T. (1966): Properties of porous media affecting fluid flow. J. Irrig. Drainage Div., 92, Proc. Am. Soc. Civil Eng. (IR2), 61-88.

BROOKS, A.N., HUGHES, T.J.R. (1982): Streamline Upwind/Pertov-Galerkin Formulations for Convection Dominated Flows with Particular Emphasis on the Incompressible Navier-Stokes-Equation. Computer Methods in Applied Mechanics and Engineering, 32, 199-259.

BRONSTEIN, I.N., SEMENDJAJEW, K.A. (1987): Taschenbuch der Mathematik. Verlag Harri Deutsch, Thun, Frankfurt.

BÜCKER-GITTEL, M., MOHRLOK, U., JIRKA, G.H. (2003): Modelling unsaturated water transport using a random walk approach. In: K. Kovar, Z. Hrkal (Eds.), Calibration and reliability in groundwater modelling – a few steps closer to reality, IAHS publication no. 277, Wallingford, UK, 17-21.

BURNETT, R.D., FRIND, E.O. (1987): An alternating direction Galerkin technique for simulation of groundwater contaminant transport in three dimensions, 2. Dimensionally effects. Water Resour. Res., 23(4), 695-705.

CANTEKIN, M.E., WESTERINK, J.J. (1990): Non-Diffusive N+2 degree Petrov-Galerkin Methods for Two-Dimensional Transient Transport Computations. International Journal for Numerical Methods in Engineering, 30, 397-418.

CARMAN, P.C. (1937): Fluid flow through granular beds. Trans. Instn. Chem. Engr., 15, 150-156.

CHEN, C., WAGENET, R.J. (1992): Simulation of water and chemicals in macropore soils, Part 1. Representation of the equivalent macropore influence and its effect on soilwater flow. J. Hydrol. 130, 105-126.

CIRPKA, O.A., FRIND, E.O., HELMIG, R. (1999): Streamline-oriented grid-generation for transport modelling in two-dimensional domains including wells. Adv. Water Resour., 22(7), 697-710.

CIRPKA, O.A., OLSSON, A., JU, Q., RAHMAN, M.A., GRATHWOHL, P. (2006): Determination of transverse dispersion coefficients from reactive plume lengths. Ground Water 44(2), 212-221.

DAGAN, G. (1989): Flow and Transport in Porous Formations. Springer, Berlin, Heidelberg, New York.

DARCY H. (1856): Les fontaines publiques de la ville de Dijon. Victor Dalmont, Paris.

DE JOSSELIN DE JONG, G., WAY, S.C. (1972): Dispersion in fissured rock. Unpublished Report, Geoscience Department, New Mexico Institute of Mining and Technology, Socorro, NM.

DE MARSILY, G. (1986): Quantitative Hydrogeology. Academic Press, London.

DEUTSCH, C.V., JOURNEL, A.G. (1992): GSLIB: Geostatistical software library and users's guide. Oxford University Press, New York.

DIERSCH, H.-J.G. (2006): User Manual FEFLOW, Version 5.3. WASY GmbH, Berlin.

DIETRICH, P., HELMIG, R., SAUTER, M., HÖTZL, H., KÖNGETER, J., TEUTSCH, G. (2005): Flow and Transport in Fractured Porous Media. Springer, Berlin, Heidelberg.

DOMENICO, P.A., SCHWARTZ, F.W. (1998): Physical and Chemical Hydrogeology. John Wiley & Sons, New York.

DRACOS, T. (1990): Hydraulik. Verlag der Fachvereine, Zürich.

DUPUIT, J. (1863): Etudes Theoriques et Pratiques sur le Mouvement des Eaux dans les Canaux de Couverts et a Travers les Terrains Permeables. Dunod, Paris.

FINKEL, M., LIEDL, R., TEUTSCH, G. (2002): Modelling Reactive Transport of Organic Solutes in Groundwater With a Lagrangian Streamtube Approach. In: H. Schulz & G. Teutsch (Hrsg.): Geochemical Processes - Concepts for Modelling Reactive Transport in Soils and Groundwater, DFG Research Report, Wiley-VCH, Weinheim, 115-134.

FREEZE, R.A. (1975): A stochastic-conceptual analysis of one-dimensional groundwater flow in nonuniform homogeneous media. Water Resour. Res., 11(5), 725-741.

FREUNDLICH, H. (1907): Über die Adsorption in Lösungen. Z. Phys. Chem., 57, 385-470.

GELHAR, L.W. (1986): Stochastic subsurface hydrology from theory to application. Water Resour. Res., 22(9), 135-145.

GELHAR, L.W., AXNESS, C.L. (1983): Three-dimensional stochastic analysis of macrodispersion in aquifers. Water Resour. Res., 15(6), 161-180.

GOMEZ-HERNANDEZ, J.J., SRIVASTAVA, R.M. (1990): ISIM3D: An ANSI-C three-dimensional multiple indicator conditional simulation program. Computer & Geosciences, 16(4), 395-440.

GRATHWOHL, P. (1998): Diffusion in Natural Porous Media. Kluwer Academic Publishers, Dordrecht.

GRIFFIOEN, J.W., BARRY, D.A., PARLANGE, J.-Y. (1998): Interpretation of two-region model parameters. Water Resour. Res., 34 (3), 373-384.

GRISAK, G.E., PICKENS, J.F. (1980): Solute transport through fractured media, 1. The effect of matrix diffusion. Water Resour. Res., 16(4), 719-730.

GRISAK, G.E., PICKENS, J.F. (1981): An analytical solution for solute transport through fractured media with matrix diffusion. J. Hydrol., 52, 47-57.

HÄCKEL, H. (1999): Meteorologie, 4. Aufl. Ulmer, Stuttgart.

HÄFNER, F., SAMES, D., VOIGT, H.-D. (1992): Wärme- und Stofftransport, Mathematische Methoden. Springer, Berlin, Heidelberg.

HÄFNER, H., SCHÖNAUER, W. (2002): The integration of different variants of the (I)LU algorithm in the LINSOL program package. Applied Numerical Mathematics, 41(1), 39-59.

HÄFNER, H., SCHÖNAUER, W., WEISS, R. (1999): The program package LINSOL: basic concepts and realization. Applied Numerical Mathematics, 30(2-3), 213-224.

HAUDE, W. (1955): Zur Bestimmung der Verdunstung auf möglichst einfache Weise. Mitt. Dt. Wetterdienst Nr. 11, 1-24.

HERRLING, B., STAMM, J. (1992): Groundwater Circulation Wells (GZB) for Physical or Biological Aquifer Remediation. Proc. Third International Conference on Ground Water Quality Research, Dallas/USA, 232 - 234.

HILL, M.C. (1990): Preconditioned Conjugate Gradient 2 (PCG2), A Computer Program for Solving Groundwater Flow Equations. Water Resources Investigation Report 90-4048, U.S. Geological Survey.

ITO, K. (1951): On stochastic differential equations. Mem. Am. Math. Soc., 4, 1-51.

JAVAUX, M., VANCLOOSTER, M. (2003): Robust Estimation of the Generalized Solute Transfer Function Parameters. Soil Sci. Soc. Am. J., 67, 81-91.

JORDAN, H., WEDER, H.-J. (1995): Hydrogeologie, Grundlagen und Methoden, Regionale Hydrogeologie. Ferdinand Enke Verlag, Stuttgart.

JOURNEL, A.J. (1989): Fundamentals of geostatistics in five lessons. Short Course in Geology, Vol. 8, AGU.

KINZELBACH, W., RAUSCH, R. (1995): Grundwassermodellierung. Gebrüder Borntraeger, Berlin, Stuttgart.

KOBUS, H., TEUTSCH, G., LANG, U., MOHRLOK, U. (1992): Weißjura-Grundwasserbilanzmodell Stubersheimer Alb, Modelltechnik des 3D-Doppel-Porositäts-Programms DP-MODFLOW. Technischer Bericht, Nr. 92/29 (HG 169), Institut für Wasserbau, Universität Stuttgart.

KOZEMY, J. (1927): Über kapillare Leitung des Wassers im Boden. Sitzungsberichte der Akademie der Wissenschaften in Wien, 136, 272-273.

LANG, U. (1995): Simulation regionaler Strömungs- und Transportvorgänge in Karstaquiferen mit Hilfe des Doppel-Kontinuum-Ansatzes: Methodenentwicklung und Parameteridentifikation. Dissertation, Mitteilungen am Institut für Wasserbau, Heft 85, Universität Stuttgart.

LANGMUIR, I. (1932): Surface Chemistry, Nobel Lecture, December 14, 1932. In: Nobel Lectures, Chemistry 1922-1941, Elsevier Publishing Company, Amsterdam, 1966.

LIEDL, R. (1991): Funktionaldifferenzialgleichungen zur Beschreibung von Wasserbewegungen in Böden natürlicher Variabilität – Beiträge zur Theorie und Entwicklung eines numerischen Lösungsverfahrens. Berichte der Versuchsanstalt Obernach und des Lehrstuhls für Wasserbau und Wassermengenwirtschaft, Technische Universität München, Nr. 67.

LONG, J.C.S. (1983): Investigation of equivalent porous medium permeability in networks of discontinuous fractures. Ph.D. Thesis, Berkeley, California.

LOUIS, C. (1967): Strömungsvorgänge in klüftigen Medien und ihre Wirkung auf die Standsicherheit von Bauwerken und Böschungen im Fels. Veröffentlichungen des Institut für Bodenmechanik und Felsmechanik, Heft 30, Universität Karlsruhe, Dissertation.

LUO, J., CIRPKA, O.A., FIENEN, M.N., WU, W., MEHLHORN, T.L., CARLEY, J., JARDINE, P.M., CRIDDLE, C.S., KITANIDIS, P.K. (2006): A parametric transfer function methodology for analyzing reactive transport in nonuniform flow. J. Contam. Hydrol., 83, 27-41.

MAILLET E. (1905): Essais d'hydraulique souterraine et fluviale. Hermann, Paris.

MALOSZEWSKI, P., MACIEJEWSKI, S., STUMPP, C., STICHLER, W., TRIMBORN, P., KLOTZ, D. (2006): Modelling of water flow through typical Bavarian soils: 2. Environmental deuterium transport. Hydrolog. Sci. J., 51(2), 298-313.

MALOSZEWSKI, P., ZUBER, A. (1984) : Interpretation of artificial and environmental tracers in fissured rocks with a porous matrix. In Isotope Hydrology 1983, IEAE, Wien, 635-651.

MALOSZEWSKI, P., ZUBER, A. (1985) : On the theory of tracer experiments in fissured rocks with a porous matrix. J. Hydrol., 79, 333-358.

MALOSZEWSKI, P., ZUBER, A. (1990) : Mathematical modeling of tracer behavior in short-term experiments in fissured rocks. Water Resour. Res., 26(7), 1517-1528.

MANGIN A. (1975): Contribution a l'étude hydrodynamique des aquifères karstique. Dissertation, Univ. Dijon, Frankreich, Ann. Spéléol., 30, 21-124.

MCDONALD, M.G., HARBAUGH, A.W. (1984): A modular three-dimensional finite-difference groundwater flow model. USGS Report, Reston.
(Programm-Dokumentation: http://www.usgs.gov/nrp/gwsoftware/modflow.html)

MICHAELIS, M., MENTEN, M.L. (1913): Kinetics of invertase action. Z. Biochem. 49, 333.

Mohrlok, U. (1992): Programmentwicklung und Verifizierung des Moduls zur Wiederbenetzung trockengefallener Modellzellen. In: Kobus, H., Teutsch, G., Lang, U., Mohrlok, U., Weißjura-Grundwasserbilanzmodell Stubersheimer Alb, Modelltechnik des 3D-Doppel-Porositäts-Programms DP-MODFLOW, Technischer Bericht, Nr. 92/29 (HG 169), Institut für Wasserbau, Universität Stuttgart.

Mohrlok, U. (1996): Parameter-Identifikation in Doppel-Kontinuum-Modellen am Beispiel von Karstaquiferen. Dissertation, Tübinger geowissenschaftliche Arbeiten, C31.

Mohrlok, U. (2003): Prediction of changes in groundwater dynamics caused by relocation of river embankments. Hydrology and Earth System Sciences (HESS) 7(1), 67-74.

Mohrlok, U. (2005): UL_FLOW 1.0 – Modelling pseudo transient vertical flow in unsaturated layered soil using a quasi steady state approach, Documentation and User Manual. Appendix to Groundwater Recharge Estimation in Case Study Cities, deliverable D14, Technical Report no. 820, Institute for Hydromechanics, Universität Karlsruhe.

Mohrlok, U. (2006): Simple Approach for Balancing transient unsaturated soil processes in urban areas by the analytical model UL_FLOW. In L. Wolf, B. Morris, S. Burn (eds.), Urban Water Resources Toolbox – Integrating Groundwater into Urban Water Management, IWA Publishing, London, 60-72.

Mohrlok, U., Bethge, E. (2007): Unsaturated zone as the key element for balancing water and solute fluxes within the urban water cycle. Proceedings of UNESCO Symposium New Directions in Urban Water Management, 11-14 Sept. 2007, Paris, France (on CD).

Mohrlok, U., Bücker-Gittel, M., Cata, C., Jirka, G.H. (2004): Assessment of Wastewater Impact on Groundwater by Hydraulic Soil Investigations. Acta Hydrochim. Hydrobiol., 32, 328-335.

Mohrlok, U., Eberhardt, E., Jirka, G.H. (2000): Modelling groundwater recharge from intermittent flooded areas by calibration of time dependent leakage parameters. In F. Stauffer, W. Kinzelbach, K. Kovar, E. Hoehn (eds.), Calibration and reliability in groundwater modelling – coping with uncertainty, IAHS publication no. 265, Wallingford, UK, 509-514.

Mohrlok, U., Jirka, G.H. (2001). Grundwasserdynamik in Vorland- und Auenbereichen der Elbe am Beispiel des geplanten Deichrückverlegungsgebietes Rogätz. Forschungsbericht (BMBF-BEO), Förderkennzeichen 0339566, Bericht Nr. 775, Institut für Hydromechanik, Universität Karlsruhe.

Mohrlok, U., Jirka, G.H. (2002): Grundwasserdynamik in Vorland- und Auenbereichen am Beispiel des geplanten Deichrückverlegungsgebietes Rogätz. In F. Nestmann, B. Büchele (eds.), Morphodynamik der Elbe – Schlussbericht des BMBF-Verbundvorhabens, Institut für Wasserwirtschaft und Kulturtechnik, Universität Karlsruhe, 369-388.

Mohrlok, U., Teutsch, G., Kobus, H. (1992): Weißjura-Grundwasserbilanzmodell Stubersheimer Alb, Ermittlung der Grundwasserneubildung, Programmentwicklung und Parameterstudie. Technischer Bericht, Nr. 92/13 (HG 161), Institut für Wasserbau, Universität Stuttgart.

Mohrlok, U., Weber, O., Jirka, G.H., Scholz, M. (2003): Grundwasser-Zirkulations-Brunnen (GZB) zur In-situ-Grundwassersanierung. Grundwasser, 8(1), 13-22.

Mohrlok, U., Wolf, L., Klinger J. (2008): Quantification of Infiltration Processes in Urban Areas by Accounting for Spatial Parameter Variability. JSS – J Soils & Sediments, 8(1), 34-42.

MONOD, J. (1949): The growth of bacterial cultures. Annu. Rev. Microbiol. 3, 371-394.

MOODY, L.F. (1944): Friction factors for pipe flow. Transactions of the ASME, Vol. 66.

MUALEM, Y. (1976): A new model for predicting the hydraulic conductivity of unsaturated porous media. Water Resour. Res., 12(3), 513-522.

NEUMANN, S.P., WINTER, C.L., NEWMAN, C.M. (1987): Stochastic theory of field-scale Fickian dispersion in anisotropic porous media. Water Resour. Res., 23(3), 543-466.

OGATA, A., BANKS, R.B. (1961): A Solution of the Differential Equation of Longitudinal Dispersion in Porous Media. U.S. Geological Survey Professional Paper, 411-A, A1-A7.

OR, D., TULLER, M. (1999): Liquid retention and interfacial area in variably saturated porous media: Up-scaling from single-pore to sample-scale model. Water Resour. Res., 35(12), 3591-3605.

PADILLA, A., PULIDO-BOSCH, A., MANGIN, A. (1994): Relative importance of baseflow and quickflow from hydrographs of karst springs. Groundwater, 32(2), 267-277.

POLLOCK, D.W. (1994): User's guide for MODPATH/MODPATH-PLOT, version 3: A particle tracking post-processing package for MODFLOW. U.S. Geological Survey Open-File Report 94-464.
(Programm-Dokumentation: http://www.usgs.gov/nrp/gwsoftware/modpath.html)

REIF, F. (1990): Statistische Physik. Berkeley Physikkurs, Bd. 5, Vieweg, Braunschweig.

RENGER, M., STREBEL, O., GIESEL, W. (1974): Beurteilung bodenkundlicher und hydrologischer Fragen mit Hilfe von klimatischer Wasserbilanz und physikalischen Kennwerten (4. Bericht). Z. f. Kulturtechnik und Flurbereinigung, 15, 353-366.

RICHARDS, L.A. (1931): Capillary conduction of liquids through porous mediums. Physics 1, 318-333.

RISKEN, H. (1996): The Fokker-Planck Equation. Springer, New York, Berlin, Heidelberg.

ROMMEL, J. (1998): Geologie des Elbetals nördlich von Magdeburg. Unveröffentlichte Diplomarbeit am Lehrstuhl für Angewandte Geologie, Geologisches Institut, Universität Karlsruhe.

SAUTY, J.P. (1980): An Analysis of Hydrodispersive Transfer in Aquifers. Water Resour. Res., 16, 69-103.

SCHÄFER, W. (1992): Numerische Modellierung mikrobiell beeinflusster Stofftransportvorgänge im Grundwasser. Gas Wasser Fach, Schriftenreihe Wasser Abwasser, Band 23, Oldenbourg Verlag, München.

SCHEIDEGGER, A.E. (1961): General theory of dispersion in porous media. J. Geophys. Res., 66(10), 3273-3278.

SCHÖNAUER, W. HÄFNER, H. (2002): Numerical experiments to optimize the use of (I)LU preconditioning in the iterative linear solver package LINSOL. Applied Numerical Mathematics, 41(1), 23-37.

SCHULER, U. (1997): Bemessung von Erdstoff-Filtern unter besonderer Berücksichtigung der Parameterstreuung. Mitteilungen Institut für Boden- und Felsmechanik, Heft 143, Universität Karlsruhe.

SHETTY, S., CERRO, R.L. (1993): Flow of a thin film over a periodic surface. Int. J. Multiphase Flow, 19, 1013-1027.

SIMUNEK, J., VAN GENUCHTEN, M.TH., SEJNA, M. (2005): The HYDRUS-1D Software Package for Simulating the One-Dimensional Movement of Water, Heat, and Multiple Solutes in Variably-Saturated Media, Version 3.0. Department of Environmental Science, University of California, Riverside, California

SIMUNEK, J., VOGEL, T., VAN GENUCHTEN, M.TH. (1994): The SWMS_2D code for simulating water flow and solute transport in two-dimensional variably saturated media - Version 1.2. Research Report No. 132, Department of Agriculture, U.S. Salinity Laboratory, Riverside, California.

STAMM, J., SCHOLZ, M., LÖSEKE, M. (1995): 3D Vertical Circulations Flows around Groundwater Circulation Wells (GZB) for Aquifer Remediation: Numerical Calculations and Field Experiments. In van den Brink et al. (eds.), Proc. of the TNO-Conference Contaminated Soil '95, Maastricht/Niederlande, 171-181.

STEENHUIS, T.S., BOLL, J., SHALIT, G., SELKER, J.S., MERWIN, I.A. (1994): A simple equation for predicting preferential flow solute concentrations. J. Environ. Qual., 23, 1058-1064.

STÜBEN, K. (1999): An Introduction to Multigrid. In: Trottenberg et al. Multigrid, Appendix, 413-532. (Also available as GMD-Report 70, November 1999, St. Augustin, Germany))

STÜBEN, K. (2001): A review of algebraic multigrid. J. Comp. and Appl. Math. (JCAM), 128, 281-309.

STÜBEN, K. (2002): User's Manual SAMG, Release 2.1. Fraunhofer Institute SCAI, St. Augustin Germany.

SUDICKY, E.A., FRIND., E.O. (1982): Contaminant transport in fractured porous media: analytical solutions for a system of parallel fractures. Water Resour. Res., 18(6), 1634-1642.

SUTTON, D.J., KABALA, Z.J., SCHAAD, D.E., RUUD, N.C. (2000): The dipole-flow test with a new single-borehole tracer test for aquifer characterization. J. Contam. Hydrol., 44, 71-101.

TEUTSCH, G. (1988): Grundwassermodelle im Karst: Praktische Ansätze am Beispiel zweier Einzugsgebiete im Tiefen und Seichten Malmkarst der Schwäbischen Alb. Dissertation am Geologisch-Paläontologischen Institut der Universität Tübingen.

TEUTSCH, G., SAUTER, M. (1991): Groundwater modelling in karst terranes: scale effects, data acquisition and field validation. Proc. Third Conference on Hydrogeology, Ecology, Monitoring and Management of Ground Water in Karst Terranes, Dec. 1991, Nashville, 17-35.

THERRIEN, R., SUDICKY, E. A. (1996): Three-dimensional analysis of variably saturated flow and transport in porous media. J. Contam. Hydrol., 23, 1-44.

TORIDE, N., LEIJ, F.J., VAN GENUCHTEN, M.TH. (1993): A comprehensive set of analytical solutions for nonequilibrium solute transport with first-order decay and zero-order production, Water Resour. Res., 29(7), 2167-2182.

TORIDE, N., LEIJ, F.J., VAN GENUCHTEN, M.TH. (1995): The CXTFIT Code for Estimating Transport Parameters from Laboratory or Field Tracer Experiments, Version 2.0. Research Report No. 137, U.S. Salinity Laboratory, USDA, ARS, Riverside, California.

UFFINK, G.J.M. (1990): Analysis of dispersion by the random walk method. PhD Thesis, Geotechnical Laboratory, University Delft, Netherlands.

UHLIG, S. (1959): Wasserhaushaltsbetrachtungen nach Thornthwaite. Z. f. Acker- und Pflanzenbau, 109, 384-407.

VAN GENUCHTEN, M.T. (1980): A closed-form equation for predicting the hydraulic conductivity of unsaturated soils. Soil Sci. Soc. Am. J., 44, 892-898.

VAN GENUCHTEN, M.T., WAGENET, R.J. (1989): Two-site/two-region models for pesticide transport and degradation: Theoretical development and analytical solutions. Soil Sci. Soc. Am. J., 53, 1303-1310.

VOGEL, H.J., ROTH, K. (2001): Quantitative morphology and network representation of soil pore structure. Adv. Water Res., 24, 233-242.

VOGEL, H.-J., TÖLKE, J., SCHULZ, V.P., KRAFCZYK, M., ROTH, K. (2005): Comparison of a Lattice-Boltzmann model, a full-morphology model, and a pore network model for determining capillary pressure-saturation relationships, Vadose Zone Journal, 4, 380-388.

WEBER, O. (2000): Solubilisierungsmodell zur Beschreibung des Stoffübergangsprozesses in der wassergesättigten Zone. Dissertationsreihe am Institut für Hydromechanik, Universität Karlsruhe, Heft 2000/2.

WEBER, O., MOHRLOK, U., JIRKA, G.H. (1999): Mass Transfer Process in the Saturated Subsurface with a Groundwater Circulation Flow Field. In Hydraulic Engineering for Sustainable Water Resources Management at the Turn of the Millennium, Proc. of the XXVIII IAHR Congress, Graz, Austria, Abstract Vol., Theme A. 11 (paper on CD).

WENZEL, L.K. (1936): The Thiem method for determining permeability of water-bearing materials and its application to the determination of specific yield, results of investigations in the Platte River Valley, Nebraska. U.S. Geol. Surv. Water-Supply Paper 679-A.

WOLLRATH, J., HELMIG, R. (1991): SM-2/TM-2, Strömungs- und Transportmodell für inkompressible Fluide, Theorie und Benutzerhandbuch. Techn. Bericht Institut für Strömungsmechanik, Universität Hannover.

WOOD, M., SIMMONS, C.T., HUTSON, J.L. (2004): A breakthrough curve analysis of unstable density-driven flow and transport in homogeneous porous media. Water Resour. Res., 40(3), Art. No. W03505.

ZHENG, CH. (1990): MT3D, A modular three-dimensional transport model for simulation of advection, dispersion and chemical reaction of contaminants in groundwater systems; documentation and user's guide. S.S. Papadopulos & Associates, Inc., Rockville, Maryland.

ZHENG, CH., WANG, P.P. (1999): MT3DMS, A modular three-dimensional multi-species transport model for simulation of advection, dispersion and chemical reaction of contaminants in groundwater systems; documentation and user's guide. U.S. Army Engineer Research and Development Center Contract Report SERDP-99-1, Vicksburg, MS. (Programm-Dokumentation: http://hydro.geo.ua.edu/mt3d)

ZHOU L., SELIM, H.M. (2003): Application of the Fractional Advection-Dispersion Equation in Porous Media. Soil Sci. Soc. Am. J., 67, 1079-1084.

ZLOTNIK, V., LEDDER, G. (1996): Theory of dipole flow in uniform anisotropic aquifers. Water Resour. Res., 32(4), 1119-1128.

ZURMÜHL, T., DURNER, W. (1996): Modelling transient water and solute transport in a biporous soil, Water Resour. Res., 32(4), 819-829.

Anhang A

Spezielle mathematische Funktionen

A.1 Gauß'sche Fehlerfunktion

Die Gauß'sche Fehlerfunktion ist durch das Integral

$$\mathrm{erf}(z) = \frac{2}{\sqrt{\pi}} \int_0^z e^{-t^2}\, dt \tag{A.1}$$

definiert, wobei die reelle Zahl z positive wie negative Werte annehmen kann (Abb. A.1). Wenn

$$z = \frac{x - \mu}{\sqrt{2}\,\sigma} \tag{A.2}$$

ist, kann dieses Integral (Gl. A.1) so umgeformt werden, dass damit die Fläche unter einer Gauß'schen Normalverteilung beschrieben wird

$$\frac{2}{\sqrt{\pi}} \int_0^z e^{-t^2}\, dt = \frac{1}{\sqrt{\pi}} \int_{-z}^z e^{-t^2}\, dt = \frac{1}{\sigma\sqrt{2\pi}} \int_{-z}^z e^{-\frac{(t'-\mu)^2}{2\sigma^2}}\, dt' \,. \tag{A.3}$$

Dabei sind μ der Mittelwert und σ die Standardabweichung der Gauß'schen Normalverteilung. Dieses integral gibt damit die Wahrscheinlichkeit an, mit der in der Statistik Werte einer Größe, die mit Hilfe einer Normalverteilung charakterisiert werden können, z.B. Messwerte, im Intervall $[(-x-\mu), (x-\mu)]$ zu finden sind. Mit Hilfe der Fehlerfunktion $\mathrm{erf}\,[(x-\mu)/(\sigma\sqrt{2})]$ kann auch die kumulative Verteilungsfunktion für die Normalverteilung beschrieben werden

$$F(x) = \frac{1}{\sigma\sqrt{2\pi}} \int_{-\infty}^x e^{-\frac{(t-\mu)^2}{2\sigma^2}}\, dt = \frac{1}{2}\left(1 + \mathrm{erf}\left[\frac{x-\mu}{\sqrt{2}\,\sigma}\right]\right). \tag{A.4}$$

Zur Fehlerfunktion $\mathrm{erf}(z)$ (Gl. A.1) ist auch eine komplementäre Fehlerfunktion (Abb. A.1) definiert

$$\mathrm{erfc}(z) = \frac{2}{\sqrt{\pi}} \int_z^\infty e^{-t^2}\, dt = 1 - \mathrm{erf}(z)\,, \tag{A.5}$$

die mit der Fehlerfunktion $\mathrm{erf}(z)$ direkt zusammenhängt. Die komplementäre Fehlerfunktion $\mathrm{erfc}(z)$ kann in den Lösungen von Differenzialgleichungen auftreten, wenn z von $1/\sqrt{t}$ abhängt. Die Fehlerfunktion $\mathrm{erf}(z)$ und die komplentäre Fehlerfunktion $\mathrm{erfc}(z)$ besitzen folgende Eigenschaften

$$\begin{aligned} \mathrm{erf}(-z) &= -\,\mathrm{erf}(z) \\ \mathrm{erfc}(-z) &= 2 - \mathrm{erfc}(z)\,. \end{aligned} \tag{A.6}$$

Die Werte für diese beiden Funktionen sind tabelliert (Tab. A.1).

Tabelle A.1: *Werte der Fehlerfunktion erf(z) und der komplementären Fehlerfunktion erfc(z).*

z	erf(z)	erfc(z)	z	erf(z)	erfc(z)	z	erf(z)	erfc(z)
0,00	0,000000	1,000000	0,75	0,711156	0,288844	2,00	0,995322	0,004678
0,05	0,056372	0,943628	0,80	0,742101	0,257899	2,10	0,997021	0,002979
0,10	0,112463	0,887537	0,85	0,770668	0,229332	2,20	0,998137	0,001863
0,15	0,167996	0,832004	0,90	0,796908	0,203092	2,30	0,998857	0,001143
0,20	0,222703	0,777297	0,95	0,820891	0,179109	2,40	0,999311	0,000689
0,25	0,276326	0,723674	1,00	0,842701	0,157299	2,50	0,999593	0,000407
0,30	0,328627	0,671373	1,10	0,880205	0,119795	2,60	0,999764	0,000236
0,35	0,379382	0,620618	1,20	0,910314	0,089686	2,70	0,999866	0,000134
0,40	0,428392	0,571608	1,30	0,934008	0,065992	2,80	0,999925	0,000075
0,45	0,475482	0,524518	1,40	0,952285	0,047715	2,90	0,999959	0,000041
0,50	0,520500	0,479500	1,50	0,966105	0,033895	3,00	0,999978	0,000022
0,55	0,563323	0,436677	1,60	0,976348	0,023652	3,10	0,999988	0,000012
0,60	0,603856	0,396144	1,70	0,983790	0,016210	3,20	0,999994	0,000006
0,65	0,642029	0,357971	1,80	0,989091	0,010909	3,30	0,999997	0,000003
0,70	0,677801	0,322199	1,90	0,992790	0,007210	3,40	0,999999	0,000001

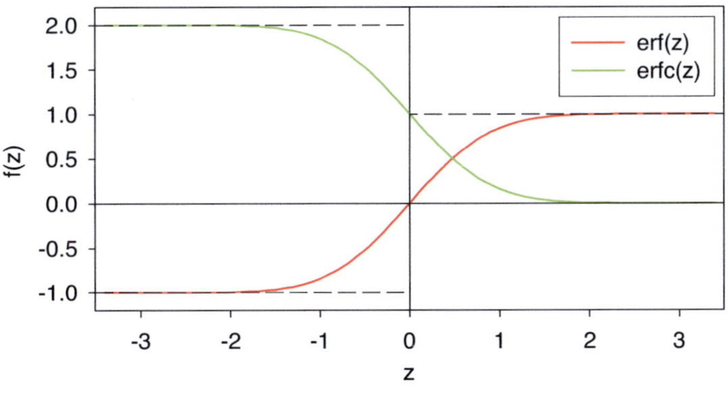

Abbildung A.1: *Fehlerfunktion erf(z) und komplementäre Fehlerfunktion erfc(z).*

A.2 Theis'sche Brunnenfunktion

Bei der Auswertung von Pumpversuchen in unendlich ausgedehnten, gespannten, homogenen, isotropen Aquiferen können die Parameter Transmissivität T und Speicherkoeffizient S auf Basis der analytischen Lösung der Differenzialgleichung für eine instationäre radialsymmetrische Grundwasserströmung

$$T\left(\frac{\partial^2 h}{\partial r^2}+\frac{1}{r}\frac{\partial h}{\partial r}\right)=S\,\frac{\partial h}{\partial t} \tag{A.7}$$

bestimmt werden. Zur analytischen Lösung werden die folgenden Anfangs- und Randbedingungen verwendet:

$$\begin{aligned} t=0: &\qquad h(r,0)=H \\ r=r_{Br}: &\qquad \frac{\partial h}{\partial r}(r_{Br},t)=\frac{Q}{2\pi\,T\,r_{Br}} \quad . \\ r=\infty: &\qquad h(\infty,t)=H \end{aligned} \tag{A.8}$$

Dabei ist Q eine konstante Pumprate und r_{Br} der Radius des Brunnens, an dem der Brunnen als innere Randbedingung definiert wird. Die Lösung wird im Allgemeinen durch die Absenkung $s(r,t)=H-h(r,t)$ beschrieben und kann durch das Integral

$$s(r,t)=\frac{Q}{4\pi\,T}\int_0^t \frac{1}{t-\tau}\,e^{\frac{S\,r^2}{4\,T\,(t-\tau)}}\,d\tau \tag{A.9}$$

angegeben werden. Dieses Integral wird dabei im Allgemeinen durch die Theis'sche Brunnenfunktion (Abb. A.2)

$$W(u)=\int_u^\infty \frac{e^x}{x}\,dx=-0,5772-\ln(u)+u-\frac{u^2}{2\cdot 2!}+\frac{u^3}{3\cdot 3!}-\frac{u^4}{4\cdot 4!}+\ldots \tag{A.10}$$

beschrieben, wobei

$$u=\frac{S}{4T}\,\frac{r^2}{t} \tag{A.11}$$

ist. Die Werte für die Theis'sche Brunnenfunktion sind ebenfalls tabelliert (Tab. A.2).

Tabelle A.2: *Werte der Theis'schen Brunnenfunktion W(u) (nach Wenzel, 1936).*

u	1,0	2,0	3,0	4,0	5,0	6,0	7,0	8,0	9,0
$\times 1$	0,219	0,049	0,013	0,0038	0,0011	0,00036	0,00012	0,000038	0,000012
$\times 10^{-1}$	1,82	1,22	0,91	0,70	0,56	0,45	0,37	0,31	0,26
$\times 10^{-2}$	4,04	3,35	2,96	2,68	2,47	2,30	2,15	2,03	1,92
$\times 10^{-3}$	6,33	5,64	5,23	4,95	4,73	4,54	4,39	4,26	4,14
$\times 10^{-4}$	8,63	7,94	7,53	7,25	7,02	6,84	6,69	6,55	6,44
$\times 10^{-5}$	10,94	10,24	9,84	9,55	9,33	9,14	8,99	8,86	8,74
$\times 10^{-6}$	13,24	12,55	12,14	11,85	11,63	11,45	11,29	11,16	11,04
$\times 10^{-7}$	15,54	14,85	14,44	14,15	13,93	13,75	13,60	13,46	13,34
$\times 10^{-8}$	17,84	17,15	16,74	16,46	16,23	16,05	15,90	15,76	15,65
$\times 10^{-9}$	20,15	19,45	19,05	18,76	18,54	18,35	18,20	18,07	17,95
$\times 10^{-10}$	22,45	21,76	21,35	21,06	20,84	20,66	20,50	20,37	20,25
$\times 10^{-11}$	24,75	24,06	23,65	23,36	23,14	22,96	22,81	22,67	22,55
$\times 10^{-12}$	27,05	26,36	25,96	25,67	25,44	25,26	25,11	24,97	24,86
$\times 10^{-13}$	29,36	28,66	28,26	27,97	27,75	27,56	27,41	27,28	27,16
$\times 10^{-14}$	31,66	30,97	30,56	30,27	30,05	29,87	29,71	29,58	29,46
$\times 10^{-15}$	33,96	33,27	32,86	32,58	32,35	32,17	32,02	31,88	31,76

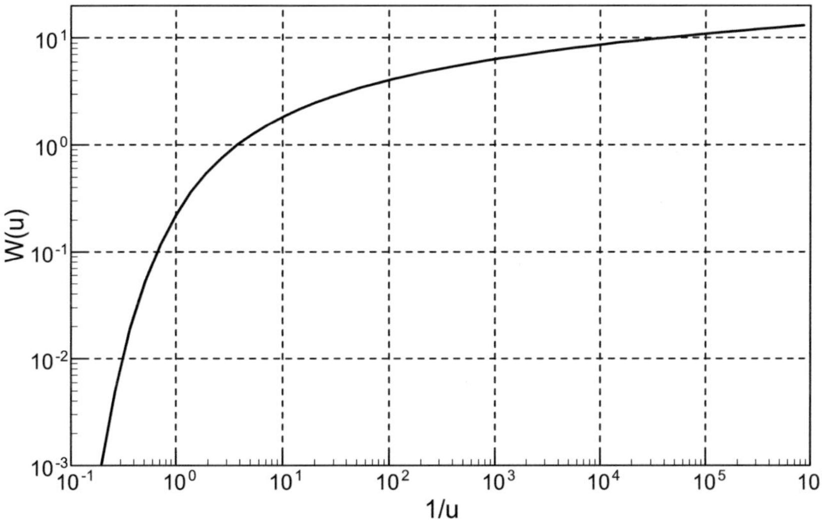

Abbildung A.2: *Theis'sche Brunnenfunktion W(u).*

A.3 Gamma-Funktion

Die Gamma-Funktion (Abb. A.3) ist für $x\!>\!0$ durch das Integral

$$\Gamma(x) = \int_0^\infty t^{x-1}\, e^{-t}\, dt \tag{A.12}$$

definiert und für alle reelle Zahlen, außer den ganzzahligen negativen Zahlen und 0, auch durch die Reihenentwicklung

$$\Gamma(x) = \lim_{n\to\infty} \frac{n!\, n^{x-1}}{x(x+1)(x+2)\dots(x+n-1)}\,. \tag{A.13}$$

Sie stellt eine Verallgemeinerung der Fakultät dar

$$\Gamma(n) = (n-1)! \tag{A.14}$$

und besitzt folgende Eigenschaften

$$\begin{aligned} \Gamma(1) &= 1 \\ \Gamma(x+1) &= x\,\Gamma(x)\,. \end{aligned} \tag{A.15}$$

Die unvollständige Gamma-Funktion (s. Abb. 4.23) ist für $x\!>\!0$ durch das Integral

$$\Gamma(a,x) = \int_x^\infty t^{a-1}\, e^{-t}\, dt \tag{A.16}$$

definiert.

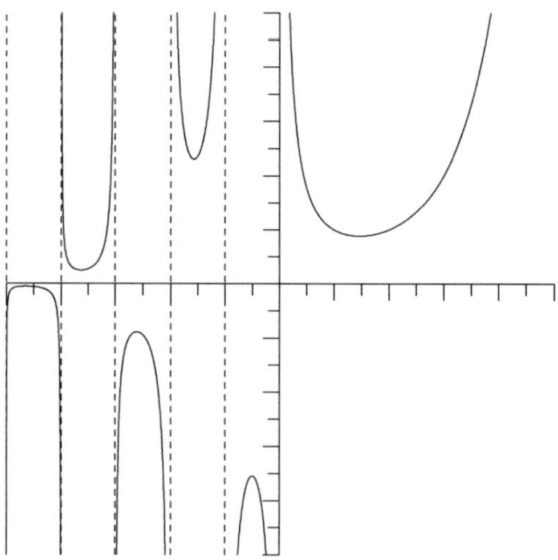

Abbildung A.3: *Gamma-Funktion* $\Gamma(x)$.